软件工程

Java设计模式及应用案例
（第2版）

金百东 刘德山 ◎ 编著

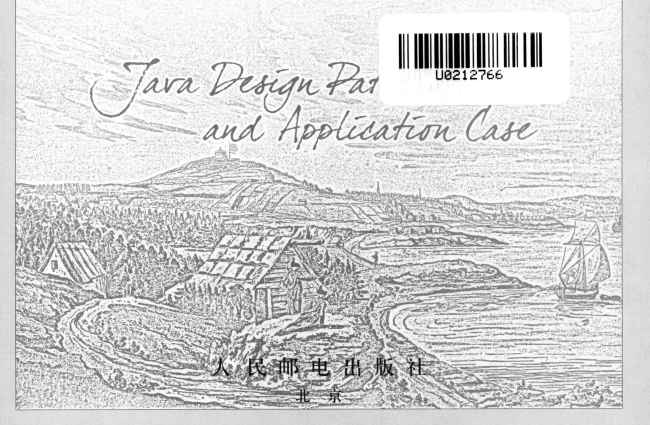

人民邮电出版社

北京

图书在版编目（CIP）数据

Java设计模式及应用案例 / 金百东，刘德山编著. -- 2版. -- 北京：人民邮电出版社，2017.11（2018.6重印）
ISBN 978-7-115-46258-9

Ⅰ. ①J… Ⅱ. ①金… ②刘… Ⅲ. ①JAVA语言—程序设计 Ⅳ. ①TP312.8

中国版本图书馆CIP数据核字(2017)第155552号

内 容 提 要

设计模式是一套被重复使用的代码设计经验的总结。本书面向有一定Java语言基础和一定编程经验的读者，旨在培养读者良好的设计模式和思维方式，加强对面向对象思想的理解。

全书共23章，首先强调了接口和抽象类在设计模式中的重要性，介绍了反射技术在设计模式中的应用，然后对常用的24个设计模式逐一进行了详细的讲解，包括：6个创建型模式、11个行为型模式、7个结构型模式。

本书理论讲解透彻，应用示例深入浅出。设计模式的讲解均从生活中的一类常见事物的分析引出待讨论的主题，然后深入分析设计模式，最后进行综合应用示例分析。应用示例部分所有案例都源自应用项目，内容涉及Java、JSP、JavaScript、Ajax等实用技术，知识覆盖面广。

本书可供高等院校计算机相关专业本科生和研究生设计模式、软件体系结构等课程使用，对高级程序员、软件工程师、系统架构师等专业人员也具有一定的参考价值。

◆ 编　著　金百东　刘德山
　　责任编辑　邹文波
　　责任印制　陈　犇

◆ 人民邮电出版社出版发行　北京市丰台区成寿寺路11号
　　邮编　100164　电子邮件　315@ptpress.com.cn
　　网址　http://www.ptpress.com.cn
　　北京市艺辉印刷有限公司印刷

◆ 开本：787×1092　1/16
　　印张：21.25　　　　　　　2017年11月第2版
　　字数：544千字　　　　　　2018年6月北京第2次印刷

定价：59.00元

读者服务热线：(010)81055256　印装质量热线：(010)81055316
反盗版热线：(010)81055315
广告经营许可证：京东工商广登字20170147号

第 2 版前言 PREFACE

创作背景

设计模式是从许多优秀的软件系统开发过程中总结出的成功的、可复用的设计方案。应用设计模式构建有弹性、可扩展的应用系统已经成为软件开发人员的共识，越来越多的系统架构师有掌握设计模式内容的迫切需求。近年来，市场上涌现了一些有关设计模式的图书。这些图书多以诙谐幽默的生活实例入手，让读者对所述设计模式有一定的感性认识，然后引入设计模式的特点，最后通过计算机程序进行理性说明。这些示例，内容讲解充分，但专业应用部分稍显单薄，编者认为主要有以下几点不足。第一，示例偏简单，读者易理解其含义，但较难达到应用层次；第二，示例趣味性不足，很多讲解就是命令行界面，而实际应用的图形界面很少涉及；第三，有些书以 ERP 各个具体模块讲解设计模式，显得太单一。上述原因是促使我们写作本书的动力。

再版缘由

本书第 1 版《Java 设计模式深入研究》，由人民邮电出版社于 2014 年出版，从学生学习效果和网上评价来看，得到了很多读者的认可。但该书仅介绍了 12 种设计模式，还有 12 个常用的设计模式未涉及，这是本次再版最主要的缘由。而且，第一版的写作风格和示例也得到了读者的肯定，很多读者希望看到完整的设计模式图书，于是，我们进行了本书的再版编写工作，写作内容更倾向于介绍应用案例。

本书内容

本书首先讲解了接口和抽象类在设计模式中的重要性，以及必备的反射技术。然后精讲了常用的 24 个经典设计模式，包括：6 个创建型模式、11 个行为型模式、7 个结构型模式。每个模式一般都包含以下四部分。

（1）问题的提出：一般从生活中的一类常见事物引出待讨论的主题。

（2）模式讲解：用模式方法解决与之对应的最基本问题，归纳出角色及 UML 类图。

（3）深入理解模式：讲解笔者对模式的一些体会。

（4）应用示例：均是实际应用中较难的程序，进行了详细的问题分解、分析与说明。

与第 1 版比较，第 2 版增加了如下内容。

（1）增加讲解了 12 个设计模式。包括：单例模式、原型模式、责任链模式、迭代器模式、中介者模式、备忘录模式、策略模式、模版方法模式、解释器模式、享元模式、适配器模式、外观模式。

（2）在每章的章前语中，给出了模式的定义及适应的场景，使读者对每个模式功能有一个初步的了解，增加学习兴趣。

（3）每章都增加了模式实践练习环节，使读者在实践中增加对设计模式的理解。

（4）将第 1 版的第 1、2 章内容合并为第 2 版的第 1 章设计模式概述内容，这样本书的体系更为合理。

本书特色

（1）示例丰富，讲解细致，不同的设计模式融于各个案例之中，并结合案例进行讲解和拓展。示例既涉及命令行程序，也有图形界面、Web 程序等；技术涉及 Java、JSP、JavaScript、Ajax 等。

（2）强调了语义的作用。一方面把设计模式抽象思想转化成日常生活中最朴实的语言；另一方面把生活中对某事物"管理"的语言转译成某设计模式。相比而言，后者更为重要。

（3）强调了反射技术的作用。对与反射技术相关的设计模式均做了详细的论述。

（4）编者在文中多处谈了学习设计模式的心得，会对读者有较大的启发。

学习设计模式的方法

（1）在清晰理解设计模式基础知识的基础上，认真实践每一个应用示例，并加强分析与思考。

（2）学习设计模式不是一朝一夕的事，不能好高骛远。它是随着程序设计人员思维的发展而发展的，一定要在项目中亲身实践，从量变到质变，谨记"纸上得来终觉浅，绝知此事要躬行"。

（3）加强基础知识训练，如数据结构、常用算法等的训练。基础知识牢固后，学习任何新事物，内心都不会发慌，都有信心战胜它。否则知识学得再多，也只是空中楼阁。

（4）不要为了模式而模式，要在项目中综合考虑，统筹安排。

关于本书的使用

（1）由于篇幅关系，有些程序的导入(import)命令在本书的示例中没有给出，这些语句需要读者自行加入，但给出的程序源码是完整的。

（2）在使用反射时，例如，使用 XML 文件或 properties 文件封装类的配置信息时，如果被封装的类在一个包中，应在配置文件中类的名字前指明该类所属的包，这样程序才能顺利运行。

（3）连接数据库的工具类 DbProc 位于生成器模式一章（第 4 章）中，全书通用。如果需要，复制到相应的项目中即可。

（4）每个模式中有很多示例，每个示例中所有文件（包括可能需要的配置文件）都在同一目录下。读者在测试时，可自己在工程目录下建相应的包，将每个示例中的文件复制到相应包下即可。

总之，设计模式是一门重要的计算机软件开发技术，编者希望尽微薄之力，为设计模式研究添砖加瓦。但由于水平有限，时间紧迫，书中难免有不妥或疏漏之处，恳请广大读者批评指正。

编 者

2017 年 9 月

目 录 CONTENTS

第1章 设计模式概述 1
- 1.1 设计模式简介 2
- 1.2 预备知识 2
  - 1.2.1 接口和抽象类 2
  - 1.2.2 反射 4
- 模式实践练习 10

第2章 单例模式 11
- 2.1 问题的提出 12
- 2.2 单例模式 12
- 2.3 单例模式的实现方式 12
- 2.4 应用示例 14
- 模式实践练习 20

第3章 工厂模式 21
- 3.1 关键角色 22
- 3.2 简单工厂 23
  - 3.2.1 代码示例 23
  - 3.2.2 代码分析 24
  - 3.2.3 语义分析 24
- 3.3 工厂 25
  - 3.3.1 代码示例 25
  - 3.3.2 代码分析 26
- 3.4 抽象工厂 27
  - 3.4.1 代码示例 28
  - 3.4.2 代码分析 29
  - 3.4.3 典型模型语义分析 29
  - 3.4.4 其他情况 29
- 3.5 应用示例 32
- 3.6 自动选择工厂 37
- 模式实践练习 38

第4章 生成器模式 39
- 4.1 问题的提出 40
- 4.2 生成器模式 41
- 4.3 深入理解生成器模式 44
- 4.4 应用示例 46
- 模式实践练习 58

第5章 原型模式 59
- 5.1 问题的提出 60
- 5.2 原型模式 60
- 5.3 原型复制具体实现方法 61
  - 5.3.1 利用构造函数方法 61
  - 5.3.2 利用 Cloneable 接口方法 ... 63
  - 5.3.3 利用 Serializable 序列化接口方法 65
- 5.4 应用示例 67
- 模式实践练习 69

第6章 责任链模式 70
- 6.1 问题的提出 71
- 6.2 责任链设计模式 71
- 6.3 反射的作用 73
- 6.4 回调技术 75
- 模式实践练习 79

第7章 命令模式 80
- 7.1 问题的提出 81
- 7.2 命令模式 81
- 7.3 深入理解命令模式 83
  - 7.3.1 命令集管理 83
  - 7.3.2 加深命令接口定义的理解 ...85

7.3.3　命令模式与 JDK 事件处理............86
7.3.4　命令模式与多线程..........................90
7.4　应用示例...92
模式实践练习..99

第 8 章　迭代器模式............100

8.1　问题的提出...101
8.2　迭代器模式...103
8.3　应用示例...104
模式实践练习..109

第 9 章　访问者模式............110

9.1　问题的提出...111
9.2　访问者模式...111
9.3　深入理解访问者模式.............................113
9.4　应用示例...119
模式实践练习..128

第 10 章　中介者模式............129

10.1　问题的提出...130
10.2　中介者模式...130
10.3　应用示例...133
模式实践练习..139

第 11 章　备忘录模式............140

11.1　问题的提出...141
11.2　备忘录设计模式...................................143
11.3　应用示例...146
模式实践练习..151

第 12 章　观察者模式............152

12.1　问题的提出...153
12.2　观察者模式...153
12.3　深入理解观察者模式...........................155
12.4　JDK 中的观察者设计模式...................160
12.5　应用示例...163
模式实践练习..172

第 13 章　状态模式............173

13.1　问题的提出...174
13.2　状态模式...174
13.3　深入理解状态模式...............................175
13.4　应用示例...180
模式实践练习..191

第 14 章　策略模式............192

14.1　问题的提出...193
14.2　策略模式...193
14.3　深入理解 Context 195
14.4　应用示例...198
模式实践练习..202

第 15 章　模板方法模式........203

15.1　问题的提出...204
15.2　方法模板...204
　　15.2.1　自定义方法模板.........................204
　　15.2.2　JDK 方法模板.............................206
15.3　流程模板...208
15.4　应用示例...210
模式实践练习..213

第 16 章　解释器模式............214

16.1　问题的提出...215
16.2　解释器模式...215
　　16.2.1　文法规则和抽象语法树............215
　　16.2.2　解释器模式................................216
16.3　应用示例...220
模式实践练习..224

第 17 章　享元模式.............225

17.1　问题的提出...226
17.2　享元模式...226
17.3　系统中的享元模式...............................232
模式实践练习..234

第18章 适配器模式 ……………… 235

- 18.1 问题的提出 …………………… 236
- 18.2 适配器模式 …………………… 236
  - 18.2.1 对象适配器 ……………… 236
  - 18.2.2 类适配器 ………………… 238
- 18.3 默认适配器 …………………… 238
- 18.4 应用示例 ……………………… 240
- 模式实践练习 ……………………… 244

第19章 组合模式 ………………… 246

- 19.1 问题的提出 …………………… 247
- 19.2 组合模式 ……………………… 248
- 19.3 深入理解组合模式 …………… 250
  - 19.3.1 其他常用操作 …………… 250
  - 19.3.2 节点排序 ………………… 252
- 19.4 应用示例 ……………………… 252
- 模式实践练习 ……………………… 264

第20章 代理模式 ………………… 265

- 20.1 模式简介 ……………………… 266
- 20.2 虚拟代理 ……………………… 267
- 20.3 远程代理 ……………………… 272
  - 20.3.1 RMI 通信 ………………… 272
  - 20.3.2 RMI 代理模拟 …………… 275
- 20.4 计数代理 ……………………… 277
  - 20.4.1 动态代理的成因 ………… 279
  - 20.4.2 自定义动态代理 ………… 279
  - 20.4.3 JDK 动态代理 …………… 282
- 模式实践练习 ……………………… 284

第21章 桥接模式 ………………… 285

- 21.1 问题的提出 …………………… 286
- 21.2 桥接模式 ……………………… 286
- 21.3 深入理解桥接模式 …………… 289
- 21.4 应用示例 ……………………… 292
- 模式实践练习 ……………………… 301

第22章 装饰器模式 ……………… 302

- 22.1 问题的提出 …………………… 303
- 22.2 装饰器模式 …………………… 303
- 22.3 深入理解装饰器模式 ………… 305
  - 22.3.1 具体构件角色的重要性 … 305
  - 22.3.2 JDK 中的装饰器模式 …… 306
- 22.4 应用示例 ……………………… 309
- 模式实践练习 ……………………… 320

第23章 外观模式 ………………… 321

- 23.1 问题的提出 …………………… 322
- 23.2 外观模式 ……………………… 322
- 23.3 应用示例 ……………………… 323
- 模式实践练习 ……………………… 329

参考文献 …………………………… 330

01 设计模式概述

本章简要介绍了设计模式的历史及分类,强调了接口和抽象类在设计模式中的作用,介绍了反射及配置文件解析技术,为后续讲述具体的设计模式做铺垫。

1.1 设计模式简介

1994 年，由 Erich Gamma、Richard Helm、Ralph Johnson 和 John Vlissides 四人合著出版了一本名为 Design Patterns - Elements of Reusable Object-Oriented Software（中文译名：《设计模式——可复用的面向对象软件元素》）的书，该书首次提到了软件开发中设计模式的概念。他们所提出的设计模式主要是基于以下的面向对象设计原则。

（1）对接口编程而不是对实现编程；
（2）优先使用对象组合而不是继承。

常用设计模式共有 24 种，这些模式可以分为 3 大类：创建型模式、行为型模式、结构型模式。

创建型模式提供了一种在创建对象的同时，隐藏创建逻辑的方式，而不是使用新的运算符直接实例化对象。这使得程序在判断针对某个给定实例需要创建哪些对象时，更加灵活。常用的创建型模式包括：单例模式、简单工厂模式、工厂模式、抽象工厂模式、生成器模式，以及原型模式。

行为型模式特别关注对象之间的通信。常用行为型模式包括：责任链模式、命令模式、迭代器模式、访问者模式、中介者模式、备忘录模式、观察者模式、状态模式、策略模式、模版方法模式，以及解释器模式。

结构型模式关注类和对象的组合，继承的概念被用来组合接口和定义组合对象获得新功能的方式。常用结构型模式包括：享元模式、适配器模式、组合模式、代理模式、桥接模式、装饰器模式，以及外观模式。

设计模式是一套被反复使用的、多数人知晓的、经过分类编目的，以及具有代码设计经验的总结。使用设计模式是为了重用代码，让代码更容易被他人理解，保证代码的可靠性。设计模式使代码编制真正工程化，是软件工程的基石。每种模式都描述了一个在我们周围不断重复发生的问题，以及该问题的核心解决方案，这也是设计模式能被广泛应用的原因。

1.2 预备知识

设计模式需要许多基础知识，如算法和数据结构等，但这里着重强调接口、抽象类以及反射的作用。

1.2.1 接口和抽象类

接口与抽象类是面向对象思想的两个重要概念。接口仅是方法定义和常量值定义的集合，方法没有函数体；抽象类定义的内容理论上比接口中的内容要多得多，可定义普通类包含的所有内容，还可定义抽象方法，这也正是叫作抽象类的原因。接口、抽象类本身不能实例化，必须在相应子类中实现抽象方法，才能获得应用。

那么，如何更好地理解接口与抽象类呢？如：接口中能定义抽象方法，为什么还要抽象类？抽象方法无函数体，不能实例化，说明接口、抽象类本身没有用途，这样不是显得多余吗？接口与抽象类的关系到底如何？获得这些问题答案最好的办法就是生活实践。例如：写作文的时候，一定要思考好先写什么，后写什么；做几何题的时候，要想清楚如何引辅助线，用到哪些公理、定理等；

做科研工作的时候,一定要思索哪些关键问题必须解决;工厂生产产品前,必须制定完善的生产计划等。也就是说,人们在做任何事情前,一般来说是先想好,然后再去实现。这种模式在生活中是司空见惯的,因此 Java 语言一定要反映"思考—实现"这一过程是通过不同关键字来实现的,即用接口(Interface)、抽象类(Abstract)来反映思考阶段;用子类(Class)来反映实现阶段。

从上文易得出:"思考—实现"是接口、抽象类的简单语义,从此观点出发,结合生活实际,可以方便回答如下许多待解答的问题。

为什么接口、抽象类不能实例化?由于接口、抽象类是思考的结果,只是提出了哪些问题需要解决,勿需函数体具体内容,当然不能实例化了。

为什么接口、抽象类必须由子类实现?提出问题之后,总得有解决的方法吧。Java 语言是通过子类来实现的,当然一定要解决"思考"过程中提出的所有问题。

接口、抽象类有什么区别?可以这样考虑,人类经思考后提出的问题一般有两类:一类是"顺序"问题;另一类是"顺序+共享"问题;前者是用接口描述的;后者是用抽象类来描述的。

图 1-1 描述了一个生产小汽车具体的接口示例,如下所示。

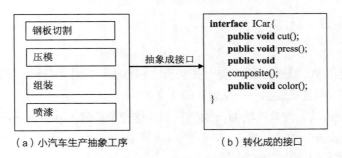

图 1-1　生产小汽车接口示例

图 1-1(a)表明生产小汽车可由钢板切割、压模、组装和喷漆四个工序组成。这些工序是顺序关系,因此转化成接口是最恰当的,如图 1-1(b)所示。

抽象类与接口不同,假设我们要组装多种价位的计算机,其配置参数如图 1-2 所示。

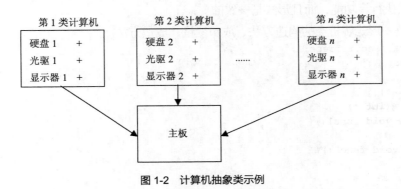

图 1-2　计算机抽象类示例

可以看出:要配置 n 类计算机。其中,每类计算机的硬盘、光驱、显示器都是不同类型的,是并列结构(也可以看作是顺序结构),但由于主板是相同类型的,属于共享结构,因此,转化成的抽象类如下所示。

```java
abstract class Computer{
    abstract void makeHarddisk();      //表明每类计算机有不同的硬盘
    abstract void makeOptical();       //表明每类计算机有不同的光驱
    abstract void makeMonitor();       //表明每类计算机有不同的显示器
    void makeMainBoard(){ };           //表明所有类型的计算机都有相同类型的主板
}
```

1.2.2 反射

1. 反射的概念

Java 反射（Java Reflection）是指在程序运行时获取已知名称的类或已有对象相关信息的一种机制，包括类的方法、属性、父类等信息，还包括实例的创建和实例类型的判断等。在常规的程序设计中，我们调用类对象及相关方法都是显式调用的。例如：

```java
public class A{
    void func() { }
    public static void main(String []args){
        A obj = new A();
        obj.func();
    }
}
```

那么能否根据类名 A，①列出这个类有哪些属性和方法；②对于任意一个对象，调用它的任意一个方法。这也即是"反过来映射——反射"的含义。

在 JDK 中，主要由以下类来实现 Java 反射机制，这些类都位于 java.lang.reflect 包中。

- Class 类：代表一个类。
- Constructor 类：代表类的构造方法。
- Field 类：代表类的成员变量（成员变量也称为类的属性）。
- Method 类：代表类的方法。

2. 统一形式调用

运用上述 Class、Constructor、Field、Method 四个类，能解析无穷多的系统类和自定义类结构，创建对象及方法执行等功能，而且形式是一致的。

【例 1-1】统一形式解析类的构造方法、成员变量、成员方法。

```java
import java.lang.reflect.*;
public class A {
    int m;
    public A(){}
    public A(int m){ }
    private void func1(){
    }
    public void func2(){
    }

    public static void main(String []args) throws Exception{
        // 加载并初始化指定的类 A
        Class classInfo = Class.forName("A");//代表类名是 A

        //获得类的构造函数
```

```java
        System.out.println("类A构造函数如下所示:");
        Constructor cons[] = classInfo.getConstructors();
    for(int i = 0; i < cons.length; i++)
            System.out.println(cons[i].toString());

        //获得类的所有变量
        System.out.println();
        System.out.println("类A变量如下所示:");
        Field fields[] = classInfo.getDeclaredFields();
    for(int i = 0; i < fields.length; i++)
            System.out.println(fields[i].toString());

        //获得类的所有方法
        System.out.println();
        System.out.println("类A方法如下所示: ");
        Method methods[] = classInfo.getDeclaredMethods();
    for(int i = 0; i < methods.length; i++)
        System.out.println(methods[i].toString());
    }
}
```

- A 是自定义类。首先通过静态方法 Class.forName("A")返回包含 A 类结构信息的 Class 对象 classInfo，然后通过 Class 类中的 getConstructors()方法获得 A 类的构造方法信息，通过 getDeclaredFields()方法获得类 A 的成员变量信息，通过 getDeclaredMethods()方法获得类 A 的成员方法信息。获得其他类的结构信息步骤与上述是相似的，因此形式是统一的。
- 上述程序仅是解析了 A 类的结构，并没有产生类 A 的实例。怎样用反射机制产生类 A 的实例呢？请参考如下示例。

【例 1-2】统一形式调用构造方法示例。

```java
import java.lang.reflect.*;
public class A {
    public A(){
        System.out.println("This is A:");
    }
    public A(Integer m){
        System.out.println("this is "+ m);
    }
    public A(String s, Integer m){
        System.out.println(s + ":"+m);
    }
    public static void main(String []args) throws Exception{
        Class classInfo = Class.forName("A");

        //第1种方法
        Constructor cons[] = classType.getConstructors();

        //调用无参构造函数
        cons[0].newInstance();
        //调用1个参数构造函数
        cons[1].newInstance(new Object[]{10});
        //调用2个参数构造函数
        cons[2].newInstance(new Object[]{"Hello",2010});
```

```
            //第 2 种方法
            System.out.println("\n\n\n");
            //调用无参构造函数
            Constructor c = classInfo.getConstructor();
            c.newInstance();

            //调用 1 个参数构造方法
            c = classInfo.getConstructor(new Class[]{Integer.class});
            c.newInstance(new Object[]{10});

            //调用 2 个参数构造方法
            c = classType.getConstructor(new Class[]{String.class, Integer.class});
            c.newInstance(new Object[]{"Hello", 2010});
        }
    }
```

- 可以看出：反射机制有两种生成对象实例的方法。一种是通过 Class 类的无参 getConstructors() 方法，获得 Constructor 对象数组，其长度等于反射类中实际构造方法的个数。示例中，cons[0]~cons[2]分别对应无参、单参数、双参数 3 个构造方法，分别调用 newInstance()方法，才真正完成 3 个实例的创建过程。另一种是通过 Class 类的有参 getConstructor()方法，来获得对应的一个构造方法信息，然后调用 newInstance()方法，完成该实例的创建过程。
- 加深对 Class 类中 getConstructor()方法参数的理解，其原型定义如下所示。
  ```
  public Constructor<T> getConstructor(Class<?>... parameterTypes)
          throws NoSuchMethodException, SecurityException {
  ```
  其中，parameterTypes 表示必须指明构造方法的参数类型，可用 Class 数组或依次输入形式来表示传入参数类型。

  若示例中要产生 A(String s, Integer m)构造方法的实例，由于第 1 个参数是字符串，第 2 个参数类型是整形数的包装类，则依次传入参数类型的调用方法如下所示。
  ```
  c = classInfo.getConstructor(String.class, Integer.class);
  ```
  若传入的是数组类型，则调用方法如下所示。
  ```
  c = classInfo.getConstructor(new Class[]{String.class, Integer.class});
  ```
- 加深对 Constructor 类中 newInstance()方法参数的理解，其原型定义如下所示。
  ```
  public T newInstance(Object ... initargs)
          throws InstantiationException, IllegalAccessException,
              IllegalArgumentException, InvocationTargetException
  ```
  其中，initargs 表示必须指明构造方法的参数值（非参数类型），可用 Object 数组或依次输入形式来表示传入参数值。若示例中要产生 A(String s, Integer m)构造方法的实例，由于第 1 个参数是字符串数值，第 2 个参数是整形数值，则依次传入参数类型的调用方法如下所示。
  ```
  c.newInstance("Hello", 2010);
  ```
  若传入的是数组值，则调用方法如下所示。
  ```
  c.newInstance(new Object[]{"Hello", 2010});
  ```
- 通过文中两种创建实例的方法对比，第 2 种方法更好，即先用有参 getConstructor()方法获得构造方法的信息，再用有参 newInstance()方法产生类的实例。

【例 1-3】统一形式调用成员方法示例。
```
import java.lang.reflect.*;
public class A {
```

```java
    public void func1(){
        System.out.println("This is func1: ");
    }
    public void func2(Integer m){
        System.out.println("This is func2: "+m);
    }
    public void func3(String s, Integer m){
        System.out.println("This is func2: "+m);
    }
    public static void main(String []args) throws Exception{
        Class classInfo = Class.forName("A");

        //调用无参构造函数,生成新的实例对象
        Object obj = classInfo.getConstructor().newInstance();

        //调用无参成员函数 func1
        Method mt1 = classInfo.getMethod("func1");
        mt1.invoke(obj);

        //调用 1 个参数成员函数 func2
        Method mt2 = classInfo.getMethod("func2", Integer.class);
        mt2.invoke(obj, new Object[]{10});

        //调用 2 个参数成员函数 func3
        Method mt3 = classInfo.getMethod("func3", String.class, Integer.class);
        mt3.invoke(obj, new Object[]{"Hello", 2010});
    }
}
```

方法反射主要是利用 Class 类的 getMethod()方法,得到 Method 对象,然后利用 Method 类中的 invoke()方法完成反射方法的执行。getMethod()、invoke()方法原型及使用方法与 getConstructor()是类似的,参见上文。

【例 1-4】一个通用方法。

分析:只要知道类名字符串、方法名字符串、方法参数值,运用反射机制就能执行该方法,程序如下所示。

```java
boolean Process(String className, String funcName, Object[] para) throws Exception{
    //获取类信息对象
    Class classType = Class.forName(className);
    //形成函数参数序列
    Class c[] = new Class[para.length];
    for(int i=0; i<para.length; i++){
        c[i] = para[i].getClass();
    }

    //调用无参构造函数
    Constructor ct = classType.getConstructor();
    Object obj = ct.newInstance();
    //获得函数方法信息
    Method mt = classType.getMethod(funcName, c);
    //执行该方法
    mt.invoke(obj, para);
    return true;
}
```

通过该段程序，可以看出反射机制的突出特点是：可以把类名、方法名作为字符串变量，直接对这两个字符串变量进行规范操作，就能产生类的实例及相应的运行方法，这与普通的先 new 实例，再直接调用所需方法有本质的不同。

运用反射技术编程，可以大大提高应用框架的稳定程度。具体表现在：当新增加功能的时候，仅需增加相应的功能类，而框架调用可能不需要发生变化。请看下面示例【例 1-5】。

【例 1-5】已知接收字符串可有两种走向，既可以在屏幕输出，又可以将字符串保存至文件。要求：从命令行输入字符串处理类的类名字符串。若输入"ConsoleMsg"，则将字符串输出到控制台；若输入"FileMsg"，则将字符串输出到文件。

为了实现上述功能，可定义共同的字符串处理接口 IMsg，两个子类 ConsoleMsg、FileMsg 均实现 IMsg 接口。具体实现代码如下所示。

```java
interface IMsg{
    void process(String s);
}
class ConsoleMsg implements IMsg{
    public void process(String msg){
        System.out.println(msg);
    }
}
class FileMsg implements IMsg{
    public void process(String msg){//仅是仿真保存到文件
        System.out.println("Save msg to File");
    }
}
public class Test {
    public static void main(String[] args) throws Exception{
        IMsg obj = null;
        obj = (IMsg)Class.forName(args[0]).newInstance();
        obj.process("hello world!");
    }
}
```

着重加深对测试类代码的理解。其中，最重要的一行代码如下所示。

`Class.forName(args[0]).newInstance()`

它表明产生了类名是 args[0] 的一个实例：可能是 ConsoleMsg，可能是 FileMsg，也可能是其他字符串处理类的一个实例。也就是说，该行表明的含义是动态的，不随哪个具体的 IMsg 接口的子类改变而改变。从框架角度来说，它是稳定的。例如：现在要增加一个将字符串保存至数据库的类，只需增加功能子类 DbMsg，而测试类代码勿需改变。

本例中，产生字符串处理类对象的实例用了反射技术，不过调用方法时，并没有用到反射技术，而是用到了接口技术。反射技术固然强大，但它是以牺牲时间为代价的，代码也不易理解。一般来说，运用"接口+构造方法反射"就足以编制功能强大的框架代码了。

因此，如果把某些动态参数封装在配置文件中，通过读取配置文件获得所需参数，再运用反射技术，就可以编制更加灵活的代码，这是下文即将论述的内容。

3. 反射与 Properties 配置文件

Properties 格式文件是 Java 常用的配置文件，是简单的文本格式。它是用来在一个文件中存储键-值对的。其中,键和值是用等号分隔的。JDK 中利用系统类 Properties 来解析 Properties 文件。Properties

类是 Hashtable 的一个子类，用于键 keys 和值 values 之间的映射。Properties 类表示了一个持久的属性集，属性列表中每个键及其键值都是一个字符串。其常用函数如下所示。

- Properties()：创建一个无默认值的空属性列表。
- void load(InputString inStream)：从输入流中读取属性列表。
- String getProperty(String key)：获取指定键 key 的键值，以字符串的形式返回。
- void setProperty(String key, String value)：设置对象中 key 的键值。

【例 1-6】重新实现【例 1-5】的功能。要求定义 Properties 文本文件 msg.properties,其中添加一个键值对：func=ConsoleMsg。也就是说，字符串处理类的类名保存在配置文件中，而不是由控制台输入。

为了实现上述功能，编制的接口和类代码如下所示。

```java
public interface IMsg {……}  //同【例 1-5】
public class ConsoleMsg implements IMsg {……}    //同【例 1-5】
public class FileMsg implements IMsg {……}       //同【例 1-5】
//仅以下测试类不同
public class Test2_2 {
    public static void main(String []args)throws Exception{
        Properties p = new Properties();
        p.load(new FileInputStream("d:/msg.properties"));//装载配置文件
        String cname = p.getProperty("func");    //根据键"func",获取类名字符串
        IMsg obj = null;
        obj = (IMsg)Class.forName(cname).newInstance();
        obj.process("hello world!");
    }
}
```

Properties 还支持如表 1-1 所示的简单 XML 格式文件(重新定义 msg.properties 文件为 msg.xml)。

表 1-1 msg.xml 定义

```xml
<?xml version="1.0" encoding="UTF-8"?>
<!DOCTYPE properties SYSTEM "http://java.sun.com/dtd/properties.dtd">
<properties>
    <comment>求圆和三角形面积</comment>
    <entry key=func>ConsoleMsg</entry>
</properties>
```

其 XML 文件要求如下：一个 properties 标签，另一个 comment 注释子标签，然后是任意数量的 <entry>标签。每一个<entry>标签，都有一个键属性，输入的内容就是它的值。利用 Properties 类解析该文件与解析老式文本文件的方法几乎是一致的,只不过用 loadFromXML()方法代替了 load()方法，具体代码如下所示。

```java
//仅测试类与【例 1-6】稍有不同
public class Test2_3{
    public static void main(String []args)throws Exception{
        Properties p = new Properties();
        //用 loadFromXML()代替了 load()方法
        p.loadFromXML(new FileInputStream("d:/msg.xml"));
        String cname = p.getProperty("func");    //根据键"shape",获取类名字符串
        IMsg obj = null;
```

```
            obj = (IMsg)Class.forName(cname).newInstance();
            obj.process("hello world!");
        }
    }
```

模式实践练习

1. 如何更好地理解接口和抽象类的作用，你还能说出哪些与 1.2.1 节不同的内容？
2. 利用反射技术解析向量类 java.util.Vecor 有哪些属性和方法。

02 单例模式

单例模式保证一个类仅有一个实例，并提供一个访问它的全局访问点。当系统需要某个类只能有一个实例时，就可以采用单例模式。

2.1 问题的提出

生活中经常遇到这样的现象：一个国家只能有一个主席职务，一个大学只能有一个校长，一个单位只能有一个公章等。也就是说，在我们的生活中，某些事物具有唯一性。如果多于一个的话，就会引起许多意想不到的结果。这种现象在生活中是普遍存在的，而在计算机程序设计中，就是我们即将讲到的单例模式。

2.2 单例模式

单例模式是一种常用的软件设计模式。在它的核心结构中只包含一个被称为单例的特殊类，保证系统中该类只有一个实例。这一点有时是非常重要的。例如学号生成器：学号对每个学生而言是非常重要的，不允许有重复，因此学号生成器对象最好是唯一的。若不唯一，那么一方面浪费了内存，另一方面又增加了学号查重的额外编码维护。再如一个系统中可以存在多个打印任务，但是只能有一个正在打印的打印任务；C++中的标准键盘输入对象是唯一的 cin，标准屏幕输出对象是唯一的 cout。

单例模式的 UML 类图，如图 2-1 所示。

总之，单例模式具有如下特点：①单例类只能有一个实例；②单例类必须自己创建自己的唯一实例；③单例类必须给所有其他对象都能提供这一实例。

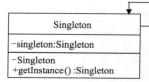

图 2-1 单例设计模式类图

2.3 单例模式的实现方式

保证单例模式仅有一个实例的核心思想是构造方法私有化，即不允许外部调用该类的构造方法。基于此思想，实现单例模式的方法主要有以下两种。

1. 直接实例化

直接实例化实现单例模式的代码如下所示。
```
public class Singleton {
private Singleton() {}                       //构造方法私有化
//直接产生单例实例
private static final Singleton single = new Singleton();
public static Singleton getInstance() {      //提供单例对象方法
return single;
    }
}
```
代码关键点描述如下所示。

- 构造方法 Singleton()被定义成 private，避免了外部调用，这是实现单例对象的关键。
- 直接定义了静态成员变量 single，并通过 new Singleton()完成了初始化，之后不再变化，因此对象 single 是线程安全的。
- 外部类可通过静态 getInstance()方法返回单例对象的实例。

2. 延迟实例化

延迟实例化实现单例模式的代码如下所示。

```java
public class Singleton2 {
private Singleton2() {}
private static Singleton2 single=null;
public static Singleton2 getInstance() {
if (single == null) {
single = new Singleton2();
        }
return single;
    }
}
```

与直接实例化稍有不同，单例成员变量 single 首先初始化为 null，它是在方法 getInstance()内部完成延迟实例化的，并返回单例对象，但是该方法存在线程安全问题。例如，假设两个线程调用 getInstance()方法，第一个线程执行完语句 if(single==null)，条件成立，在执行实例化语句 single=new Singleton2()前；第二个线程执行语句 if(single==null)，条件也成立，因此两个线程都要执行单例对象实例化语句 single=new Singleton2()，这样就产生了两次单例对象，而我们要求需要在应用程序执行过程中仅产生一次单例对象，如何解决呢？常用方法有三种，如下所示。

方法 1

完全同步方法，代码如下所示。

```java
public static synchronized Singleton2 getInstance() {
if (single == null) {
single = new Singleton2();
        }
return single;
    }
```

很明显，getInstance()方法是完全同步方法。当多线程同时访问 synchronized 方法 getInstance()方法的时候，多线程是"串行"运行的，一个线程必须完全执行完 getInstance()方法，下一个线程才能调用 getInstance()方法。当第一个线程调用 getInstance()方法时，由于 single 是 null，因此实例化单例对象 single = new Singleton2()，而其他线程"串行"运行该方法时，由于 single 不为 null(已经完成了实例化)，因此直接返回单例对象 single 给调用者即可。

方法 2

部分同步方法，代码如下所示。

```java
public static Singleton2 getInstance() {
if (single == null) {
synchronized (Singleton.class) {
if (single == null) {
single = new Singleton2();
                }
            }
        }
return single;
    }
```

部分同步方法的核心思想是在方法 getInstance()内有些代码可并行运行，有些代码可同步（串行）运行。方法 2 部分同步方法与方法 1 完全同步方法相比，提高了运行效率。本方法是通过双重锁部分同步机制获得单例对象的。因为代码中有两行相同的语句 if(single==null)，故而叫作双重锁。第一个 if 语句可并行运行，当多线程均满足该条件时，synchronized(Singleton.class)修饰的代码块必须串行运行；第二个 if 语句要再次确认单例对象是否为 null，若为 null 则创建并返回单例对象，否则直接返回单例对象。

方法 3：静态内部类，代码如下所示。

```java
public class Singleton3 {
private static class My {
private static final Singleton3 single = new Singleton3();
    }
    private Singleton3 (){
        System.out.println("This is new instance!");}         //做测试输出用
public static final Singleton3 getInstance() {
return My.single;
    }
}
```

与方法 1、方法 2 相比，静态内部类最大的不同在于 Singleton3 类中无 synchronized 关键字，因而提高了 Java 虚拟机的维护效率。它是通过静态内部类 My 来实现单例对象的，而且对象 My.single 是线程安全的。为了更好地理解静态内部类实现单例对象的特点，就需要编制如下所示的一个简单测试类。

```java
import java.util.*;
public class Test {
    public static void main(String[] args) {
        Scanner s = new Scanner(System.in);
        s.nextLine();
        Singleton3 obj = Singleton3.getInstance();
        Singleton3 obj2 = Singleton3.getInstance();
    }
}
```

该测试类的功能是：首先初始化标准键盘输入。当运行到 s.nextLine()时，标准输出无任何显示；当随意输入一些字符，按回车后，程序继续运行；当运行到 obj=Singleton3.getInstance()时，程序调用 My.single，这时才运行静态内部类 My 中的代码 Singleton3 single = new Singleton3()，从而产生单例对象，并返回；当运行到 obj2=Singleton3.getInstance()时，程序再次调用 My.single，这时不再调用静态内部类 My 中的代码，直接返回已产生的单例对象。

通过该测试类可反映出：当 Java 虚拟机加载应用程序字节码时，单例对象并不是立即加载的，当第一次运行 My.single 时，单例对象才动态生成。在上文直接实例化方法中，Singleton 类中直接定义了成员变量 **private static final** Singleton single = **new** Singleton()，导致 Java 虚拟机加载应用程序字节码时，单例对象直接生成。因此从虚拟机效率来说，利用静态内部类生成单例对象是更优的。

2.4 应用示例

【例 2-1】编制日志类。一般来说，应用程序都有日志文件，记录一些执行信息，该功能利用单例对象来实现是比较恰当的。本例实现最基本的功能，包括：记录时间及相关内容字符串，其代码如下所示。

```java
import java.io.*;
import java.util.*;
class FileLogger{
    private String path="c:/jbd/log.txt";
```

```
    private FileOutputStream out;
    private FileLogger()throws Exception{

        System.out.println("This is new instance!");
    }
    public void write(String msg){
        try{
            Calendar c = Calendar.getInstance();
            int y=c.get(Calendar.YEAR); int m=c.get(Calendar.MONTH);
            int d=c.get(Calendar.DAY_OF_MONTH);
            int hh=c.get(Calendar.HOUR);int mm=c.get(Calendar.MINUTE);
            int ss=c.get(Calendar.SECOND);
            String strTime="";
            strTime = strTime.format("time:%d-%02d-%02d %02d:%02d:%02d\r\n", y,m,d,hh,mm,ss);

            String strContent="content:\r\n" + msg + "\r\n";
            byte buf[] = strTime.getBytes("gbk");
            out.write(buf);
            buf = strContent.getBytes("gbk");
            out.write(buf);
            out.flush();
        }
        catch(Exception e){e.printStackTrace();}
    }
    public void close(){
        try{
            out.close();
        }catch(Exception e){e.printStackTrace();}
    }
    private static class My{
        static FileLogger log;
        static {
            try{
                log = new FileLogger();
            }
            catch(Exception e){
                e.printStackTrace();
            }
        }
    }
    public static FileLogger getInstance(){
        return My.log;
    }
}
```

本示例中日志单例是利用静态内部类方法实现的,如果直接将内部类 My 写成下述代码则是错误的,会出现"Unhandled exception"信息。

```
private static class My{
    private static final FileLogger log = new FileLogger();
}
```

这是因为在 FileLogger 类构造方法中利用 IO 流创建了日志写文件字节流对象:"out = new FileOutputStream(path,true);"这行代码会产生异常,而 FileLogger 构造方法中又不负责处理异常,所以调用方必须加以处理,通过在静态内部类 My 中增加 try-catch 结构实现,如上文实际代码所示。

代码"out = new FileOutputStream(path,true);"中第 2 个参数值为 true 的含义是：out 从日志文件尾开始添加记录。例如：若应用程序重新执行后，新添加的日志追加到日志文件尾，之前的日志文件信息保持不变。

write()是日志添加方法。由于日志的重要性，每添加一次信息后，都利用 flush()方法强行将信息添加到物理日志文件中。

一个简单的应用该日志类的测试代码如下所示。

```java
public class Test {
    public static void main(String[] args) {
        FileLogger obj = FileLogger.getInstance();       //获得日志单例对象
        obj.write("hello");                              //写字符串
        obj.write("你好!");
        obj.close();
    }
}
```

也就是说，应用该日志类一般需两步：首先利用 FileLogger.getInstance()获得日志单例对象；然后利用 write()方法直接写字符串就可以了。

【例 2-2】编制配置文件信息单例信息类。

配置文件是应用程序经常采用的技术，它的内容为整个应用程序所共享，具有唯一性，因此利用单例对象来读取配置文件是可取的。假设关于数据库文件的信息如表 2-1 所示，均是键-值配对信息。

表 2-1 数据库配置文件信息

格式举例	说　　明
url=jdbc:mysql://localhost:3306/mydb username=root password=123456	数据库连接 URL 用户名 连接

读取配置文件单例类代码如下所示。

```java
import java.io.*;
import java.util.*;
public class MyConfig {
    private Map<String,String> map = new HashMap();//保持配置文件键-值对
    private MyConfig(){
        try{
            FileInputStream in = new FileInputStream("c:/jbd/config.txt");
            Properties p = new Properties();
            p.load(in);
            Set<Object> keys = p.keySet();
            Iterator it = keys.iterator();
            while(it.hasNext()){
                String key = (String)it.next();
                String value = p.getProperty(key);
                map.put(key, value);
            }
        }
        catch(Exception e){e.printStackTrace();}
    }
    private static class My{
        private static final MyConfig single = new MyConfig();
    }
```

```java
    public static MyConfig getInstance(){
        return My.single;
    }
    public String getInfo(String key){
        return map.get(key);
    }
}
```

该类设计思想是利用 Properties 系统类读取配置文件 config.txt，将键-值对结果保存在 Map 类型的成员变量 map 中，通过 getInfo(String key)方法，返回所需信息。一个简单的测试类代码如下所示。

```java
public class Test2 {
    public static void main(String[] args) {
        MyConfig mc = MyConfig.getInstance();          //获取单例对象
        String url = mc.getInfo("url");                //获取数据库连接
        String user= mc.getInfo("username");           //获取用户名
        String pwd = mc.getInfo("password");           //获取密码
        System.out.println("url="+url);
        System.out.println("user="+user);
        System.out.println("pwd="+pwd);
    }
}
```

当然，本例的配置文件还稍显简单，旨在说明一种思想，读者可进一步完善单例类 MyConfig。

【例 2-3】应用服务器单例技术仿真。

我们知道，为了提高应用服务器的运行效率，许多类对象都是单例的。例如在 Web 编程中，JSP、Servlet 等在内存中只有一个实例对象，为广大用户所共享。试想：若 JSP、Servlet 等不是单例，当大量用户访问页面的时候，产生了许多对象，那么不久服务器的内存也就崩溃了，因此，应用服务器采用单例技术势所必然。以 Servlet 为例，每建一个 Servlet，在 web.xml 中就生成了一对 Servlet 标签，形式如表 2-2 所示。

表 2-2 Servlet 标签内容

```xml
<servlet>
    <servlet-name>HelloServlet</servlet-name>
    <servlet-class>mypack.Hello</servlet-class>
</servlet>
<servlet-mapping>
    <servlet-name>HelloServlet</servlet-name>
    <url-pattern>/hello</url-pattern>
</servlet-mapping>
```

可知：<servlet>与<servlet-mapping>标签是通过<servlet-name>标签关联的。根据输入的 url（http://……/hello），可获得<servlet-mapping>子标签<servlet-name>值为"HelloServlet"，再查询<servlet>具有相同<servlet-name>子标签值的字段，即可获得对应的运行类 mypack.Hello。

本示例利用 Java 应用程序首先简单的仿真这一过程，即根据 URL 查找出对应的 name 值，再根据 name 值获得相应的运行类。具体功能是可计算两个整数的加或减结果。所需要的类代码如下所示。

（1）定义接口 IFunc。

```java
public interface IFunc {
    public int service(int one,int two);
}
```

（2）定义功能类 PlusFunc、MinusFunc。
```java
public class PlusFunc implements IFunc {
    private PlusFunc(){}
    private static class My{
        private static final PlusFunc single = new PlusFunc();
    }
    public static PlusFunc getInstance(){
        return My.single;
    }
    public int service(int one,int two) {
        return one+two;
    }
}

public class MinusFunc implements IFunc {
    private MinusFunc(){}
    private static class My{
        private static final MinusFunc single = new MinusFunc();
    }
    public static MinusFunc getInstance(){
        return My.single;
    }
    public int service(int one, int two) {
        return one - two;
    }
}
```
这两个类均从 Ifunc 派生，且都是单例模式类。

（3）测试类 Test3。
```java
public class Test3 {
    public static void main(String[] args) {
        IFunc obj = PlusFunc.getInstance();         //获得加单例对象
        IFunc obj2= MinusFunc.getInstance();        //获得减单例对象

        Map<String,Object> mapNameToObj = new HashMap();
        mapNameToObj.put("plus", obj);              //将单例对象加入 map 映射中
        mapNameToObj.put("minus", obj2);            //name 与类关联

        Map<String,String> mapURLToName = new HashMap();
        mapURLToName.put("plusurl", "plus");        //URL 与 name 关联
        mapURLToName.put("minusurl","minus");

        Scanner s = new Scanner(System.in);
        while(true){
            String url = s.nextLine();              //输入 url,形如:plusurl 3 5
            String unit[] = url.split(" ");
            String name = mapURLToName.get(unit[0]);
            IFunc iobj = (IFunc)mapNameToObj.get(name);
            int result = iobj.service(Integer.parseInt(unit[1]), Integer.parseInt(unit[2]));
            System.out.println("result is:" +result);
        }
    }
}
```
main()方法中首先获得加、减功能的单例对象 obj、obj2；然后建立"URL-NAME""NAME-类

对象"的双级映射，分别用局部变量 mapURLToName、mapNameToObj 来体现；最后是 while 循环。其中，利用键盘模拟 URL 输入。URL 形如 plusurl 3 5，含义是求 3 加 5 的值； minusurl 5 2，含义是求 5 减 2 的值。也就是说，URL 分为三部分：第一部分是特征字符串(plusurl 或者 minusurl)；后两部分分别代表待计算的两个整数。由此得出，while 循环的主要算法：拆分 URL 获得特征字符串 unit[0] 及两个待运算的整数字符串变量 unit[1]、unit[2]；根据 unit[0]，利用 mapURLToName 映射获得 name 值；根据 name，利用 mapNameToObj 映射获得功能类 IFunc 对象 iobj；利用 iobj.service()多态方法实现相应功能。

【例 2-4】继续完善【例 2-3】的功能。

从【例 2-3】测试类 main()方法内容可知，"URL-NAME"及"NAME-类对象"双级连映射都刚性化了，若再有新的功能类，则必须修改代码，这是我们不希望看到的结果。解决的思路是利用配置文件封装双级连映射的内容，应用程序对配置文件编程即可。配置文件结构如表 2-3 所示。

表 2–3　配置文件结构示例

文件名：config.txt	说　　明
plusurl=plus,PlusFunc minusurl=minus,MinusFunc	plusurl 是特征串；plus 是 name 值；PlusFunc 代表具体的类。

所需代码如下所示。

（1）interface IFunc{……}，同【例 2-3】。

（2）功能类 PlusFunc、MinusFunc，同【例 2-3】。

（3）维护类 MyIntegrate。

```
class MyIntegrate{
    private static Map<String,String> mapUrlToName = new HashMap();
    private static Map<String,String> mapNameToClass = new HashMap();
    private static Map<String,IFunc> mapPhysicsClass = new HashMap();
    public static void init(){
        try{
            FileInputStream in = new FileInputStream("e:/jbd/config.txt");
            Properties p = new Properties();
            p.load(in);
            Set<Object> keys = p.keySet();           //获得键的集合
            Iterator it = keys.iterator();
            while(it.hasNext()){                      //遍历键
                String key = (String)it.next();       //获得键值
                String value = p.getProperty(key);    //获得属性值
                String unit[] = value.split(",");     //按逗号拆分获得 NAME
                                                       //及类名字符串
                String url = key;
                String name = unit[0];
                String classname = unit[1];
                
                mapUrlToName.put(url, name);          //填入 URL-NAME 映射
                mapNameToClass.put(name, classname);  //填入 NAME-类名映射
            }
            in.close();
        }
        catch(Exception e){e.printStackTrace();}
    }
```

```java
    public static void run()throws Exception{
        Scanner s = new Scanner(System.in);
        while(true){
            System.out.println("Please input url:");          //形如plusurl 3 5
            String strurls = s.nextLine();
            String unit[] = strurls.split(" ");               //按空格拆分
            String url = unit[0];                              //获得特征串
            int one = Integer.parseInt(unit[1]);              //整数1
            int two = Integer.parseInt(unit[2]);              //整数2

            String name = mapUrlToName.get(url);              //特征串–>name 值
            IFunc obj = mapPhysicsClass.get(name);            //据 name 判定单例对象有否?
            if(obj==null){                                     //若不存在，则通过反射技术添加单例对象
                String classname=mapNameToClass.get(name);    //获得类名字符串
                Class c = Class.forName(classname);           //获得类信息
                Method m = c.getDeclaredMethod("getInstance");//获得getInstance方法
                obj = (IFunc)m.invoke(null);                  //获得单类对象
                mapPhysicsClass.put(name, obj);               //加入映射
            }
            int result = obj.service(one, two);               //运行多态方法
            System.out.println("The result is:" + result);
        }
    }
}
```

init()方法主要负责利用 Propertie 类读取配置文件，获得"URL-NAME"及"NAME-类名称"映射变量 mapUrlToName、mapNameToClass。另外，初始化了单类对象映射变量 mapPhysicsClass，代表"NAME-实际单例对象"间的映射。由于本示例是动态加载单例对象的，因此 mapPhysicsClass 初始时元素为空。

run()主要根据输入的 URL 判定所需要的单例对象是否存在。若不存在，则通过反射技术动态加载单例对象，最终调用多态 service()方法完成所需功能。

模式实践练习

1. 已知 A 类单例代码如下所示。为什么它不是线程安全的？请读者自行设计实验加以证明（可修改 A 类并自行编制测试类）。

```java
class A{
    private static A obj = null;
    private A(){ }
    public static A getInstance(){
        if(obj == null){
            obj = new A();
        }
        return obj;
    }
}
```

2. 编制数据库连接的单例功能类和测试类。

03 工厂模式

　　本章将讲解简单工厂、工厂、抽象工厂模式的特点与实现方法。当用户需要一个类的子类实例,且不希望与该类的子类形成耦合或者不知道该类有哪些子类可用时,可采用工厂模式;当用户需要系统提供多个对象,且希望和创建对象的类解耦时,可采用抽象工厂模式。

3.1 关键角色

众所周知,在现实生活中,工厂是用来生产产品的。它有两个关键的角色:产品及工厂。计算机中的工厂模式与实际工厂的特征是相近的,因此工厂模式的关键点就是如何描述好这两个角色之间的关系,具体分为四种情况,如下所示。

(1)单一产品系。工厂生产一种类型的产品。如表 3-1 所示,表明是小汽车工厂,生产高、中、低档三种类型的小汽车。

表 3-1 小汽车工厂

名称 \ 种类	高 档	中 档	低 档
小汽车	√	√	√

(2)多产品系,特征相同。工厂生产多种类型的产品。如表 3-2 所示,表明是小汽车、公共汽车工厂,均有高、中、低档三种类型的汽车。

表 3-2 小汽车、公共汽车工厂

名称 \ 种类	高 档	中 档	低 档
小汽车	√	√	√
公共汽车	√	√	√

(3)多产品系,部分特征相同。如表 3-3 所示,表明是小汽车、公共汽车工厂,均有高、中档两种类型的汽车。除此之外,小汽车还有低档类型。

表 3-3 小汽车、公共汽车工厂

名称 \ 种类	高 档	中 档	低 档
小汽车	√	√	√
公共汽车	√	√	

(4)多产品系,无特征相同。如表 3-4 所示,表明是小汽车、公共汽车工厂。小汽车有高、中档两种类型。公共汽车仅有低档类型。

表 3-4 小汽车、公共汽车工厂

名称 \ 种类	高 档	中 档	低 档
小汽车	√	√	
公共汽车			√

工厂模式一般分为简单工厂、工厂、抽象工厂三种情况,属于创建型设计模式。下面分别加以描述。

3.2 简单工厂

3.2.1 代码示例

【例 3-1】编制表 3-1 小汽车简单工厂模式的相关类。

其对应的 UML 框图如图 3-1 所示。

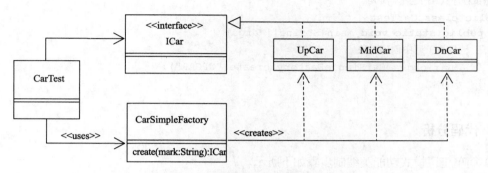

图 3-1 小汽车简单工厂 UML 示意图

```java
//定义小汽车接口：ICar.java
public interface ICar {
}
//由于工厂模式仅关系对象的创建，为说明方便，无需定义方法

//定义高、中、低档具体的小汽车
//高档小汽车：UpCar.java
public class UpCar implements ICar {
}

//中档小汽车：MidCar.java
public class MidCar implements ICar {
}

//低档小汽车：DnCar.java
public class DnCar implements ICar {
}

//简单工厂:CarSimpleFactory.java
public class CarSimpleFactory {
    public static final String UPTYPE="uptype";
    public static final String MIDTYPE = "midtype";
    public static final String DNTYPE = "dntype";

    public static ICar create(String mark){
        ICar obj = null;
        if(mark.equals(UPTYPE)){            //如果是高档类型
            obj = new UpCar();              //则创建高档车对象
        }
        else if(mark.equals(MIDTYPE)){
            obj = new MidCar();
```

```java
        }
        else if(mark.equals(DNTYPE)){
            obj = new DnCar();
        }
        return obj;              //返回选择的对象
    }
}

//测试程序:CarTest.java
public class CarTest {
    public static void main(String[] args) {
        //从工厂中创建对象
        ICar obj = CarSimpleFactory.create("UPCAR");
    }
}
```

3.2.2 代码分析

（1）简单工厂模式功能类编制步骤如下所示。
- 定制抽象产品接口，如 ICar。
- 定制具体产品子类，如类 UpCar、MidCar、DnCar。
- 定制工厂类，如 CarSimpleFactory。

简单工厂类的特点是：它是一个具体的类，非接口或抽象类。其中，有一个重要的 create()方法，利用 if…else 或 switch 开关创建所需产品，并返回。

（2）工厂类静态 create()方法的理解。

使用简单工厂的时候，通常不用创建简单工厂类的类实例，没有创建实例的必要，因此可以把简单工厂类实现成一个工具类，直接使用静态方法就可以了。也就是说，简单工厂的方法通常都是静态的，所以也被称为静态工厂。如果要防止客户端无谓地创造简单工厂实例，还可以把简单工厂的构造方法私有化。

3.2.3 语义分析

3.2.2 节中的代码分析是绝大多数设计模式书中都论述过的内容，那么，能否有更简明的方法加以说明呢？很明显，生活中的语义分析是一个优秀的方法，可以方便构建应用程序的框架。例如甲和乙关于工厂和工作的对话，如下所示。

甲：你在哪里上班?
乙：小汽车工厂。
甲：做什么工作?
乙：生产小汽车。
甲：生产几种小汽车?
乙：高、中、低档三种小汽车。

再如甲和乙关于旅游的对话，如下所示。

甲：去过北京吗?

乙：去过。

甲：北京哪里好玩？

乙：长城。

甲：长城哪里最好玩？

乙：八达岭。

再如，所有图书一般都有书名、一、二、三级标题等。可以得出：生活中语义描述事物的一个显著特点是：范围从大到小、从泛泛到具体、从一般到特殊，因此计算机程序结构一定也要遵循这种结构，即按层次划分。本示例简单工厂模式语义层次划分描述如表3-5所示。

表3-5 示例简单工厂模式语义层次划分

产品角色语义分层如下：
①小汽车产品：泛指，与接口ICar对应；
②高、中、低档三类小汽车，分别与UpCar、MidCar、DnCar一一对应。
工厂角色语义分层：
工厂可管理三类小汽车。在工厂类中可直接看出创建产品种类的数目，这是简单工厂的最大特点。

如果现在又新增加了一个超高档类型的汽车，在简单工厂模式下，需要做的工作有：①新增ICar的子类SuperCar；②修改工厂类SimpleCarFactory中的create()方法，增加SuperCar对象的判断选择分支。类SuperCar类的增加是必然的，那么能否不修改工厂类，就能完成所需功能呢？这就是下面要论述的工厂模式。

3.3 工厂

3.3.1 代码示例

【例3-2】编制表3-1小汽车工厂模式的相关类。

其对应的UML框图如图3-2所示。

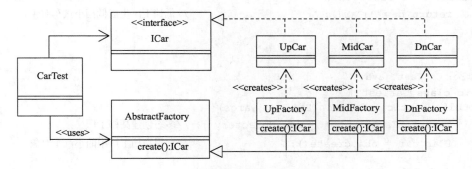

图3-2 小汽车抽象工厂UML示意图

```
//定义小汽车接口：ICar.java
public interface ICar {
}
//由于工厂模式仅关系对象的创建，为说明方便，不用定义方法

//定义高、中、低档具体的小汽车
```

```java
//高档小汽车：UpCar.java
public class UpCar implements ICar {
}

//中档小汽车：MidCar.java
public class MidCar implements ICar {
}

//低档小汽车：DnCar.java
public class DnCar implements ICar {
}

//定义抽象工厂：AbstractFactory.java
public abstract class AbstractFactory {
    public abstract ICar create();
}

//定义高档小汽车工厂：UpFactory.java
public class UpFactory extends AbstractFactory {
    public ICar create() {
        return new UpCar();              //高档工厂生成高档小汽车对象
    }
}

//定义中档小汽车工厂：MidFactory.java
public class MidFactory extends AbstractFactory {
    public ICar create() {
        return new MidCar();             //中档工厂生成中档小汽车对象
    }
}

//定义低档小汽车工厂：DnFactory.java
public class DnFactory extends AbstractFactory {
    public ICar create() {
        return new DnCar();              //低档工厂生成低档小汽车对象
    }
}

//测试类：CarTest.java
public class CarTest {
    public static void main(String []args){
        AbstractFactory obj = new UpFactory(); //多态创建高档工厂
        ICar car = obj.create();               //获得高档工厂中的小汽车对象
    }
}
```

3.3.2 代码分析

（1）工厂模式功能类编制步骤如下所示。

- 定制抽象产品接口，如 ICar。
- 定制具体产品子类，如类 UpCar、MidCar、DnCar。

- 定制抽象工厂类（或接口），如 AbstractFactory。其中，有一个重要的 create() 抽象方法。
- 定制具体工厂子类，如 UpFactory、MidFactory、DnFactory。

（2）工厂模式与简单工厂模式的区别。

- 工厂模式把简单工厂中具体的工厂类（如 CarSimpleFactory）划分成两层：抽象工厂层（如 AbstractFactory）+具体工厂子类层(如 UpFactory 等)。其中，抽象工厂层的划分丰富了程序框架的内涵，符合从一般到特殊的语义特点。以本题为例，语义的详细描述如表 3-6 所示。

表 3-6 抽象产品层+抽象工厂层语义描述

抽 象 层	语义描述
抽象产品层 interface ICar{ …… }	生产小汽车产品，小汽车的种类是不确定的

抽象工厂层
abstract class AbstractFactory{
    public abstract ICar create();
}
	工厂管理小汽车产品，管理小汽车的种类是不确定的

其实，表中代码最简单的语义描述就是"我们是小汽车工厂，生产并管理小汽车"。也就是说，抽象产品+抽象工厂定义好了，需要完成的工作也基本就清晰了，就能转化成有意义的语义描述了。事实上，只要有 ICar.java、AbstractFactory.java 两个文件，即使其他具体的产品类、工厂类源文件都没有，编译仍能通过。这进一步证明了生活中"从一般到特殊"的特点，在程序设计中也一定，而且是必然存在的，因此，把程序中的代码用生活中的语言描述出来，看符不符合实际，是一个非常好的习惯。

- create()方法参数的理解：在简单工厂模式中，create(String mark)是成员方法，表明在该方法中管理多个产品，根据 mark 的值产生并返回 ICar 对象；在工厂模式中，create()是抽象方法，无参数，表明在具体的子类工厂中创建某个具体的产品。
- 工厂方法更易于软件的二次开发及维护，其主要特征是：当需求分析发生变化时，只需要增加、删除相应的类，而不是修改已有的类。例如：若又生产一种超高档的小汽车，只需要增加 SuperCar 及 SuperFactory 两个类即可，代码如下所示。

```
//超高档小汽车: SuperCar.java
public class SuperCar implements ICar {
}
//定义超高档小汽车工厂: SuperFactory.java
public class SuperFactory extends AbstractFactory {
    public ICar create() {
        return new SuperCar();//超高档工厂生成超高档小汽车对象
    }
}
```

若在简单工厂中，则必须修改 CarSimpleFactory 工厂类中的 create()方法，增加选择分支，因此可以看出：工厂模式优于简单工厂模式。

3.4 抽象工厂

一般来说，简单工厂、工厂模式是单产品系的，而抽象工厂是多产品系的。从本质上来说，抽象工厂、工厂模式是统一的。

3.4.1 代码示例

【例3-3】编制表3-2汽车抽象工厂模式的相关类。

```java
//以下小汽车接口，高、中、低档小汽车代码与【例3-2】相同
public interface ICar {}
public class UpCar implements ICar {}
public class MidCar implements ICar { }
public class DnCar implements ICar {}

//定义公共汽车接口，高、中、低档公共汽车类
public interface IBus {}
public class UpBus implements IBus {}
public class MidBus implements IBus {}
public class DnBus implements IBus {}

//定义抽象工厂：AbstractFactory.java
public absttract class AbstractFactory {
    public abstract ICar create();          //产生小汽车对象
    public abstract IBus create();          //产生公共汽车对象
}

//定义高档工厂：UpFactory.java
public class UpFactory extends AbstractFactory {
    public ICar create() {
        return new UpCar();                 //高档工厂生成高档小汽车对象
    }
    public IBus create() {
        return new UpBus();                 //高档工厂生成高档公共汽车对象
    }
}

//定义中档工厂：MidFactory.java
public class MidFactory extends AbstractFactory {
    public ICar create() {
        return new MidCar();                //中档工厂生成中档小汽车对象
    }
    public IBus create() {
        return new MidBus();                //中档工厂生成中档公共汽车对象
    }
}

//定义低档工厂：DnFactory.java
public class DnFactory extends AbstractFactory {
    public ICar create() {
        return new DnCar();                 //低档工厂生成低档小汽车对象
    }
    public IBus create() {
        return new DnBus();                 //低档工厂生成低档公共汽车对象
    }
}
```

3.4.2 代码分析

（1）抽象工厂模式功能类编制步骤如下所示。
- 定制抽象产品接口，如 ICar、IBus。
- 定制具体产品子类，如小汽车类 UpCar、MidCar、DnCar，公共汽车类 UpBus、MidBus、DnBus。
- 定制抽象工厂类（或接口），如 AbstractFactory。其中，有两个重要的 create()抽象方法，分别返回 ICar、IBus 对象。
- 定制具体工厂子类，如 UpFactory、MidFactory、DnFactory。其中，每个工厂类中都需重写 create()方法。

（2）从本质上来说，抽象工厂与工厂模式是统一的，只不过抽象工厂是多产品系的，而工厂模式是单产品系的。

3.4.3 典型模型语义分析

抽象工厂的语义描述如下：设 A 产品有 A_1、A_2、…、A_n，B 产品有 B_1、B_2、…、B_n，共享特征 C，C 有 C_1、C_2、…、C_n，即 C_1 特征的产品是 A_1、B_1，C_2 特征的产品是 A_2、B_2，…，C_n 特征的产品是 A_n、B_n。把该语义翻译成计算机程序如表 3-7 所示。

表 3-7 抽象工厂语义转译程序表

语 义	转译代码

① A 产品有 A_1、A_2、…、A_n	`interface IA{}`
	`class A1 implements IA{}`
	`class A2 implements IA{}`
	……
	`class AN implements IA{}`

② B 产品有 B_1、B_2、…、B_n	`interface IB{}`
	`class B1 implements IB{}`
	`class B2 implements IB{}`
	……
	`class BN implements IB{}`

③ 共享特征 C	`abstract class C{`
	    `abstract IA create();`
	    `abstract IB create();`
	`}`

④ C_1 特征产品是 A_1、B_1	`class C1 extends C{`
	    `IA create() { return new A1();}`
	    `IB create() { return new B1();}`
	`}`

3.4.4 其他情况

【例3-4】编制表 3-3 汽车抽象工厂模式的相关类。

分析：表 3-3 属于多产品系，局部特征情况相同，小汽车和公共汽车都有高、中档类型。此外，小汽车还有低档类型，而公共汽车则没有。代码如下所示。

```java
//以下小汽车接口，高、中、低档小汽车代码与【例3-2】相同
public interface ICar {}

public class UpCar implements ICar {}
public class MidCar implements ICar { }
public class DnCar implements ICar {}

//定义公共汽车接口，高、中档公共汽车类
public interface IBus {}
public class UpBus implements IBus {}
public class MidCar implements IBus {}

//定义抽象工厂：AbstractFactory.java
public absttract class AbstractFactory {
}

//定义抽象子工厂1：AbstractFactory1.java
public absttract class AbstractFactory1 extends AbstractFactory {
    public abstract ICar create();          //产生小汽车对象
    public abstract IBus create();          //产生公共汽车对象
}

//定义抽象子工厂2：AbstractFactory2.java
public absttract class AbstractFactory2 extends AbstractFactory {
    public abstract ICar create();          //产生小汽车对象
}

//定义高档工厂：UpFactory.java
public class UpFactory extends AbstractFactory1 {
    public ICar create() {
        return new UpCar();                 //高档工厂生成高档小汽车对象
    }
    public IBus create() {
        return new UpBus();                 //高档工厂生成高档公共汽车对象
    }
}

//定义中档工厂：MidFactory.java
public class MidFactory extends AbstractFactory1 {
    public ICar create() {
        return new MidCar();                //中档工厂生成中档小汽车对象
    }
    public IBus create() {
        return new MidBus();                //中档工厂生成中档公共汽车对象
    }
}

//定义低档工厂：DnFactory.java
public class DnFactory extends AbstractFactory1 {
```

```java
    public ICar create() {
        return new DnCar();                      //低档工厂生成低档小汽车对象
    }
}
```

着重理解 AbstractFactory、AbstractFactory1、AbstractFactory2 的语义描述,如表 3-8 所示。

表 3-8 三个抽象工厂类语义描述

代 码	语义描述
`abstract class AbstractFactory{` `}`	抽象类,无方法,两个作用:①表明不同的派生子类中,功能(方法)是不同的;②对不同的功能子类进行统一管理

`abstract class AbstractFactory1 extends AbstractFactory{`
`    public abstract ICar create();`
`    public abstract IBus create();`
`}`
	①具有相同特征的小汽车、公共汽车放在相同的工厂中;②该类也是抽象类,表明"特征"是多个,本例中"特征"表示"高档"及"中档"。差别要在该类的子类中体现

`abstract class AbstractFactory2 extends AbstractFactory{`
`    public abstract ICar create();`
`}`
	对该类描述与上基本相同

【例 3-5】编制表 3-4 汽车抽象工厂模式的相关类。

分析:表 3-4 属于多产品系,无特征情况相同,小汽车有高、中档类型,无低档类型,而公共汽车仅有低档类型。借鉴【例 3-4】,代码如下所示。

```java
//定义小汽车接口,高、中档小汽车类
public interface ICar {}
public class UpCar implements ICar {}
public class MidCar implements ICar { }

//定义公共汽车接口,低档公共汽车类
public interface IBus {}
public class DnBus implements IBus {}

//定义抽象工厂: AbstractFactory.java
public absttract class AbstractFactory {
    public abstract ICar create();           //产生小汽车对象
    public abstract IBus create();           //产生公共汽车对象
}

//定义高档工厂: UpFactory.java
public class UpFactory extends AbstractFactory {
    public ICar create() {
        return new UpCar();                  //高档工厂生成高档小汽车对象
    }
}

//定义中档工厂: MidFactory.java
public class MidFactory extends AbstractFactory {
    public ICar create() {
        return new MidCar();                 //中档工厂生成中档小汽车对象
    }
}
```

```java
//定义低档工厂：DnFactory.java
public class DnFactory extends AbstractFactory {
    public IBus create() {
        return new DnBus();                    //低档工厂生成低档公共汽车对象
    }
}
```

3.5 应用示例

【例3-6】编写读文件功能。具体功能是：读取文本文件，包括：GBK、UTF8、UNICODE 编码下的文本文件，要求获得全文内容；读取图像文件包括：BMP、GIF、JPG 文件，要求获得图像宽度、长度、每一点的 RGB 三基色信息。

本例的实现方法有如下两种。

方法1

根据语义，方便划出图3-3功能层次图。

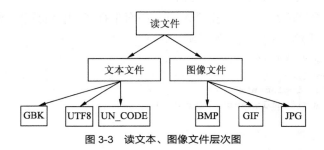

图3-3 读文本、图像文件层次图

根据该层次图，易得出下述程序框架。

（1）定义文件产品

```java
//定义读文件接口：对应图3-3第1层
public interface IRead {
    public void read(String fileName);
}
//定义读文本、图像文件抽象类：对应图3-3第2层
public class AbstractTextRead implements IRead {    //读文本文件
    public void read(String fileName) {
    }
}
public class AbstractImgRead implements IRead {     //读图像文件
    public void read(String fileName) {
    }
}
//定义具体读文本、图像文件类：对应图3-3第3层
public class GBKRead extends AbstractTextRead {     //GBK 编码文件
    public void read(String fileName) {
    }
}
```

```java
public class UTF8Read extends AbstractTextRead {   //UTF8 编码文件
    public void read(String fileName) {
    }
}
public class UNICODERead extends AbstractTextRead {    //UNICODE 编码文件
    public void read(String fileName) {
    }
}
public class BMPRead extends AbstractImgRead {         //BMP 图像文件
    public void read(String fileName) {
    }
}
public class GIFRead extends AbstractImgRead {         //GIF 图像文件
    public void read(String fileName) {
    }
}
public class JPGRead extends AbstractImgRead {         //JPG 图像文件
    public void read(String fileName) {
    }
}
```

（2）定义工厂类（利用工厂模式）

```java
//定义抽象工厂类
public abstract class AbstractFactory {
    public abstract IRead create();
}
//定义具体工厂类：上述 6 个产品对应 6 个不同的工厂类
public class GBKFactory extends AbstractFactory {
    public IRead create() {
        return new GBKRead();
    }
}
public class UTF8Factory extends AbstractFactory {
    public IRead create() {
        return new UTF8Read();
    }
}
public class UNICODEFactory extends AbstractFactory {
    public IRead create() {
        return new UNICODERead();
    }
}
public class BMPFactory extends AbstractFactory {
    public IRead create() {
        return new BMPRead();
    }
}
public class GIFFactory extends AbstractFactory {
    public IRead create() {
        return new GIFRead();
    }
}
```

```
public class JPGFactory extends AbstractFactory {
    public IRead create() {
        return new JPGRead();
    }
}
```

容易发现：根据图 3-3，利用工厂模式可以直译成上述代码，但是，这种层次框架并不是最优的，关键在于没有充分运用到 JDK 本身已有的类库，没有在图 3-3 的基础上进行进一步抽象。这也就是下面方法 2 改进的地方。

方法 2

分析：

① JDK 中提供了不同编码下的字符串转换方法。其中，一个重要的构造方法是：String(byte buf[], String encode)，因此得出读文本文件的思路，即按字节输入流把文件读入缓冲区 buf，然后再按上述 String 构造方法，将 buf 缓冲区按 encode 编码方式进行编码，转化成可视字符串。这种方法不但适合 GBK、UTF8、UNICODE 编码的文本文件，还可适合其他编码文件。

② JDK 中提供了图像操作类，如 ImageIO，封装了对 BMP、GIF、JPG 等格式图像文件的读写操作。利用 ImageIO，可大大减少代码编码量，提高编程效率。

具体代码如下所示。

（1）定义读（文本、图像）文件接口。

读文本文件方法需要两个参数：文件名、文件编码方式；读图像文件方法需要一个参数：文件名。根据题意：读文本文件要求返回 String 类型；读图像文件要求返回图像长、宽、RGB 复合信息。如何用接口屏蔽方法参数个数，返回值类型的差异，是定义接口的关键。本文定义的接口如下所示。

```
public interface IRead<T>{
    T read(String ... in);
}
```

定义泛型接口是解决返回值类型不同的较好方法，而屏蔽方法参数个数差异利用 "String ... in" 形式即可实现。根据该接口，利用工厂模式，得出 UML 如图 3-4 所示。

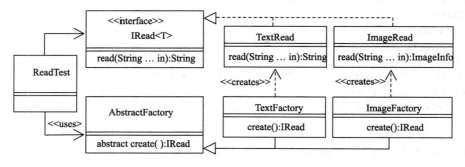

图 3-4 读文件 UML 示意图

（2）定义读（文本、图像）文件具体类。

```
//读文本文件
import java.io.*;
public class TextRead implements IRead<String> {        //读文本文件
    public String read(String... in) {
        String result = null;                            //result 是结果串
```

```java
        try{
            File file = new File(in[0]);              //in[0]表示文件名称
            long len = file.length();
            FileInputStream input = new FileInputStream(in[0]);
            byte buf[] = newbyte[(int)len];           //缓冲区大小等于文件长度
            input.read(buf);                          //一次读完文件
            result = new String(buf, in[1]);          //按in[1]编码方式转化成可见字符串
            input.close();
        }
        catch(Exception e){
            System.out.println(e.getMessage());
        }
        return result;
    }
}

//图像基本信息文件
public class ImageInfo {
    private int width;                                //图像宽度
    private int height;                               //图像高度
    private int r[][];                                //红色分量
    private int g[][];                                //绿色分量
    private int b[][];                                //蓝色分量

    public void setWidth(int width){
        this.width = width;
    }
    public int getWidth() {
        return width;
    }
    public void setHeight(int height){
        this.height = height;
    }
    public int getHeight() {
        return height;
    }
    public int[][] getR() {
        return r;
    }
    public int[][] getG() {
        return g;
    }
    public int[][] getB() {
        return b;
    }

    public void setRGB(int rgb[]){
        r = new int[height][width];
        g = new int[height][width];
        b = new int[height][width];
```

```java
            int pos = 0;
            for(int i=0; i<height; i++){
                pos = width*i;
                for(int j=0; j<width; j++){
                    r[i][j] =(rgb[pos+j]&0xff0000)>>16;
                    g[i][j] =(rgb[pos+j]&0x00ff00)>>8;
                    b[i][j] =rgb[pos+j]&0x0000ff;
                }
            }
        }
    }
```

```java
//读图像文件
import java.io.*;
import javax.imageio.*;
import java.awt.image.*;
public class ImageRead implements IRead<ImageInfo> {           //读图像文件
    public ImageInfo read(String... in) {
        File f = new File(in[0]);                              //in[0]表示图像文件名
        BufferedImage bi = ImageIO.read(f);
        int width = bi.getWidth();
        int height = bi.getHeight();
        int rgb[] = newint[width*height];
        bi.getRGB(0,0,width,height, result, width, width);     //将图像数据读到result缓冲区

        ImageInfo obj = new ImageInfo();                       //设置图像信息
        obj.setWidth(width);                                   //设置宽度
        obj.setHeight(height);                                 //设置高度
        obj.setRGB(rgb);                                       //设置rgb[]三基色信息
        return obj;
    }
}
```

- 自定义 ImageInfo 类与 JDK 系统类 ImageIO 完成了对图像文件的读操作。ImageIO 中的 read() 方法可把某图像矩形区域像素点的三基色值统一读到一维整形数组中，因此必须对该数组每一值都进行移位拆分，获得拆分的 r、g、b 值。拆分过程如 ImageInfo 中的 setRGB() 方法所示。
- 利用 IMageIO 类，简化了读不同格式图像文件基础类的编制，仅有一个类就可以了。ImageIO 类不但有读功能，还有写功能，那么都支持哪些图像文件呢？执行下列代码就可看出来。

```java
    String readSuffix[] = ImageIO.getReaderFileSuffixes();//获得可读图像文件类型扩展名
    for(int i=0; i<readSuffix.length; i++){
        System.out.println(readSuffix[i]);
    }
    String writeSuffix[] = ImageIO.getWriterFileSuffixes();//获得可写图像文件类型扩展名
    for(int i=0; i<writeSuffix.length; i++){
        System.out.println(writeSuffix[i]);
    }
```

（3）定义抽象工厂

```java
public abstract class AbstractFactory {
    public abstract IRead create();
}
```

（4）定义具体工厂
```java
public class TextFactory extends AbstractFactory {
    public IRead create() {
        return new TextRead();        //文件工厂生成具体读文件类
    }
}
public class ImageFactory extends AbstractFactory {
    public IRead create() {
        return new ImageRead();       //图像工厂生成具体读图像类
    }
}
```

3.6 自动选择工厂

【例 3-7】给出了工厂类的功能代码，不过对于如何选择具体工厂类并没有体现。其实，与简单工厂类中选择分支一样，在抽象类中加相应的代码就可以了，如下所示。

```java
public abstract class AbstractFactory {
    private static String TEXT = "text";
    private static String IMAGE= "IMAGE";
    public abstract IRead create();

    static AbstractFactory create(String mark){    //是具体工厂类型标识字符串，不是类名
        AbstractFactory factory = null;
        if(mark.equals(TEXT))
            factory = new TextFactory();
        if(mark.equals(IMAGE))
            factory = new ImageFactory();
        return factory;
    }
}
```

抽象方法 create()语义是：具体工厂类对象是由客户端调用方产生的。静态方法 create()语义是：具体工厂类对象是在本类产生的，根据 mark 标识自动产生不同的具体工厂类对象。本类暗含了两种产生工厂对象的方法，方便用户加以选择。

其实，运用 Java 反射技术，可以编制更加灵活的代码，如下所示。

```java
import java.lang.reflect.*;
public abstract class AbstractFactory {
    public abstract IRead create();
    static AbstractFactory create(String className){    //className 是具体的工厂类名字符串
        AbstractFactory factory = null;
        try{
            Class c = Class.forName(className);
            factory = (AbstractFactory)c.newInstance();
        }
        catch(Exception e){
            e.printStackTrace();
        }
        return factory;
    }
}
```

运用反射技术，实现了更加灵活的自动工厂选择功能。当增加新具体工厂类的时候，勿需修改 AbstractFactory 类，因为通过仔细分析可知，该类结构对抽象工厂模式是最恰当的。抽象工厂对应多产品簇，每个具体工厂又包含多种产品。从层次清晰角度来说，也应该先得到具体工厂，然后再得到该工厂中的某个具体产品，但是对于简单工厂、工厂模式而言，它们都对应单一产品簇。在运用反射技术的前提下，没有必要利用反射先产生具体工厂，再产生具体产品，直接用反射产生具体产品就可以了，而且该类也可由抽象类变成普通类，代码如下所示。

```
public class ProductFactory {
    static IRead create(String className){ //className 是某具体产品类名，非工厂类名
        IRead product= null;
        try{
            Class c = Class.forName(className);
            product = (IRead)c.newInstance();
        }
        catch(Exception e){
            e.printStackTrace();
        }
        return product;
    }
}
```

分析代码得出：产品工厂类 ProductFactory 是用于返回 IRead 产品的，不过只要稍加改造，运用泛型技术，就可以得出更普遍的形式，代码如下所示。

```
public class ProductFactory2<T> {                //T: 定义的产品接口
    public T create(String className){           //className: 具体的产品类名
        T product= null;                         //产品初始化为 null
        try{
            Class c = Class.forName(className);
            product = (T)c.newInstance() ;       //强制转换
        }
        catch(Exception e){
            e.printStackTrace();
        }
        return product;
    }
}
```

模式实践练习

1. 某字符串消息可添加至日志或保存至数据库，利用工厂模式编制相应的功能类和测试类。
2. 有公共汽车和小汽车两类车，每类又有豪华型和一般型两种，利用抽象工厂模式编制相应的功能类和测试类。

04 生成器模式

　　生成器模式是指将一个复杂对象的构建与它的表示分离,使同样的构建过程可以创建不同的表示。适合该模式的情景如下:对象结构复杂,利用构造方法创建对象无法满足用户需求;对象创建过程必须独立于创建该对象的类。

4.1 问题的提出

在类的应用中，有些类是容易创建对象的，直接调用构造方法即可，如：Student obj = new Student("1001", "张三",20)，表明学生学号是 1001，姓名叫张三，年龄 20；Circle obj2 = new Circle(10.0f)，表明创建一个半径是 10 的圆对象。这两个类的一大特点是成员变量是基本数据类型或其封装类，亦或是字符串类。然而，有些类却是不宜直接创建对象的，成员变量是自定义类型，如下述代码所示。

```
public class Product {
    Unit u;
    Unit2 u2;
    Unit3 u3;
}
```

可知：Product 由 Unit、Unit2、Unit3 三个单元组成，所以 Product 对象的产生不能简单地由 Product obj=new Product（Unit,Unit2,Unit3）获得，必须先产生具体的对象 u、u2、u3，然后才能获得 Product 对象，简单的实现方法如下所示。

```
public class Product {
    Unit u;
    Unit u2;
    Unit u3;

    public void createUnit(){        //创建具体的单元 1
        //u=......
    }
    public void createUnit2(){       //创建具体的单元 2
        //u2=......
    }
    public void createUnit3(){       //创建具体的单元 3
        //u3=......
    }
    public void composite(){         //单元 1、2、3 以某种方式合成具体的 Product 对象
        //u + u2 + u3
    }

    public static void main(String []args){
        Product p = new Product();
        p.createUnit();p.createUnit2();p.createUnit3();
        p.composite();
    }
}
```

通过测试 main()方法可知：当运行完 p.composite()方法后，所需的 Product 对象才最终建立起来。初看一下，本方法解决了复杂类对象的创建问题，层次清晰，但仔细想想，本方法仅解决了一类 Product 对象的创建问题，如果有两类 Product 对象，该如何呢？也许有人会说，采取相同的策略，代码如下所示。

```
public class Product {
    Unit u;
    Unit u2;
    Unit u3;
```

```
//创建第 1 种 Product 对象方法组
public void createUnit(){/*u=......*/}
public void createUnit2(){/*u2=......*/}
public void createUnit3(){/*u3=......*/}
public void composite(){/*u + u2 + u3*/}
//创建第 2 种 Product 对象方法组
public void createUnit_2(){/*u=......*/}
public void createUnit2_2(){/*u2=......*/}
public void createUnit3_2(){/*u3=......*/}
public void composite_2(){/*u + u2 + u3*/}

public static void main(String []args){
    int type=1; //1：创建第 1 种 Product 对象标识；//2：创建第 2 种 Product 对象标识
    Product p = new Product();
    if(type==1){
        p.createUnit();p.createUnit2();p.createUnit3();
        p.composite();
    }
    if(type==2){
        p.createUnit_2();p.createUnit2_2();p.createUnit3_2();
        p.composite_2();
    }
}
```

可知：随着 Product 产品种类的增多或减少，必须修改已有的源代码，这是我们不希望看到的情况，那么该如何解决呢？生成器模式是解决这类问题的重要手段。

4.2 生成器模式

生成器模式也称为建造者模式。生成器模式的意图在于将一个复杂的构建与其表示相分离，使得同样的构建过程可以创建不同的表示。在软件设计中，有时候面临着一个非常复杂的对象的创建工作。这个复杂的对象通常可以分成几个较小的部分，由各个子对象组合出这个复杂对象的过程相对来说比较稳定，但是子对象的创建过程各不相同并且可能面临变化。根据 OOD 中的 OCP 原则，应该对这些子对象的创建过程进行变化封装。

关于创建复杂对象，常规思路与生成器模式思路的关键差别如图 4-1 所示。

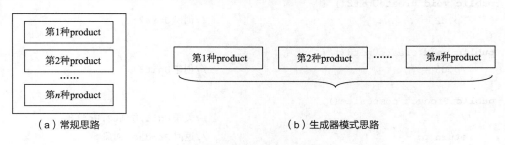

图 4-1　建立复杂对象设计思想对比图

常规思路是在一个类中包含 n 种 Product 产品的所有代码，这与 4.1 节中的 Product 类中的代码相吻合；生成器思路是产品类与创建产品的类相分离，产品类仅 1 个，创建产品的类有 n 个。由此，可以递进推出生成器模式编程步骤，如下所示。

（1）定义 1 个产品类

```java
public class Unit{……}
public class Unit2{……}
public class Unit3{……}
public class Product {
    Unit u;
    Unit2 u2;
    Unit3 u3;
}
```

由于不在该类完成 Product 类对象的创建，因此勿需显示定义构造方法。

（2）定义 n 个生成器 Build 类

根据语义：生成器是用来生成 Product 对象的，因此一般来说，Product 是生成器类的一个成员变量；根据语义：每创建一个 Product 对象，本质上都需要先创建 Unit1、Unit2、……、UnitN，然后再把它们组合成所需的 Product 对象，因此需要 n 个 createUnit() 方法及一个组合方法 composite()；由于 createUnit() 及 composite() 是共性，因此可定义共同的生成器类接口，n 个生成器类均从此接口派生即可。代码如下所示。

```java
//定义生成器类接口 IBuild
public interface IBuild {
    public void createUnit();
    public void createUnit2();
    public void createUnit3();
    public Product composite();                    //返回值是 Product 对象
}

//定义 3 个生成器类
public class BuildProduct implements IBuild {     //生成第一种 Product
    Product p = new Product();                     //Product 是成员变量,
    
    public void createUnit() {
        //p.u = ……                                 //创建 Unit
    }
    public void createUnit2() {
        //p.u2 = ……                                //创建 Unit2
    }
    public void createUnit3() {
        //p.u3 =                                   //创建 Unit3
    }
    public Product composite() {
        //……                                       //关联 Unit,Unit2,Unit3
        return p;                                  //返回 Product 对象 p
    }
}

public class BuildProduct2 implements IBuild {    //生成第 2 种 Product
```

```java
        Product p = new Product();                     //Product 是成员变量,

        public void createUnit() {/*p.u = ...... */}   //创建 Unit
        public void createUnit2(){/*p.u2 = ...... */}  //创建 Unit2
        publicvoid createUnit3(){/*p.u3 = ...... */}   //创建 Unit3
        public Product composite() {
            //......                                   //关联 Unit,Unit2,Unit3
            return p;                                  //返回 Product 对象 p
        }
    }
    public class BuildProduct3 implements IBuild {     //生成第 3 种 Product
        Product p = new Product();                     //Product 是成员变量,

        public void createUnit() {/*p.u = ...... */}   //创建 Unit
        public void createUnit2(){/*p.u2 = ...... */}  //创建 Unit2
        public void createUnit3(){/*p.u3 = ...... */}  //创建 Unit3
        public Product composite() {
            //......                                   //关联 Unit,Unit2,Unit3
            return p;                                  //返回 Product 对象 p
        }
    }
```

通过上述代码可知：若需求分析发生变化，只需增加或删除相应的生成器类即可，勿需修改已有的类代码。

（3）定义 1 个统一调度类

也叫指挥者（Director）类，是对生成器接口 IBuild 的封装。该类及简单的测试代码如下所示。

```java
public class Director {
    private IBuild build;
    public Director(IBuild build){
        this.build = build;
    }
    public Product build(){
        build.createUnit();
        build.createUnit2();
        build.createUnit3();
        return build.composite();
    }

    public static void main(String []args){
        IBuild build = new BuildProduct();
        Director direct = new Director(build);
        Product p = direct.build();
    }
}
```

通过分析上述代码，可知生成器设计模式涉及四个关键角色：产品（Product）、抽象生成器（IBuild），具体生成器（Build），以及指挥者（Director）。四者的 UML 关系图如图 4-2 所示。

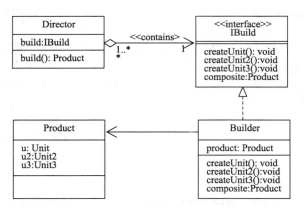

图 4-2　生成器模式类图

4.3　深入理解生成器模式

（1）深入理解调度类（指挥者）Director

若想理解好 Director 类，必须先理解好 IBuild。与常规接口相比，生成器接口 IBuild 是特殊的，它是一个流程控制接口，该接口中定义的方法必须依照某种顺序运行，一个都不能缺，因此，在程序中一定要体现出"流程"这一特点。Director 类即是对"流程"的封装类，其中的 build() 方法决定了具体的流程控制过程。

（2）深入理解 IBuild 接口的定义

IBuild 接口清晰地反映了创建产品 Product 的流程。如果将 UML 类图改为图 4-3，又如何呢？

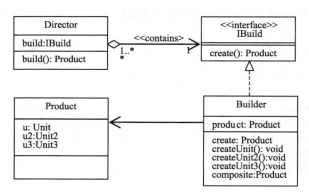

图 4-3　生成器模式类图 2

可知：IBuild 接口中仅定义了多态 create() 方法，并不能看清创建 Product 需要几个步骤。具体生成器类中重写了多态 create() 方法，其中调用了四个非多态方法，最终返回了产生的 Product 对象。代码如下所示。

```
//定义生成器类接口 IBuild
public interface IBuild {
    public Product create();    //返回值是 Product 对象
}
//定义一个具体的生成器类
```

```java
public class BuildProduct implements IBuild {                //生成第2种Product
    Product p = new Product();//Product是成员变量,

    public void createUnit() {/*p.u = ...... */}            //创建Unit
    public void createUnit2(){/*p.u2 = ...... */}           //创建Unit2
    public void createUnit3(){/*p.u3 = ...... */}           //创建Unit3
    public Product composite() {
        //......                                             //关联Unit,Unit2,Unit3
        return p;                                            //返回Product对象p
    }
    public Product create(){                                 //多态方法调用其他创建Product对象的方法
        createUnit(); createUnit2(); createUnit3();
        return composite();
    }
}
//定义指挥者类
public class Director {
    private IBuild build;
    public Director(IBuild build){
        this.build = build;
    }
    public Product build(){
        return build.create();
    }
}
```

具体生成器多态create()方法中包含了创建Product对象的全过程,所以Director类中的build()方法就显得重复了,那么是否说明可以略去Director类呢?单纯就本题而言,是可以的。也就是说,在生成器模式中,抽象生成器和具体生成器是必须的,而指挥者类需要在实际问题中认真考虑,加以取舍。

本方法中利用多态create()方法可以解决更为复杂的问题。例如,要生产两种Product产品:一种需要三个过程;一种需要四个过程。此时,若用标准的生成器模式(图4-2)就不行了,因为它要求创建产品的过程必须相同;用图4-3描述的生成器模式是可以的,只需要在第一个具体生成器中定义四个普通方法,在第二个具体生成器中定义三个普通方法就可以了。这种模式也可以叫作弱生成器模式。进一步思考,可以把IBuild定义成泛型接口,如下所示。所有具体生成器(不仅仅是Product产品,也可是其他需要生成器模式的产品)皆从此接口派生即可。

```java
public interface IBuild<T> {
    public T create();                                       //模板参数T是要创建的对象类型
}
```

(3)另一种实现方法

利用Product派生类方法,也可以实现类似的生成器功能,类图如图4-4所示。

```java
//定义抽象生成器
public abstract class Product {
    Unit u;
    Unit2 u2;
    Unit3 u3;

    abstract void createUnit();                              //表明子类要创建Unit
```

```
    abstract void createUnit2();           //表明子类要创建Unit2
    abstract void createUnit3();           //表明子类要创建Unit3
    abstract void composite();             //表明子类要组合Unit、Unit2、Unit3
}
//定义具体生成器
public class BuildProduct extends Product {
    void createUnit() {/*u=......*/}
    void createUnit2() {/*u2=......*/}
    void createUnit3() {/*u3=......*/}
    void composite() {/*关联u、u2、u3*/}
}
//定义指挥者类
public class Director {
    Product p;
    public Director(Product p){
        this.p = p;
    }
    void build(){
        p.createUnit();
        p.createUnit2();
        p.createUnit3();
        p.composite();
    }
}
```

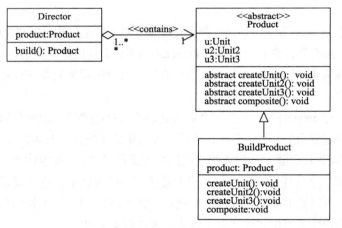

图 4-4　生成器模式类图 3

总之，对于生成器模式创建复杂对象而言，主要原则是对象构建过程与表示相分离。这是一个总的思想，实现的具体形式不是一成不变的，或许你也可以写出适合自己应用的生成器模式框架代码来。

4.4　应用示例

【例 4-1】通用"更新"功能生成器模式代码。

权限（login 表）是 MIS 系统中的重要功能，不同的角色有不同的功能，如教学管理系统中基本角色有：学生(student 表)、教师（teacher 表）等。基本表说明如表 4-1 所示。

表 4-1 基本表内容说明

序 号	字 段 名	说 明	关 键 字	外 键
login 表				
1	User	用户名	√	
2	Pwd	密码		
3	Type	类型:1,学生;2,教师		
student 表				
1	User	用户名	√	√
2	Name	姓名		
3	Age	年龄		
4	Major	专业		
5	Depart	学院		
teacher 表				
1	User	用户名	√	√
2	Name	姓名		
3	Age	年龄		
4	Lesson	主讲课程		
5	Depart	学院		

可知：所有角色的登录用户名及密码信息均在 login 表中，type 为 1 表示是学生，为 2 表示是教师。学生的具体信息在 student 表中，教师的具体信息在 teacher 表中，它们均通过外键 user 与 login 表关联。一个常用的功能是：管理员为学生和教师在 login 表中分配了用户名及账户，同时在相应的 student 或 teacher 表中建立了关键字为 user 的记录，但其他具体信息如姓名、年龄等均是空的，因此需要学生或教师在登录后首先完善个人信息。本文主要利用生成器模式设计"个人信息完善"的基础代码。

从流程角度来说，更新学生表或教师表是相似的，只是界面显示信息稍有不同。生成器模式是解决同流程，异界面问题的重要手段，代码如下所示。

（1）界面抽象生成器类 UIBuilder

```
import javax.swing.*;
public abstract class UIBuilder {
    protected JPanel panel = new JPanel();

    abstract public void addUI();                              //形成界面
    abstract public void registerMsg();                        //注册消息
    abstract public void initialData(String accountNO);        //初始化界面数据
    public JPanel getPanel(){                                  //返回界面面板对象
        return panel;
    }
}
```

可知：定义的成员变量 panel 是最终要生成的界面对象。对于学生或教师实体而言，形成 panel

界面的过程不同，按钮消息响应不同，界面初始化数据来源不同，因此定义了与之相匹配的三个抽象方法。

（2）具体学生界面生成器类 StudentBuilder

```java
import java.awt.*;
import java.awt.event.*;
import java.util.*;

import java.util.List;
import javax.swing.*;

public class StudentBuilder extends UIBuilder implements ActionListener {
    JTextField   studName = new JTextField(10);        //姓名
    JTextField   studAge = new JTextField(10);         //年龄
    JTextField   studMajor = new JTextField(10);       //专业
    JTextField   studDepart = new JTextField(10);      //学院
    JButton      updateBtn = new JButton("更新");       //该按钮需注册事件

    public void addUI() {                              //界面生成方法
        JPanel center = new JPanel();
        JPanel south  = new JPanel();
        Box b = Box.createVerticalBox();               //第1列垂直Box对象b
        b.add(new JLabel("姓名"));b.add(Box.createVerticalStrut(8));
        b.add(new JLabel("年龄"));b.add(Box.createVerticalStrut(8));
        b.add(new JLabel("专业"));b.add(Box.createVerticalStrut(8));
        b.add(new JLabel("学院"));b.add(Box.createVerticalStrut(8));
        Box b2 = Box.createVerticalBox();              //第2列垂直Box对象b2
        b2.add(studName);    b2.add(Box.createVerticalStrut(8));
        b2.add(studAge);     b2.add(Box.createVerticalStrut(8));
        b2.add(studMajor);   b2.add(Box.createVerticalStrut(8));
        b2.add(studDepart);  b2.add(Box.createVerticalStrut(8));
        center.add(b);   center.add(b2);               //center 面板 = b+b2
        south.add(updateBtn);                          //south 面板 = updateBtn
        panel.setLayout(new BorderLayout());           //设置panel面板为方位布局管理器
        panel.add(center, BorderLayout.CENTER);        //panel 中心方位 = center 面板
        panel.add(south, BorderLayout.SOUTH);          //panel 南方方位 = south 面板
    }
    public void registerMsg() {
        updateBtn.addActionListener(this); //消息响应加在本类中，故实现ActionListener接口
    }
    public void initialData(String accountNO) {        //界面数据显示初始化
        String strSQL = "select name,age,major,depart from student where account='"+accountNO+ "'";
        DbProc dbobj = new DbProc();                   //数据库操作类
        try{
            dbobj.connect();
            List l = (List)dbobj.executeQuery(strSQL);
            Vector v = (Vector)l.get(0);
            studName.setText((String)v.get(0));        //设置姓名显示编辑框
            studAge.setText((String)v.get(1));
```

```java
            studMajor.setText((String)v.get(2));
            studDepart.setText((String)v.get(3));
            dbobj.close();
        }
        catch(Exception e){}
    }
    public void actionPerformed(ActionEvent arg0) {   //获得界面数据+更新数据库
        String name=studName.getText(); String age=studAge.getText();
        String major=studMajor.getText(); String depart=studDepart.getText();
        String strSQL = "update student set name='" +name+ "',age=" +age+
            ",major='" +studMajor+ "',depart='" +studDepart+ "'";
        try{
            DbProc dbobj = new DbProc();
            dbobj.connect();
            dbobj.executeUpdate(strSQL);
            dbobj.close();
        }
        catch(Exception e){}
    }
}
```

DbProc 是数据库操作自定义封装类，包括：增、删、改、查功能。为了方便，数据库驱动程序字符串、数据源连接字符串直接写在了类中。其实，可以把数据库相关信息存放在配置文件中，通过解析配置文件获得更灵活的数据库操作功能。代码如下所示。

```java
//数据库操作封装类 DbProc
import java.sql.*;
import java.util.*;
public class DbProc {
    private String strDriver = "com.mysql.jdbc.Driver";   //这些信息也可存于配置文件中
    private String strDb = "jdbc:mysql://localhost:3306/test";
    private String strUser = "root";
    private String strPwd = "123456";
    private Connection conn;
    public boolean connect() throws Exception{
        Class.forName(strDriver);                                            //加载驱动程序
        conn = DriverManager.getConnection(strDb,strUser,strPwd);            //连接数据源
        return true;
    }
    public int executeUpdate(String strSQL) throws Exception{         //增、删、改功能
        Statement stm = conn.createStatement();
        int n = stm.executeUpdate(strSQL);
        stm.close();
        return n;
    }

    public List executeQuery(String strSQL) throws Exception{         //查询功能
        List l = new Vector();
        Statement stm = conn.createStatement();
        ResultSet rst = stm.executeQuery(strSQL);
        ResultSetMetaData rsmd = rst.getMetaData();
        while(rst.next()){
            Vector unit = new Vector();
            for(int i=1; i<=rsmd.getColumnCount(); i++){
```

```
                unit.add(rst.getString(i));
            }
            l.add(unit);
        }
        return l;
    }
    public void close() throws Exception{            //关闭数据源连接
        conn.close();
    }
}
```

（3）具体教师界面生成器类 TeacherBuilder

与 StudentBuilder 类似，可得出 TeacherBuilder 类代码，故略去。

（4）流程指挥者类 Director

```
import javax.swing.*;
public class Director {
    private UIBuilder build;
    public Director(UIBuilder builder) {
        this.build = builder;
    }
    public JPanel build(String accountNO) {
        build.addUI();                       //初始化界面
        build.registerMsg();                 //登记消息
        build.initialData(accountNO);        //填充账号为 accountNO 人的初始界面显示数据
        return build.getPanel();
    }
}
```

（5）一个简单的测试类

上文中（1）~（4）是功能类，本测试类并不是实际应用中的代码，仅是一个简单的仿真，前提条件是在 student 表中有账号为"zhang"的记录，代码如下所示。

```
import javax.swing.*;
publicclass MyTest {
    public static void main(String[] args) {
        JFrame frm = new JFrame();
        UIBuilder ub = new StudentBuilder();           //创建学生生成器
        Director direct = new Director(ub);            //为学生生成器创建指挥者
        JPanel panel = direct.build("zhang");          //指挥者创建张同学的更新界面
        frm.add(panel);
        frm.setDefaultCloseOperation(JFrame.EXIT_ON_CLOSE);
        frm.pack();
        frm.setVisible(true);
    }
}
```

以上都是针对 Java 工程应用程序论述的。而随着信息技术的飞速发展，Java Web 程序已是大势所趋，那么如何在 Web 中实现【例 4-1】所述的生成器模式基础代码呢？我们知道，Web 程序涉及到多种技术，本文主要讨论基于 Ajax 技术的生成器模式代码的实现。

（1）服务器端代码实现

- 界面抽象生成器接口 IWebBuild

Java 工程中定义的是抽象类 UIBuilder，主要包含：界面生成、消息注册、返回构造好的最终面板对象等功能，但在 Web 程序中，服务器端只能生成待显示的 HTML 字符串。该字符串只有返回到客户端 IE 浏览器，才能显示出真实的页面；既然在服务器端不能显示界面，就勿需在服务器端完成消息的注册，因此抽象生成器定义成如下接口即可。

```java
public interface IWebBuild {
    public void getData(String accountNO);   //从数据库获得账号为 accountNO 的具体数据
    public String getUI();                   //形成完全的 HTML 字符串
}
```

- 学生具体生成器类 StudentWebBuild

```java
import java.util.*;
public class StudentWebBuild implements IWebBuild {
    private String name,age,major,depart;
    public void getData(String accountNO) {
        String strSQL = "select name,age,major,depart from student where account='"
+accountNO+ "'";
        DbProc dbobj = new DbProc();
        try{
            dbobj.connect();
            List l = (List)dbobj.executeQuery(strSQL);
            dbobj.close();
            Vector v = (Vector)l.get(0);
            name = (String)v.get(0);    age = (String)v.get(1);
            major= (String)v.get(2);    depart = (String)v.get(3);
        }
        catch(Exception e){}
    }
    public String getUI() {
        String s = "姓名:<input type='text' id='name' value='" +name+ "'/><br>" +
                   "年龄:<input type='text' id='age' value='" +age+ "'/><br>" +
                   "专业:<input type='text' id='major' value='" +major+ "'/><br>" +
                   "学院:<input type='text' id='depart' value='" +depart+ "'/><br>" +
                   "<input type='button' id='myupdate' value='更新'>";
        return s;
    }
}
```

- 教师具体生成器类 TeacherWebBuild

与学生具体生成器类代码类似，仿写即可，故略去。

- 流程指挥者类 Director

```java
import javax.swing.*;
public class Director {
    private IWebBuild build;
    public Director(IWebBuild build) {
    this.build = build;
    }
    public String build(String accountNO) {
       build.getData(accountNO);
        return build.getUI();
    }
}
```

- servlet 请求类 UpdateServlet 类

```java
import java.io.*;
import javax.servlet.*;
```

```java
import javax.servlet.http.*;
public class UpdateServlet extends HttpServlet {
    private static final long serialVersionUID = 1L;
public UpdateServlet() {
    }
    protected void service(HttpServletRequest request, HttpServletResponse response)
throws ServletException, IOException {
        request.setCharacterEncoding("utf-8");
        response.setContentType("text/html; charset=utf-8");
        /*为了演示方便,请把该行注释符号"//"去掉。若在实际应用中,在此处获得登录人账号,替换成相应代码即可。*/
        //request.getSession().setAttribute("account", "zhang");

        int type = Integer.parseInt(request.getParameter("mytype"));
        String accountNO = request.getParameter("account");
        IWebBuild obj = null;
        switch(type){    //根据type决定是学生还是教师
        case 1:
            obj = new StudentWebBuild(); break;
        case2:
            obj = newTeacherWebBuild(); break;
        }
        Director direct = new Director(obj);
        String s = direct.build(accountNO);
        //下一行用hidden方式,为把账号传到客户端,以备客户端用
        s += "<input type='hidden' id='account' value='" +accountNO+ "'/>";

        PrintWriter out = response.getWriter();
        out.print(s);
    }
}
```

服务器端执行流程如下:①客户端通过 Ajax 技术发送 URL 请求,参数包括:mytype,其值为 1 表示要显示学生信息界面,其值为 2 表示要显示教师信息界面;②UpdateServlet 类代码接收 URL 请求,并解析 mytype 参数,确定选择具体的学生生成器类或教师生成器类;③执行生成器流程;④向客户端输出 HTML 字符串。

(2)客户器端代码实现

主要是利用 Ajax 技术及 JavaScript 编码,代码(见 myinfo.js)如下所示。

```javascript
var curobj = null;
var xmlHtpRq = new ActiveXObject("Microsoft.XMLHTTP");    //建立Ajax异步通信对象
//为obj组件注册type(如click)消息,响应函数是fn
function addEvent(obj, type, fn){
    if(obj && obj.attachEvent){                            //IE
        obj.attachEvent("on"+type, fn);
    }
}
//选择学生类还是教师类
function select(var type){
    switch(type){
        case 1: curObj=new StudObj(); break;
        case 2: curObj=new TeacherObj(); break;
    }
}
```

```
function StudObj(){
}
//Ajax 请求学生信息更新页面
StudObj.prototype.update=function(e){
    url = "updateservlet?mytype=1";
    xmlHtpRq.open("post", url, true);
    xmlHtpRq.onreadystatechange = curobj.update_state;
    xmlHtpRq.send(null);
}
//Ajax 响应学生信息显示页面
StudObj.prototype.update_state = function(){
    if(xmlHtpRq.readyState == 4){
        if(xmlHtpRq.status == 200){
            var obj = document.getElementById("content");
            obj.innerHTML = xmlHtpRq.responseText;
            obj = document.getElementById("myupdate");//完成"更新"按钮消息注册
            addEvent(obj,"click",curobj.updateProc)
        }
    }
}
//Ajax 请求完成更新过程
StudObj.prototype.updateProc = function(e){
    var account = document.getElementById("account").value;
    var name = document.getElementById("name").value;
    var age = document.getElementById("age").value;
    var major = document.getElementById("major").value;
    var depart = document.getElementById("depart").value;
    var strsql = "update student set name='"+name+"',age='"+age+"'," +
        "major='"+major+"',depart='"+depart+"' where account='"+account+"'";
    url = "dbservlet";
    xmlHtpRq.open("post", url, true);
    xmlHtpRq.onreadystatechange = studobj.updateProc_state;
    xmlHtpRq.send(null);
}
//Ajax 响应更新完成过程
StudObj.prototype.updateProc_state = function(){
}
```

本例中仅写出了有关学生的 JavaScript 类 StudObj，仿此可写出教师的 JavaScript 类 TeacherObj。

由于学生类和教师类都共享定义的 Ajax 异步通信对象 xmlHtpRq 及消息注册方法 addEvent()，因此把它们分别定义为全局变量和全局方法。

全局方法 select()用于根据 type 值确定全局变量 curobj 是 StudObj 学生对象还是 Teacher 教师对象。

客户端主要包括：界面显示及更新数据两个流程。界面显示流程由页面显示请求 update()及异步应答 update_state()方法组成；更新数据流程指在显示页面上输入相应数据，按"更新"按钮后的行为，由更新请求 updateProc()及更新应答 updateProc_state()方法组成。

着重分析一下 update_state()方法，其关键代码如下所示。

```
var obj = document.getElementById("content");------------------①
obj.innerHTML = xmlHtpRq.responseText; ------------------------②
obj = document.getElementById("myupdate");//完成"更新"按钮消息注册--------③
addEvent(obj,"click",curobj.updateProc); ----------------------④
```

第②行显示了真实的更新页面；第④行完成了"更新"按钮的消息注册。到此为止，客户端代码加上服务器端代码才基本完成了 Web 编程下的生成器模式的基本框架。

updateProc()方法的具体功能是采集界面已有数据，形成更新的 sql 语句，并把此语句传送到服务器端，由服务器端执行该 sql 语句，完成数据的更新，因此，在服务器端定义了 DbServlet 类，代码如下所示。

```java
import java.io.*;
import javax.servlet.*;
import javax.servlet.http.*;
public class DbServlet extends HttpServlet implements Servlet {
    private static final long serialVersionUID = 1L;
public DbServlet() {
super();
    }
    protected void doPost(HttpServletRequest request, HttpServletResponse response)
throws ServletException, IOException {
        request.setCharacterEncoding("utf-8");
        response.setContentType("text/html; charset=utf-8");
        String strsql = request.getParameter("strsql");
        DbProc obj = new DbProc();          //同前文论述的 DbProc 类一致
        try{
            obj.connect();
            obj.executeUpdate(strsql);
            obj.close();
        }
        catch(Exception e){}
    }
}
```

（3）一个简单的测试 JSP

```jsp
<%@ page language="java" contentType="text/html; charset=utf-8"pageEncoding="utf-8"%>
<!DOCTYPE html PUBLIC "-//W3C//DTD HTML 4.01 Transitional//EN" "http://www.w3.org/TR/html4/loose.dtd">
<html>
<head>
<script type="text/javascript" src="studfunc.js"></script>
<script type="text/javascript">
    function window.onload(){
        select(1);                        //选择学生生成器
        var obj = document.getElementById("studedit");
        addEvent(obj,"click",curobj.update);
    }
</script>
</head>
<body>
<div><input type="button" id="studedit" value="完善个人信息" /></div>
<div id="content"></div>
</body>
</html>
```

示例界面如图 4-5 所示。

第 4 章 生成器模式

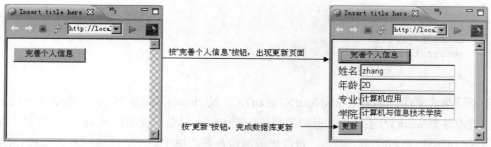

图 4-5 示例初始界面与更新界面

【例 4-2】数据库数据导入功能类。

例如：将不同格式的学生成绩文件信息导入到数据库表 score 中，score 表结构如表 4-2 所示。

表 4–2 学生成绩表 score 结构

序 号	字 段 名	说 明	关 键 字
1	StudNO	学号	√
2	Studname	姓名	
3	Score	成绩	

分析：尽管学生成绩文件格式可能不同，但导入 score 表中的流程是相同的，如图 4-6 所示。

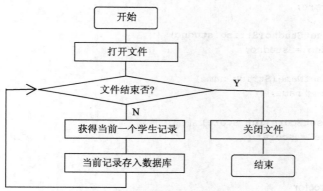

图 4-6 学生信息数据文件导入数据库表流程图

由此可得：采用生成器模式的关键代码如下所示。

（1）抽象生成器 AbstractBuild 类

```java
public abstract class AbstractBuild {
    public abstract boolean open(String strPath);     //打开文件
    public abstract boolean hasNext();                //文件还有记录吗？
    public abstract Student next();                   //取下一条记录
    public abstract void close();                     //关闭文件
    public boolean saveToDb(Student s){               //将该条记录存入数据库
        String strSQL = "insert into student values('" +s.getStudno()+ "'," +
                "'" +s.getName()+ "'," +s.getScore()+ ")";
        DbProc dbobj = new DbProc();                  //与之前的 DbProc 是一致的
        try{
            dbobj.connect();
            dbobj.executeUpdate(strSQL);
```

55

```java
            dbobj.close();
        }
        catch(Exception e) {}
        return true;
    }
}
```

对于不同格式文件，open()、hasNext()、next()，以及close()方法是不同的，所以把它们定义成抽象方法。着重注意next()方法，它的返回值是统一的 Score 对象，表明在 next()方法内部处理随格式不同而不同，但出口是相同的，因此，可以把数据保存到数据库功能做成通用方法 saveToDb，勿需把该函数定义成抽象方法。Score 类代码如下所示。

```java
public class Score {                          //与数据库表 score 对应
    private String studno;                    //学号
    private String name;                      //姓名
    private int score;                        //成绩
    public String getStudno() {
        return studno;
    }
    public String getName() {
        return name;
    }
    public int getScore() {
        return score;
    }
    public void setStudno(String studno) {
        this.studno = studno;
    }
    public void setName(String name) {
        this.name = name;
    }
    public void setScore(int score) {
        this.score = score;
    }
}
```

（2）指挥者类 Director

```java
public class Director {
    AbstractBuild build;
    public Director(AabstractBuild build){
        this.build = build;
    }
    public void build(String strPath){
        build.open(strPath);                  //打开文件
        while(build.hasNext()){               //还有记录吗？若有，则
            Student s = build.next();         //得到一条记录，并最终转化为统一的 Student 对象
            build.saveToDb(s);                //保存到数据库
        }
        build.close();                        //关闭文件
    }
}
```

按常规论述来说，这部分应是某具体生成器代码的讲解，但笔者把 Director 提前，旨在加深对 Director 的理解，即 build()方法是封装复杂流程算法的。本例中的算法与图 4-6 是一致的，调用的方

法有抽象的，如 open()、hasNext()、next()和 close()方法，也有非抽象的共享方法，如 saveToDb()方法。此外也可以看出，抽象生成器定义的流程方法层次是多种多样的：有并列的，如 open()、close()方法，也有循环嵌套的，如 hasNext()、next()方法，进而可以得出：如果流程算法是完善的，就可从中提取出抽象生成器所定义的各种方法。而且，该复杂算法即是指挥者 Director 类中 build()方法中要体现出的内容。

（3）一个具体生成器类 BinaryBuild

假设学生成绩信息文件 student.dat 是按结构体存储的，定义如下：学号，10 字节；姓名：10 字节；成绩：short。也就是说，每个学生占有 10+10+2=22 字节。之所以用二进制文件而没有用简单的文本文件，一方面是因为希望读者在学习设计模式的同时，加强基本功的训练，另一方面是因为 Java 语言没有对结构体专门操作的方法，而结构体操作在实践中是经常遇到的，这也促进每个研究人员去探索，或许你也能提出一个圆满的结构体操作解决方案来。

假设学号占满 10 个字节，姓名定义成 10 个字节存储，但未必占满 10 个字节，成绩是 short 类型，占 2 个字节。BuildBuild 类代码如下所示。

```java
import java.io.*;
public class BinaryBuild extends AbstractBuild {
    //数组表明:学号:10 个字节,姓名:10 个字节,成绩:2 个字节
    int unitsize[] = {10,10,2};
    RandomAccessFile in;
    long fileLength;                    //文件总长度
    long current;                       //目前读文件的字节数
    byte buffer[];                      //学生信息缓冲区

    public BinaryBuild(){
        int size=0;
        for(int i=0; i<unitsize.length; i++)
            size += unitsize[i];        //求每个学生占用的字节总数
        buffer = new byte[size];        //每个学生信息占用的缓冲区
    }
    public boolean open(String strPath){
        try{
            File file = new File(strPath);
            in = new RandomAccessFile(file,"rb");
            fileLength = file.length();  //求文件总长度
        }
        catch(Exception e){ }
        return true;
    }
    public boolean hasNext(){
        return current < fileLength;    //当前文件位置<文件长度,表明未到文件尾
    }
    public Student next(){
        Student obj = new Student();
        try{
            in.read(buffer);
            current += buffer.length;
            obj.setStudno(new String(buffer,0,10));//设置学号
            int n = 10;
```

```
            while(buffer[n]!=0) n++;
            obj.setName(new String(buffer,10,n));          //设置姓名
            obj.setScore((int)buffer[21]*256+buffer[20]);  //设置成绩
        }
        catch(Exception e){}
        return obj;
    }
    public void close(){
        try{
            in.close();
        }
        catch(Exception e){}
    }
}
```

模式实践练习

1. 图形用户界面：创建含有按钮、标签和文本框组件的容器。某些用户希望容器中只含有按钮和标签；某些用户希望容器中只含有按钮和文本框。利用生成器模式编制功能类和测试类。

2. 某公司要设计一个房屋选购系统，房屋有两种类型：普通型与豪华型。不同房屋体现在面积大小以及卧室、卫生间、车库的数量上。利用生成器模式编制功能类和测试类。

05 原型模式

原型模式是指用原型实例指定创建对象的种类,并且通过复制这些原型创建新的对象。适合原型模式的情景如下:程序需要从一个对象出发,得到若干个和其状态相同,并可独立变化其状态的对象时;对象创建需要独立于它的构造方法和表示时;以原型对象为基础,克隆新的对象,并完善对象实例变量时。

5.1 问题的提出

在计算机程序开发过程中，有时会遇到为一个类创建多个实例的情况，这些实例内部成员往往完全相同或有细微的差异，而且实例的创建开销比较大或者需要输入较多参数。如果能通过复制一个已创建的对象实例来重复创建多个相同的对象，这就可以大大减少创建对象的开销，这个时候就需要原型模式。

5.2 原型模式

原型模式是指使用原型实例指定创建对象的种类，并且通过复制这些原型创建新的对象。原型模式是一种对象创建型模式。

原型模式复制功能分为浅复制和深复制两种情况，具体描述如下所示。

（1）浅复制

如果原型对象的成员变量是值类型，则将复制一份给克隆对象；如果原型对象的成员变量是引用类型，则将引用对象的地址复制一份给克隆对象，也就是说，原型对象和克隆对象的成员变量指向相同的内存地址。简单来说，在浅克隆中，当对象被复制时只复制它本身和其中包含的值类型的成员变量，而引用类型的成员对象并没有复制。其复制过程如图 5-1 所示。

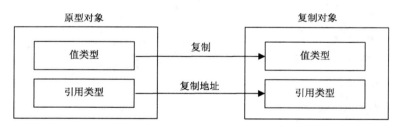

图 5-1 浅复制示例图

（2）深复制

在深复制中，无论原型对象的成员变量是值类型还是引用类型，都将复制一份给克隆对象。深克隆将原型对象的所有引用对象也复制一份给克隆对象。简单来说，在深克隆中，除了对象本身被复制外，对象所包含的所有成员变量也将复制。其复制过程如图 5-2 所示。

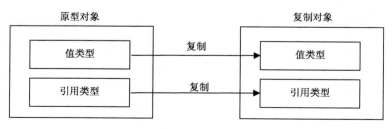

图 5-2 深复制示例图

5.3 原型复制具体实现方法

考虑学生对象复制问题。已知学生基本信息类 Student 如下所示。

```java
class Student {
    String name;           //姓名
    int age;               //年龄
    Address add;           //籍贯信息
    Student(String na,int a, Address add){
        this.name = na;
        age = a;
        this.add = add;
    }
    public String getName() {return name;}
    public void setName(String name) {this.name = name;}
    public int getAge() {return age;}
    public void setAge(int age) {this.age = age;}
    public Address getAdd() {return add;}
    public void setAdd(Address add) {this.add = add;}
}
class Address{
    String pro;            //出生省
    String city;           //出生市
    String zip;            //出生地邮编
    public Address(String p,String c, String z){
        pro=p;city=c;zip=z;
    }
    public String getPro() {return pro;}
    public void setPro(String pro) {this.pro = pro;}
    public String getCity() {return city;}
    public void setCity(String city) {this.city = city;}
    public String getZip() {return zip;}
    public void setZip(String zip) {this.zip = zip;}
}
```

Student 类包含两个基本数据类型 name(字符串也可看作基本类型)、age，一个引用类型变量 add，以此为基础研究 Student 对象的复制问题。原型复制常用方法有三种：利用构造函数方法、利用 Cloneable 接口方法、利用 Serializable 序列化接口方法。下面一一说明。

5.3.1 利用构造函数方法

（1）浅复制

其所需类代码如下所示。

```java
//Student.java
public class Student {
    //其他所有代码同 5.3 节，略
    Student(Student s){
        name = s.getName();
        age = s.getAge();
        add = s.getAdd();
    }
}
```

```java
//Test.java：测试类
public class Test {
    public static void main(String[] args) throws Exception {
        Address adr = new Address("liaoning","dalian","116081");
        Student s = new Student("zhang",20,adr);    //建立学生对象 s
        Student s2 = new Student(s);                 //以 s 为原型，建立复制对象 s2

        System.out.println("s="+s+"\ts2="+s2);
        System.out.println("s.name="+s.getName()+"\ts2.name="+s2.getName());
        System.out.println("s.age="+s.getAge()+"\ts2.age="+s2.getAge());
        System.out.println("s.adr="+s.getAdd()+"\ts2.adr="+s2.getAdd());
    }
}
```

main()方法中代码"Student s2 = new Student(s)"的语义是:利用已创建好的学生对象 s 构建复制对象 s2。在构造方法 Student(Student s)中，首先进行了基本数据类型的值拷贝（name = s.getName();age = s.getAge()），然后进行了 Address 引用对象的地址拷贝（add = s.getAdd()）。也就是说，s2 对象的姓名、年龄与 s 对象的姓名、年龄是不同的内存地址空间；s2 对象 Address 的引用对象与 s 的 Address 引用对象是一个相同的地址空间。运行 Test 后，结果如表 5-1 所示。

表 5-1　浅复制测试结果

测试结果		说　　明
s=Student@616affac	s2=Student@37b7a72b	s 与 s2 对象地址不同
s.name=zhang	s2.name=zhang	姓名进行了复制
s.age=20	s2.age=20	年龄进行了复制
s.adr=Address@7a4014a0	s2.adr=Address@7a4014a0	s 与 s2 中的 adr 引用对象相同

（2）深复制

其所需类代码如下所示。

```java
//Address.java, Student.java：功能类
class Address{
    //其他所有代码同 5.3 节，略
    public Address(Address add){
        pro = add.getPro();
        city = add.getCity();
        zip = add.getZip();
    }
}
class Student {
    //其他所有代码同 5.3 节，略
    Student(Student s){
        name = s.getName();
        age = s.getAge();
        add = new Address(s.getAdd());
    }
}
```

//Test.java:测试类，代码与 5.3.1 节浅复制测试类代码相同。

main()方法中代码"Student s2 = new Student(s)"的语义是:利用已创建好的学生对象 s 构建复制对象 s2。在构造方法 Student(Student s)中，首先进行了基本数据类型的值拷贝（name = s.getName();age = s.getAge()），然后进行了 Address 引用对象的内容拷贝（add = new Address(s.getAdd())，通过调用

Address 构造方法，建立了新的 Address 对象）。也就是说，s2 对象的姓名、年龄、籍贯信息与 s 对象的姓名、年龄、籍贯信息是不同的内存地址空间。运行 Test 后，结果如表 5-2 所示。

表 5-2 深复制测试结果

测试结果		说　明
s=Student@616affac	s2=Student@37b7a72b	s 与 s2 对象地址不同
s.name=zhang	s2.name=zhang	姓名进行了复制
s.age=20	s2.age=20	年龄进行了复制
s.adr=Add2ress@7a4014	s2.adr=Address@50a5314	s 与 s2 中的 adr 引用对象的地址空间不相同

很明显，完成深复制要比浅复制复杂。举个更一般的例子，用"A(B(C(D)))"表示 A 类包含 B 类引用，B 类包含 C 类引用，C 类包含 D 类引用。若要完成 A 类对象的深复制，必须对引用包含链中的每一个环节都进行处理，代码如表 5-3 所示。

表 5-3 深复制引用变量级联处理表

A.java	C.java

``
class A{
    //其他基本成员变量
    B b;
    A(A a){
        //其他基本成员变量复制
        b = new B(a.getB());}
    B getB(){return b;}
}
``
	``
	class C{
	    //其他基本成员变量
	    D d;
	    C(C c){
	        //其他基本成员变量复制
	        d = new D(c.getD());}
	    D getD(){return d;}
	}
	``

B.java	D.java

``
class B{
    //其他基本成员变量
    C c;
    B(B b){
        //其他基本成员变量复制
        c = new C(b.getC());}
    C getC(){return c;}
}
``
	``
	class D{
	    //其他基本成员变量
	    D(D d){
	        //其他基本成员变量复制
	    }
	}
	``

5.3.2 利用 Cloneable 接口方法

我们知道 Java 类都继承自 Object 类。事实上，Object 类提供一个 clone()方法，可以将一个 Java 对象复制一份，因此在 Java 中可以直接使用 Object 提供的 clone()方法来实现对象的克隆，但是 clone()是一个 protected 保护方法，外部类不能直接调用。由于对象复制是 Java 编程中经常遇到的操作，因此 Java 语言规定了对象复制规范：能够实现复制的 Java 类必须实现一个标识接口 Cloneable，表示这个 Java 类支持被复制。如果一个类没有实现这个接口，但是调用了 clone()方法，Java 编译器将抛出一个 CloneNotSupportedException 异常。Cloneable 接口定义非常简单，如下所示。

```
public interface Cloneable { }
```

该接口中没有定义任何方法，因此它仅是起到一个标识作用，表达的语义是：该类用到了对象复制功能，因此抛开本模式而言，空接口有时也是非常有意义的，这一点值得读者深思。

那么，如何利用 Cloneable 接口具体实现对象的浅复制和深复制呢？下面一一说明。

（1）浅复制

仍以上文学生对象复制为例，代码如下所示。

```
//Student.java: 学生基本信息类
public class Student implements Cloneable{
    //其他所有代码同5.3节,略
    protected Object clone() throws CloneNotSupportedException {
        return super.clone();
    }
}
```

该类实现了 Cloneable 接口,重写了保护函数 clone()。对浅复制来说,在 clone()函数内部,仅有一行语句"returnsuper.clone();"即可。

```
//Test.java: 测试类
public class Test {
    public static void main(String[] args) throws Exception {
        Address adr = new Address("liaoning","dalian","116081");
        Student s = new Student("zhang",20,adr);           //原型对象
        Student s2 = (Student)s.clone();                    //克隆对象
        System.out.println("s="+s+"\ts2="+s2);
        System.out.println("s.name="+s.getName()+"\ts2.name="+s2.getName());
        System.out.println("s.age="+s.getAge()+"\ts2.age="+s2.getAge());
        System.out.println("s.adr="+s.getAdd()+"\ts2.adr="+s2.getAdd());
    }
}
```

测试结果如表 5-4 所示。

表 5–4 浅复制测试结果

测试结果		说　明
s=Student@6665e41	s2=Student@2ab600af	s 与 s2 对象地址不同
s.name=zhang	s2.name=zhang	姓名进行了复制
s.age=20	s2.age=20	年龄进行了复制
s.adr=Address@12e6f711	s2.adr=Address@12e6f711	s 与 s2 中的 adr 地址空间相同

从表 5-4 中分析得出 Student 类的 clone()方法中 super().clone()完成的功能是: 基本数据类型成员变量进行了值复制,引用类型成员变量进行了地址复制。

(2) 深复制

仍以上文学生对象复制为例,代码如下所示。

```
//Address.java, Student.java: 基本信息类
class Address implements Cloneable{
    //其他所有代码同5.3节,略
    protected Object clone() throws CloneNotSupportedException {
        Address s = (Address)super.clone();
        return s;
    }
}
class Student implements Cloneable{
    //其他所有代码同5.3节,略
    protected Object clone() throws CloneNotSupportedException {
        Student s = (Student)super.clone();
        s.setAdd((Address)add.clone());
        return s;
    }
}
```

```
//Test.java：测试类，代码与 5.3.2 节浅复制测试类代码相同。
```
　　由于在 5.3.1 节中论述了利用构造函数实现深复制的方法，它使我们懂得：若实现对象深复制，必须对类引用变量级联串中每一环节都进行处理，因此，Address、Student 类都实现了 Cloneable 接口，也都重写了 clone()方法。测试结果如表 5-5 所示。

表 5–5　深复制测试结果

测试结果		说　明
s=Student@6665e41	s2=Student@2ab600af	s 与 s2 对象地址不同
s.name=zhang	s2.name=zhang	姓名进行了复制
s.age=20	s2.age=20	年龄进行了复制
s.adr=Address@12e6f711	s2.adr=Address@796686c8	s 与 s2 中的 adr 引用对象的地址空间不相同

　　举个更一般的例子，用"A(B(C(D)))"表示 A 类包含 B 类引用，B 类包含 C 类引用，C 类包含 D 类引用。若要完成 A 类对象的深复制，必须对引用包含链中的每一个环节都进行处理，代码如表 5-6 所示。

表 5–6　深复制引用变量级联处理表

A.java	C.java
```class A implements Cloneable{` ` //其他基本成员变量` ` B b;` ` B getB(){return b;}` ` void setB(B b){this.b = b;}` ` protected Object clone(){` ` A a=(A)super.clone();` ` a.setB((B)b.clone());` ` return a;` ` }` `}```	```class C implements Cloneable{` ` //其他基本成员变量` ` D d;` ` D getD(){return d;}` ` void setD(D d){this.d = d;}` ` protected Object clone(){` ` C c=(C)super.clone();` ` c.setD((D)d.clone());` ` return c;` ` }` `}```
B.java	**D.java**
```class B implements Cloneable{` ` //其他基本成员变量` ` C c;` ` C getC(){return c;}` ` void setC(C c){this.c = c;}` ` protected Object clone(){` ` B b=(B)super.clone();` ` b.setC((C)c.clone());` ` return b;` ` }` `}```	```class D implements Cloneable{` ` //其他基本成员变量` ` protected Object clone(){` ` return super.clone();` ` }` `}```

5.3.3　利用 Serializable 序列化接口方法

　　利用构造函数方法、Cloneable 接口方法实现对象深复制都稍显复杂，而利用 Serializable 序列化接口方法实现深复制则要简单得多。Serializable 接口同样是一个空接口，表示该对象支持序列化技术。仍以上文学生对象复制为例，代码如下所示。

```
//Address.java、Student.java：基本信息类
class Address implements Serializable{
    //其他所有代码同 5.3 节，略
}
class Student implements Cloneable,Serializable{
```

```java
//其他所有代码同 5.3 节，略
protected Object clone() throws CloneNotSupportedException {
    Object obj = null;
    try{
      ByteArrayOutputStream bos = new ByteArrayOutputStream();
      ObjectOutputStream oos = new ObjectOutputStream(bos);
      oos.writeObject(this);
      //从流里读回来
      ByteArrayInputStream bis = new ByteArrayInputStream(bos.toByteArray());
      ObjectInputStream ois= new ObjectInputStream(bis);
      obj = ois.readObject();
    }
    catch(Exception e){e.printStackTrace();}
    return obj;
}
}
```

从代码中可以看出：利用序列化技术实现复制对象，类引用变量级联串中的每个类都必须实现 Serializable 接口。在复制对象的源类中为了更好地表达复制功能，复制对象的源类一般也实现 Cloneable 接口，因此 Student、Address 类都实现了 Serializable 接口，而 Student 类同时还实现了 Cloneable 接口。

从 Student 类 clone()方法中可以看出利用序列化技术实现复制对象的原理：序列化就是将对象写到流的过程，写到流中的对象是原有对象的一个复制，而原对象仍然存在于内存中。通过序列化实现的复制不仅可以复制对象本身，而且可以复制其引用的成员对象，因此通过序列化将对象写到一个流中，再从流里将其读出来，可以实现深克隆。

//Test.java：测试类，代码与 5.3.2 节浅复制测试类代码相同。

测试结果如表 5-7 所示。

表 5-7　深复制测试结果

测试结果		说明
s=Student@7561ce13 s.name=zhang s.age=20 s.adr=Address@68207d99	s2=Student@5aa6343d s2.name=zhang s2.age=20 s2.adr=Address@55afbf49	s 与 s2 对象地址不同 姓名进行了复制 年龄进行了复制 s 与 s2 中的 adr 引用对象的地址空间不相同

举个更一般的例子，用"A(B(C(D)))"表示 A 类包含 B 类引用，B 类包含 C 类引用，C 类包含 D 类引用。若要完成 A 类对象的深复制，必须对引用包含链中的每一个环节都进行处理，代码如表 5-8 所示。

表 5-8　深复制引用变量级联处理表

类　名	代　码

A	```class A implements Serializable,Cloneable{
	    //其他所有代码
	    B b;
	    protected Object clone() throws CloneNotSupportedException {
	        Object obj = null;
	        try{
	          ByteArrayOutputStream bos = new ByteArrayOutputStream();
	          ObjectOutputStream oos = new ObjectOutputStream(bos);
	          oos.writeObject(this);```

续表

类 名	代 码
| A | ```
        //从流里读回来
        ByteArrayInputStream bis = new ByteArrayInputStream
           (bos.toByteArray());
        ObjectInputStream ois= new ObjectInputStream(bis);
        obj = ois.readObject();
      } catch(Exception e){e.printStackTrace();}
      return obj;
    }
 }
``` |
| B | ```
class B implements Serializable{
    C c;
    //其他所有代码}
``` |
| C | ```
class C implements Serializable{
    D d;
    //其他所有代码}
``` |
| D | `class D implements Serializable{//所有代码 }` |

5.4 应用示例

【例 5-1】原型管理器及其应用。

很明显，原型管理器是对原型的管理类，可以添加原型对象，也可以获得原型对象。一个最简单的原型管理器类代码如下所示。

```
import java.util.*;
class PrototypeManager
{
     //定义一个Hashtable，用于存储原型对象
private Hashtable ht=new Hashtable();
private static PrototypeManager pm = new PrototypeManager();
public void addPrototype(String  key,Object obj){
       ht.put(key,obj);
   }
public Object getPrototype(String key){
return ht.get(key);
   }
public static PrototypeManager getPrototypeManager(){
    returnpm;
   }
}
```

该类是用单例模式实现的，用一个哈希表来维持各原型对象。该类的用法是首先通过 addPrototype()添加各原型对象，然后当需要利用原型对象的时候，再通过 getPrototype()获得所需原型对象即可。

那么，关键问题是什么样的对象是一个原型对象呢？例如：仍以学生基本信息为例，但内容与 5.3 节中有所不同，基本类如下所示。

```
public class Student implements Cloneable{
    String name;           //学生姓名
    int age;               //年龄
```
```

```java
        PubInfo info;              //公共信息
        public String getName() {return name;}
        public void setName(String name) {this.name = name;}
        public int getAge() {return age;}
        public void setAge(int age) {this.age = age;}
        public PubInfo getInfo() {return info;}
        public void setInfo(PubInfo info) {this.info = info;}
        protected Object clone() throws CloneNotSupportedException
        {return super.clone();}
}
class PubInfo implements Cloneable{
    String college;             //所在大学
    String city;                //所在城市
    String zip;                 //邮编
      public PubInfo(String co,String c,String z){
        college=co;city=c;zip=z;
      }
    public String getCollege() {return college;}
    public void setCollege(String college) {this.college = college;}
    public String getCity() {return city;}
    public void setCity(String city) {this.city = city;}
    public String getZip() {return zip;}
    public void setZip(String zip) {this.zip = zip;}
    protected Object clone() throws CloneNotSupportedException
    {return super.clone();}
}
```

每位学生信息都包括：个体信息姓名、年龄，共享信息包括：所在大学、城市、邮编。对每所大学的所有学生而言，大学、城市、邮编信息都是共享的。

Student、PubInfo 类都实现了 Cloneable 接口，也都重写了 clone()方法。从 clone()方法内容看，它们都实现了浅复制功能。

现在要求创建 *m* 个辽宁师大学生对象、*n* 个大连理工大学学生对象，对重复的公共信息仅输入一次即可，那么它该如何实现呢？具体思路如下所示。

（1）创建辽宁师大学生原型对象 s，要求对象中姓名 name、年龄 age 为默认值，公共信息对象 info 设置为"辽宁师范大学，大连，116081"。同理创建大连理工大学学生原型对象 s2。将 s、s2 添加到原型管理器对象中。

（2）从原型管理器获取辽宁师大学生原型对象 t，循环 *m* 次，在循环体中创建 t 的克隆对象(对应每一位新创建的学生对象)，仅输入学生姓名、年龄即可。同理创建 *n* 个大连理工大学学生对象。

上述思路对应的具体代码如下所示。

```java
import java.util.*;
public class Test {
    public static void main(String[] args)throws Exception {
        int m = 10, n = 10;
        PrototypeManager pm = PrototypeManager.getPrototypeManager();
        PubInfo p = new PubInfo("liaoshi","dalian","116081");
        Student s = new Student();                    //创建辽师学生原型对象
        s.setInfo(p);
        pm.addPrototype("liaoshi", s);                //加入原型管理器
        PubInfo p2 = new PubInfo("dagong","dalian","116023");
```

```
        Student s2 = new Student();                      //创建大工学生原型对象
        s2.setInfo(p2);
        pm.addPrototype("dagong", s2);                   //加入原型管理器

        Scanner sc = new Scanner(System.in);
        Vector<Student> vec = new Vector();              //创建辽师学生集合
        Student t = (Student)pm.getPrototype("liaoshi"); //获取原型对象
        for(int i=0; i<m; i++){
            Student st = (Student)t.clone();             //通过浅复制创建新学生对象
            st.setName(sc.nextLine());                   //输入并设置姓名
            st.setAge(sc.nextInt());                     //输入并设置年龄
            vec.add(st);
        }

        Vector<Student> vec2 = new Vector();
        Student t2 = (Student)pm.getPrototype("dagong");
        for(int i=0; i<n; i++){
            Student st = (Student)t2.clone();
            st.setName(sc.nextLine());
            st.setName(sc.nextLine());
            vec2.add(st);
        }
    }
}
```

模式实践练习

1. 设计并实现一个教师类 Teacher。其中，包含一个名为客户地址的成员变量，客户地址的类型为 Address，用浅复制和深复制分别实现 Teacher 对象的复制并比较这两种复制方式的异同。

2.【例 5-1】用深复制行吗？为什么？你能举出一个具有实际意义的深复制应用实例吗？

06 责任链模式

责任链模式定义如下：使多个对象都有机会处理请求，从而避免请求的发送者和接收者之间的耦合关系。将这些对象连成一条链，并沿着这条链传递该请求，直到有一个对象处理它为止。适合使用责任链模式的情景如下：有许多对象可以处理用户的请求，应用程序可自动确定谁处理用户请求；希望在用户不必明确指定接受者的情况下，向多个接受者提交一个请求；程序希望动态定制可处理用户请求的对象集合。

6.1 问题的提出

在生活中我们经常会遇到这样的问题，例如：在企业工作的员工请假问题。假设假期少于 1 天的可由组长决定；多于 1 天少于 2 天的，可由车间主任决定；大于 2 天的可由经理决定。"组长—主任—经理"构成了一个功能链。员工提出请假请求后，组长根据权限决定是否同意员工请假。若超出其权限，则传递给下一个责任人——车间主任。车间主任根据权限决定是否同意员工请假。若超出其权限，则传递给下一个责任人——经理。也就是说，"请求"一定可在功能链中的某一结点处理并返回。此类功能的流程图如图 6-1 所示。

再如：企业生产一种产品，从原材料开始到成品，要经历 n 道工序，每一个工序都完成不同的功能。此类功能的流程图如图 6-2 所示。

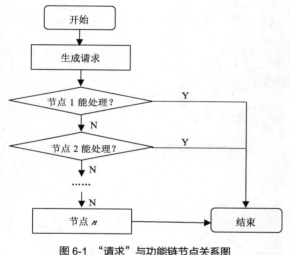

图 6-1 "请求"与功能链节点关系图

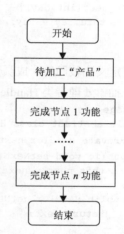

图 6-2 "产品"与功能链节点关系图

如何更好地处理图 6-1、图 6-2 所述的功能呢？责任链设计模式是一个较好的选择，详细描述如下所示。

6.2 责任链设计模式

由于是用一系列类（classes）试图处理一个请求 request，这些类之间是一个松散的耦合，唯一的共同点是在它们之间传递请求 request。也就是说，来了一个请求，A 类先处理，如果没有处理，就传递到 B 类处理，如果没有处理，就传递到 C 类处理，就这样像一个链条（chain）一样传递下去。责任链设计模式的类图如图 6-3 所示。

责任链模式涉及的角色如下所示。

- 抽象处理者(Handler)角色：定义一个处理

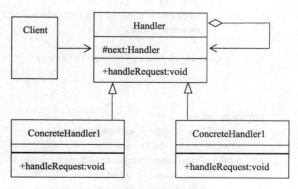

图 6-3 责任链模式类图

请求的接口或抽象类。可以定义一个方法，以设定和返回对下一节点的引用。图6-3中Handler类的聚合关系给出了具体子类对下一节点的引用，抽象方法handleRequest()规范了子类处理请求的操作。
- 具体处理者(ConcreteHandler)角色：具体处理者接到请求后，可以选择将请求处理完毕，或者将请求传给下一节点。由于具体处理者持有对下一节点的引用，因此，如果需要，具体处理者可以访问下一节点。
- 客户(Client)角色：负责形成具体处理者的节点功能链，并传递初始请求。

【例6-1】利用责任链模式编制6.1节所述的员工请假审批功能类。

（1）请求类Request

```java
package one;
public class Request {
    int day;
    Request(int day){
        this.day = day;
    }
}
```

该类定义比较简单，成员变量day代表请假的天数。

（2）抽象处理者类Handler

```java
package one;
public abstract class Handler {
    private Handler next;                            //定义后继处理者变量
    public void setNext(Handler next){
        this.next = next;
    }
    public Handler getNext(){
        return next;
    }
    public abstract boolean handle(Request req);    //定义抽象请求方法，子类要重写
}
```

（3）三个具体处理者类（组长类ZuZhang、主任类ZhuRen、经理类JingLi）

```java
package one;
public class ZuZhang extends Handler {
    static int limit = 1;
    public boolean handle(Request req) {
        if(req.day <= limit){
            System.out.println("ZuZhang agrees the request!");
            return true;
        }
        return getNext().handle(req);
    }
}

package one;
public class ZhuRen extends Handler {
    static int limit = 2;
    public boolean handle(Request req) {
        if(req.day <= limit){
            System.out.println("ZhuRen agrees the request!");
            return true;
```

```
        }
        return getNext().handle(req);
    }
}

package one;
public class JingLi extends Handler {
    public boolean handle(Request req) {
        System.out.println("JingLi agrees the request!");
        return true;
    }
}
```

组长、主任给员工假是有权限的，分别是 1 天和 2 天，因此在各自的 handle()方法中是有 if 判断语句的；经理原则上可以批准>2 天的任意假期时间，没有上限，因此在 handle()方法中无 if 判断语句。

（4）生成责任链前后顺序关系类

```
package one;
public class MyChain {
    private Handler one = new ZuZhang();
    private Handler two = new ZhuRen();
    private Handler three = new JingLi();
    public void createChain(){
        one.setNext(two);
        two.setNext(three);
    }
    public void handle(Request req){
        one.handle(req);
    }
}
```

从 createChain()方法中可看出，责任链首节点是组长对象，后继节点是主任对象，主任对象的后继节点是经理对象。handle()方法负责把请求 Request 对象 req 放入责任链首节点中并开始运行。

（5）一个简单的测试类

```
package one;
public class Test {
    public static void main(String[] args) {
        Request req = new Request(1);       //定义请假 1 天的请求对象
        MyChain mc = new MyChain();
        mc.createChain();                   //创建责任链
        mc.handle(req);                     //将请求放入链中
    }
}
```

6.3 反射的作用

很明显从 6.2 节编制的 MyChain 类可看出：所形成的责任链是刚性的，若需求分析发生了变化，链中需增加或减少节点，我们必须重新修改 MyChain 类，以适应需求分析发展的需要，那么，能否不修改程序，而又能满足需求分析的变化呢？答案是可以的，那就是"配置文件+反射"技术。

对【例 6-1】而言，定义的配置文件（myconfig.txt）格式及说明如表 6-1 所示。

表 6-1　责任链配置文件内容及说明

配置文件(myconfig.txt)内容	说明
chain=one.ZuZhang,one.ZhuRen,one.JingLi	键固定为 chain 值为该链上的所有节点类，必须是全包路径，各类间由逗号分隔，类顺序就是责任链节点对象的顺序

利用"配置文件+反射"技术重新修改【例 6-1】后，仅 MyChain 类发生变化，其他功能类均不变。更新后的 MyChain(类名变为 MyChain2)类代码如下所示。

```java
package one;
import java.io.FileInputStream;
import java.util.Properties;
public class MyChain2 {
    private Handler handle[];
    public void createChain(){
        try{
            String path = this.getClass().getResource("/").getPath();
            FileInputStream in = new FileInputStream(path +
                "one/myconfig.txt");              //读配置文件
            Properties p = new Properties();
            p.load(in);
            String s = p.getProperty("chain");    //获得责任链总串
            String unit[] = s.split(",");         //按"，"拆分，得各责任链类
            int n = unit.length;
            handle = new Handler[n];              //共有n个处理者
            for(int i=0; i<n; i++){
                //通过反射技术加载各责任链类对象
                handle[i] = (Handler)Class.forName(unit[i]).newInstance();
            }
            for(int i=0; i<n-1; i++){
                handle[i].setNext(handle[i+1]);   //设置节点前后关系
            }
            in.close();
        }
        catch(Exception e){e.printStackTrace();}
    }
    public void handle(Request req){
        handle[0].handle(req);
    }
}
```

成员变量 handle[]定义成数组形式，代表各具体责任链节点对象。数组所需大小是通过读取配置文件后获得的，之后才能初始化 handle[]数组。

本示例中配置文件 myconfig.txt 与所有字节码文件均在包 one 下，但打开文件用 "FileInputStream in = new FileInputStream('myconfig.txt')" 是不行的，会出现文件没有找到异常，必须按下述代码才能找到配置文件。希望同学们在学习设计模式的同时，也要注意 Java 各基础知识的细节。

```java
String path = this.getClass().getResource("/").getPath();
FileInputStream in = new FileInputStream(path + "one/myconfig.txt");
```

6.4 回调技术

简单地说，就是类对象方法间互相调用技术。例如：A 对象的 fA()方法调用了 B 对象的 fB()方法，fB()方法调用了 A 对象的 fA2()方法。此过程描述如图 6-4 所示。

图 6-4 回调过程简图

与图 6-4 对应的功能类代码如下所示。

```
class B{
    public void fB(A obj){
        System.out.println("This is B::fB()");
        obj.fA2();
    }
}
class A{
    void fA(){
        System.out.println("This is A::fA()");
        B obj = new B();
        obj.fB(this);
    }
    void fA2(){
        System.out.println("This is A::fA2()");
    }

    public static void main(String []args){
        new A().fA();
    }
}
```

利用回调技术也能实现责任链模式功能代码，请看下面示例。

【例 6-2】对英文字符串数据进行如下功能处理：①全部变成大写字母；②去掉所有空格。例如：若初始字符串是"I am a student"，经处理后变为"IAMASTUDENT"。

所编制的功能类代码如下所示。

（1）定义抽象处理者接口 Filter。

由于本示例相当于过滤字符串功能，因此名称定义为 Filter。

```
package two;
public interface Filter {
    void doFilter(Request req,Response rep,FilterChain fc);
}
```

Request 代表请求类，包含对字符串的原生封装；Response 代表相应类，包含对处理后的结果字符串的封装；FilterChain 是过滤器容器类，其对象作为具体处理者必备的回调参数。Request、Response 两个类的具体代码如下所示。

```
//请求类 Request
package two;
```

```java
public class Request {
    String req;
    Request(String req){
        this.req = req;
    }
}
//响应类 Response
package two;
public class Response {
    String rep;
    Response(String rep){
        this.rep = rep;
    }
}
```

（2）具体处理者类，共两个：OneFilter、TwoFilter。

```java
//OneFilter:英文字符串小写变大写。
package two;
public class OneFilter implements Filter {
    public void doFilter(Request req, Response rep, FilterChain fc) {
        String s = req.req;
        rep.rep = s.toUpperCase();
        fc.doFilter(req, rep, fc);
    }
}
//TwoFilter:去掉所有空格类
package two;
public class TwoFilter implements Filter {
    public void doFilter(Request req, Response rep, FilterChain fc) {
        String s = rep.rep;
        StringBuffer sbuf = new StringBuffer();
        for(int i=0; i<s.length(); i++){
            char ch = s.charAt(i);
            if(ch != ' '){
                sbuf.append(ch);
            }
        }
        rep.rep = sbuf.toString();
        fc.doFilter(req, rep, fc);
    }
}
```

去掉空格算法是：初始化 StringBuffer 变量 sbuf，使其为空，然后遍历原始字符串，当字符不为空格时，则将该字符添加到 sbuf 尾部，从而得出最终结果。

（3）类 FilterChain:主要包含两个功能：一是生成了过滤器集合对象；二是实现了回调功能。

```java
package two;
import java.util.*;
public class FilterChain implements Filter{
    ArrayList<Filter> ary = new ArrayList();
    int index = 0;
    void addFilter(Filter f){
        ary.add(f);
    }
    public void doFilter(Request req, Response rep, FilterChain fc){
        if(index == ary.size())
            return;
```

```
        Filter f= ary.get(index);
        index ++ ;
        f.doFilter(req, rep, fc);
    }
}
```

ArrayList 类型成员变量 ary 是各具体过滤器的集合对象，其添加顺序就是各具体过滤器对象的执行顺序。addFilter()完成了具体过滤器对象的添加。

成员变量 index 与 doFilter()方法一起决定当前执行焦点是哪一个具体过滤器对象。例如：当 index=0 时，则从 ary 中获得第一个过滤器对象 f，同时使 index 加 1，为执行下一个过滤器做准备，然后运行 f 中的 doFilter()方法，当运行完后，再回调执行 FilterChain 类中的 doFilter()方法。此时，若 index 为 1，则从 ary 中获得第二个过滤器对象 f，同时使 index 加 1，为执行下一个过滤器做准备，然后运行 f 中的 doFilter()方法，当运行完后，再回调执行 FilterChain 类中的 doFilter()方法。以此类推，那么什么时候回调结束呢？当 index 值等于 ary 容器元素长度时，表明所有过滤器对象都已执行完毕，则结束即可。

可能有同学问：为什么该类从 Filter 派生？那它不与具体处理者 OneFilter、TwoFilter 一样了吗？从语义上讲，这样做的话确实容易引起歧义。其实，去掉 implements Filter，直接变为下述，执行结果仍是正确的。

```
public class FilterChain{……}
```

因此，将 FilterChain 与具体处理者类均从接口 Filter 派生的好处是：它们可以公用 doFilter()方法名称，不必再起其他的名字。

（4）一个简单的测试类 Test。

```
package two;
public class Test {
    public static void main(String[] args) {
        Request req = new Request("i am a student");   //请求对象
        Response rep = new Response("");                //响应对象
        Filter one = new OneFilter();                   //定义过滤器1
        Filter two = new TwoFilter();                   //定义过滤器2
        FilterChain fc = new FilterChain();             //定义过滤器容器对象
        fc.addFilter(one);                              //添加过滤器1对象
        fc.addFilter(two);                              //添加过滤器2对象
        fc.doFilter(req, rep, fc);                      //进行字符串级联过滤
        System.out.println(rep.rep);                    //输出字符串过滤结果
    }
}
```

讨论：从本示例中 FilterChain 类的 doFilter 方法可以看出，它实现的其实是同步回调。若具体处理者花费时间很长，则应用程序就不能执行其他功能了。我们能否实现一种机制，在调用具体处理者执行时，调用者还能完成其他操作？毫无疑问，这要用到多线程技术，即利用多线程技术实现异步回调，所需要的代码如下所示。

（1）定义抽象处理者接口 Filter2。

```
package two;
public interface Filter2 {
    void doFilter(Request req,Response rep,FilterChain2 fc);
}
```

所需的 Request、Response 类如前文所述。

（2）具体处理者类，共两个：OneFilter2、TwoFilter2。

```
//OneFilter2:英文字符串小写变大写。
package two;
public class OneFilter2 implements Filter2 {
    public void doFilter(Request req, Response rep, FilterChain2 fc) {
        //代码同前文
    }
}
//TwoFilter2:去掉所有空格类
package two;
public class TwoFilter2 implements Filter2 {
    public void doFilter(Request req, Response rep, FilterChain2 fc) {
        //代码同前文
    }
}
```

（3）类 FilterChain2：主要包含两个功能：一是生成了过滤器集合对象；一是实现了异步回调功能。

```
package two;
import java.util.ArrayList;
public class FilterChain2 {
    ArrayList<Filter2> ary = new ArrayList();
    int index = 0;
    void addFilter(Filter2 f){
        ary.add(f);
    }
    public void doFilter(Request req, Response rep, FilterChain2 fc){
        if(index == ary.size())
            return;
        Filter2 f= ary.get(index);
        index ++ ;
        MyThread th = new MyThread(req,rep,f,fc);
        th.start();
    }
}
```

很明显，将 req、rep、f 和 fc 进一步封装成线程 MyThread 对象参数，启动线程实现了异步回调。MyThread 代码如下所示。

```
package two;
public class MyThread extends Thread {
    Request req;
    Response rep;
    Filter2 f;
    FilterChain2 fc;
    MyThread(Request req, Response rep, Filter2 f,FilterChain2 fc){
        this.req = req;
        this.rep = rep;
        this.f = f;
        this.fc = fc;
    }
    public void run() {
        f.doFilter(req, rep, fc);
    }
}
```

模式实践练习

1. 加薪申请要首先向经理申请，经理没有权限，然后向总监上报，总监也没有权限，向总经理上报。申请要有申请类别、申请内容和数量等。利用责任链模式编制功能类和测试类。

2. 对英文字符串数据进行如下功能处理：①全部变成大写字母；②进行加密（加密算法可以自己定制）。利用责任链模式编制功能类和测试类。

07 命令模式

命令模式定义如下：将一个请求封装为一个对象，从而使用户可用不同的请求对客户进行参数化；对请求排队或记录请求日志，以及支持可撤销的操作。适合命令模式的情景如下：程序需要在不同的时刻指定、排列和执行请求；程序需要提供撤销操作；程序需要支持宏操作。

第7章 命令模式

7.1 问题的提出

顾名思义，命令模式一定是有命令发送者、命令接收者。命令发送者负责发送命令；命令接收者负责接收命令并完成具体的工作。例如，老师通知学生打扫卫生，老师是命令发送者，学生是命令接收者。当学生接到命令后，完成分担区的清扫工作，再如：在完成科研项目的过程中，负责人要求某月某日之前必须完成某部分工作。此时，负责人相当于命令发送者；项目参加者相当于命令接收者。当接到命令后，必须按规定日期完成所属工作。毫无疑问，"命令"形式在生活中是普遍存在的，那么在计算机中该如何描述呢？命令模式为我们提出了较好的设计思路。

7.2 命令模式

命令模式主要针对需要执行的任务或用户提出的请求进行封装与抽象。抽象的命令接口描述了任务或请求的共同特征，而实现则交由不同的具体命令对象完成。每个命令对象都是独立的，它负责完成需要执行的任务，却并不关心是谁调用它。

考虑老师通知学生打扫卫生的程序描述，具体代码如下所示。

1. 抽象命令接口 ICommand

```java
interface ICommand{
    public void sweep();
}
```

2. 命令接收者 Student

```java
class Student{
    public void sweep(){
        System.out.println("we are sweeping the floor");
    }
}
```

在命令模式中，具体工作一定是在接收者中完成的，这一点非常重要，示例中"清扫"工作是由 sweep() 方法完成的。

3. 命令发送者 Teacher

```java
class Teacher implements ICommand{
    private Student receiver = null;
    public Teacher(Student receiver){
        this.receiver = receiver;
    }
    public void sweep(){     //发送 sweep 清扫命令
        receiver.sweep();
    }
}
```

命令发送者类中一般来说，包含命令接收者的引用，表明发送命令的目的地址，所以 Teacher 类中定义了接收者 Student 类对象的引用。实现的抽象接口方法中表明发送命令的具体过程，sweep() 中利用方法转发说明具体的清扫工作是由接收者 Student 对象完成的。

4. 命令请求者类 Invoke

```java
class Invoke{
    ICommand command;
```

```
    public Invoke(ICommand command){
        this.command = command;
    }
    public void execute(){
        command.execute();    //启动命令
    }
}
```

按普通思路来说：有命令发送者类、命令接收者类已经足够了，也易于理解。为什么还要有请求者类 Invoke 呢？本示例比较简单，但从简单中却能理解较深刻的道理，如图 7-1 所示。

图 7-1 普通思路与命令模式思路对比图

普通思路是命令发送者直接作用命令接收者，而命令模式思路是在两者之间增加一个请求者类，命令发送者与请求者先作用，请求者再与命令接收者作用。在此过程中，请求者起到了一个桥梁的作用，如图 7-2 所示，进一步加深对 Invoke 的感性认识。

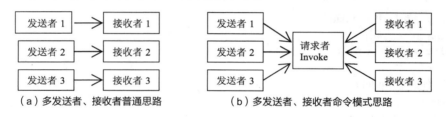

图 7-2 多发送者、接收者对比图

可以看出：在命令模式中，请求者是命令的管理类，我们还可以画出许多类似图 7-2（b）应用的功能框图。很明显与图 7-2（a）对比，有了 Invoke，可以使层次结构更清晰，方便发送者、接收者之间的命令管理与维护。

5. 一个简单的测试类

```
public class Test {
    public static void main(String[] args) {
        Student s = new Student();           //定义命令接收者
        Teacher t = new Teacher(s);          //定义命令发送者
        Invoke invoke = new Invoke(t);       //将命令请求加到请求者对象中
        invoke.execute();                    //由请求者发送命令
    }
}
```

上述 main()方法功能与下述代码是一致的，我们发现并没有用到请求者 Invoke 类，这是由于本示例过于简单的缘故，请读者在学习本章后续知识的时候，一定要多思考 Invoke 的作用。

```
Student s = new Student();           //定义命令接收者
Teacher t = new Teacher(s);          //定义命令发送者
t.sweep();
```

通过上述，可以得出命令模式更普遍的抽象 UML 类图，如图 7-3 所示。

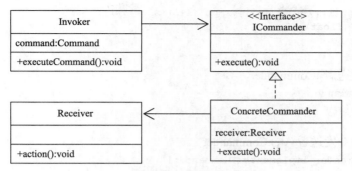

图 7-3 命令模式抽象 UML 类图

命令模式一般有四种角色，如下所示。

- ICommander：抽象命令者，是一个接口，规定了用来封装请求的若干个方法。
- ConcreteCommander：具体命令发送者，即命令源，它是实现命令接口的类的实例。如上文中的 Teacher 类。
- Invoker：请求者，具体命令的管理与维护类。请求者是一个包含"命令接口"变量的类的实例。请求者中的"命令"接口的变量可以存放任何具体命令的引用，请求者负责调用具体命令，让具体命令执行那些封装了请求的方法。
- Receiver：命令接收者，是一个类的实例，该实例负责执行与请求相关的操作。如上文中的 Student 类。

7.3 深入理解命令模式

7.3.1 命令集管理

考虑求任意多边形面积问题，要求按逆时针方向输入 n 个点的坐标。多边形面积的计算公式如下：设有 n 个点 $(x[0],y[0])(x[1],y[1]),…,(x[n-1],y[n-1])$ 围成一个闭合的多边形，则其围成的闭合多边形面积为：$S=(\sum y[i] *(x[i-1]-x[i+1]))/2$，其中 $i=0,1,\cdots,n-1$。若 $i-1<0$，则 $x[i-1]=x[n-1]$；若 $i+1=n$，则 $x[i+1]=x[0]$。该公式用于凸凹多边形均可。具体代码如下所示。

1. 计算面积类 PolyonCalc

即是命令接收响应者 Receiver。

```
class Point{
    float x,y;
    public Point(float x, float y){
        this.x=x; this.y=y;
    }
}
class PolyonCalc{
    public float getArea(Point pt[]){
        float s;
        int size = pt.length;
        if (pt.length<3) return 0;
        s=pt[0].y*(pt[size-1].x-pt[1].x);
        for (int i=1;i<size;i++)
```

```
                s+=pt[i].y*(pt[(i-1)].x-pt[(i+1)%size].x);
            return (float)s/2;
        }
    }
```

2. 抽象命令发送者 ICommander

```
interface ICommander{
    float calc();
}
```

3. 具体面积命令发送者 AreaCommander

```
class AreaCommander implements ICommander{
    PolyonCalc calc;
    Point pt[];
    public AreaCommander(Point pt[], PolyonCalc calc){
        this.pt = pt; this.calc = calc;
    }
    public float calc(){
        return calc.getArea(pt);
    }
}
```

成员变量 calc 是命令接收者 PolyonCalc 对象的引用，成员变量 pt[]数组用于接收 n 个逆时针点的坐标。

4. 命令管理者 CommanderManage

相当于命令请求者 Invoke，具体代码如下所示。

```
class CommanderManage{
    ArrayList<ICommander> list = new ArrayList();
    public void add(ICommander c){
        list.add(c);
    }
    public void executeCommand(){
        for(int i=0; i<list.size(); i++){
            float value = list.get(i).calc();
            System.out.println("The area is:" +value);
        }
    }
}
```

可知：定义了 ICommand 命令的集合成员变量 list，定义了添加命令消息的 add()方法以及整体执行命令集的 executeCommand()方法。读者可以根据需要自行丰富该命令管理类的功能。

5. 一个简单的测试类

```
public class Test3 {
    public static void main(String[] args) {
        CommanderManage manage = new CommanderManage();          //定义命令管理者
        PolyonCalc calc = new PolyonCalc();                      //定义命令接收者
        Point pt[] = new Point[3];
        pt[0]=new Point(0,0);pt[1]=new Point(1,0);pt[2]=new Point(0,1);//定义第1个三角形坐标
        AreaCommander com = new AreaCommander(pt, calc);         //定义第1条面积命令
        manage.add(com);                                         //加入命令管理者
        pt = new Point[3];
        pt[0]=new Point(0,0);pt[1]=new Point(2,0);pt[2]=new Point0,2);//定义第2个三角形坐标
        AreaCommander com2 = new AreaCommander(pt, calc);        //定义第2条面积命令
```

```
        manage.add(com2);                            //加入命令管理者
        manage.executeCommand();                     //统一执行
    }
}
```
该测试类主要思路是：将两条计算三角形面积的命令 com、com2 加入到命令管理者 manage 中，最后调用 executeCommand()方法统一执行这两条命令对应的执行方法。

7.3.2 加深命令接口定义的理解

可能有许多读者认为命令接口很好定义，其实不然，还是用 7.3.1 节中的实例加以说明，假设现在要增加求多边形周长的功能，该如何实现呢？

方法 1：

由于要求多变形的面积和周长，共有两个功能，因此命令接口也要定义两个方法，如下所示。

```
interface ICommander{
    float calcArea();              //求面积
    float calcLen();               //求周长
}
```

毫无疑问，命令接口内容变了，许多已经实现的代码都要进行改变。而且，将来若需求分析发生变化，例如若计算多边形重心坐标，按照此思路，还需要修改命令接口，因此这种命令接口思考方式仅仅处于底层状态是不可取的，相关的具体代码也就不列举了。好的思路是下述的方法 2。

方法 2：

```
//定义抽象命令接口 ICommander
interface ICommander{
    float calc();
}
```

可以看出：虽然要实现求面积和周长两个功能，但定义的命令接口内容不变，那么，它与方法 1 中的定义有什么不同呢？从浅层角度讲，方法 1 是把"计算面积""计算周长""计算 XXX"等作为接口内容的，所以接口方法一定是多个；方法 2 是把"计算"作为接口内容的，而不管"XXX"是什么，所以仅定义一个接口方法即可。从深层角度讲，我们定义的抽象命令接口内容不应仅适用于计算多边形的面积、周长运算，还应适用于复数、微积分等尽可能多的计算功能，因此命令接口是更高层次的抽象，读者一定要细心把握。

```
//定义多边形两种命令类
class AreaCommander implements ICommander{/*同 7.3.1 节*/ }     //面积命令类
class LenCommander implements ICommander{                      //周长命令类
    PolyonCalc calc;
    Point pt[];
    public LenCommander(Point pt[], PolyonCalc calc){
        this.pt = pt; this.calc = calc;
    }
    public float calc(){
        return calc.getLength(pt);
    }
}
```

LenCommander 是新增加的周长命令类。由此可知，若再增加求多边形重心坐标功能，只需定义一个重心命令类实现 ICommander 接口即可，已有的命令实现类勿需改变。

```java
//定义命令管理类
class CommanderManage{/*同7.3.1节*/}

//定义多边形功能类 PolyonCalc
class Point{/*同7.3.1节*/}
class PolyonCalc{
    public float getArea(Point pt[]){ /*同7.3.1节*/}
    public float getLength(Point pt[]){                    //求多边形周长
        int i=0;
        float len=0;
        for(i=0; i<pt.length-1; i++){
            len += distance(pt[i],pt[i+1]);
        }
        len += distance(pt[0],pt[pt.length-1]);
        return len;
    }
    public float distance(Point one,Point two){
        return (float)Math.sqrt((one.x-two.x)*(one.x-two.x)+(one.y-two.y)*(one.y-two.y));
    }
}

//一个简单的测试类
public class Test4 {
    public static void main(String[] args) {
        CommanderManage manage = new CommanderManage();
        Point pt[] = new Point[3];
        pt[0]=new Point(0,0);pt[1]=new Point(1,0);pt[2]=new Point(0,1);
        PolyonCalc calc = new PolyonCalc();
        AreaCommander com = new AreaCommander(pt, calc);      //面积命令
        manage.add(com);
        LenCommander com2 = new LenCommander(pt, calc);       //周长命令
        manage.add(com2);
        manage.executeCommand();
    }
}
```

该测试类主要思路是：将一条面积命令 com、周长命令 com2 添加到命令管理对象 manage 中。与 7.3.1 节中的测试类对比，可知：manage 可以添加不同类型的 ICommand 命令。虽然命令种类不同，但我们发现在命令管理类 executeCommand() 方法中，以相同的调用形式：一个实现了求面积功能；一个实现了求周长功能。这也再次说明最初命令接口内容定义的重要性。

7.3.3 命令模式与 JDK 事件处理

JDK 事件处理机制如图 7-4 所示。

图 7-4 JDK 事件处理机制

可以看出：事件源与对应的响应方法由事件监听器割裂开来，只有注册的事件源，才有可能进行方法响应。其主要功能如下所示。

- 事件监听器具有维护事件源信息的功能，既能注册事件源，又能撤销事件源。
- 当有事件（消息）发生的时候，事件监听器遍历监听的事件源信息，判断到底是哪个数据源产生的事件，若找到，则执行相应的消息响应方法。
- 事件监听器是 Java 消息处理机制的核心，由 Java 系统完成，因此，我们所做的只是完成注册事件源，以及在事件监听器机制下，在程序相应的位置编制相应的消息响应方法。

很明显，JDK 事件处理机制与命令模式是吻合的。事件源相当于命令发送源，事件源响应对象相当于命令接收源，事件监听器相当于命令请求者 Invoke。

考虑布局管理器演示示例，界面如图 7-5 所示。当按"FlowLayout 演示"按钮时，界面如图 7-5（a）所示；当按"BorderLayout 演示"按钮时，界面如图 7-5（b）所示。

（a）FlowLayout 演示界面

（b）BorderLayout 演示界面

图 7-5 布局管理器演示

用两种方法实现图示功能，具体代码如下所示。
方法 1：
```java
public class MyFrame extends JFrame{
    JPanel content = new JPanel();
    ActionListener a = new ActionListener(){            //命令接收者对象
        public void actionPerformed(ActionEvent e){
            content.removeAll();                        //清除所有子窗口
            content.setLayout(new FlowLayout());        //设置流式布局管理器
            content.add(new JButton("1")); content.add(new JButton("2"));
            content.add(new JButton("3")); content.add(new JButton("4"));
            content.add(new JButton("5"));
            content.updateUI();
        }
    };
    ActionListener a2 = new ActionListener(){           //命令接收者对象
        public void actionPerformed(ActionEvent e){
            content.removeAll();                        //清除所有子窗口
            content.setLayout(new BorderLayout());      //设置方位布局管理器
            content.add(new JButton("北"),BorderLayout.NORTH);
```

```java
                content.add(new JButton("南"),BorderLayout.SOUTH);
                content.add(new JButton("西"),BorderLayout.WEST);
                content.add(new JButton("东"),BorderLayout.EAST);
                content.add(new JButton("中"),BorderLayout.CENTER);
                content.updateUI();
            }
        };
    public void init(){
        JPanel p = new JPanel();
        JButton btn = new JButton("FlowLayout 演示");      //定义事件源(命令源)对象
        JButton btn2= new JButton("BorderLayout 演示");    //定义事件源(命令源)对象
        p.add(btn); p.add(btn2);

        add(p, BorderLayout.NORTH);
        add(content);

        btn.addActionListener(a);
        btn2.addActionListener(a2);

        setSize(300,150);
        this.setDefaultCloseOperation(JFrame.EXIT_ON_CLOSE);
        setVisible(true);
    }
    public static void main(String[] args) {
        new MyFrame().init();
    }
}
```

本示例中，有效事件源（命令源）是 init()方法中的两个 JButton 对象 btn、btn2，命令接收者是类中定义的两个 ActionListener 内部匿名类对象 a、a2，那么哪个是命令请求者 Invoke 呢？命令请求者是事件监听器，由 JDK 自身隐藏，勿需编制。

可以得出：该方法的特点是命令源直接用系统类，如 JButton 等，而且命令源（btn、btn2）与命令接收者(a、a2)是分割开来的。这与下述的方法 2 稍有不同。

方法 2：

```java
interface IReceiver{ //抽象命令接收者方法定义,此接口方法1不需要
    public void response();
}
class MyFrame extends JFrame implements ActionListener{
    JPanel content = new JPanel();
    class FlowBtn extends JButton implements IReceiver{//FlowBtn 既是命令发送者，又是命令接收者
        public FlowBtn(String name){
            super(name);
        }
        public void response() {
            content.removeAll();
            content.setLayout(new FlowLayout());
            content.add(new JButton("1")); content.add(new JButton("2"));
            content.add(new JButton("3")); content.add(new JButton("4"));
            content.add(new JButton("5"));
            content.updateUI();
        }
```

```java
    }
    class BorderBtn extends JButton implements IReceiver{// BorderBtn 既是命令发送者，又是
命令接收者
        public BorderBtn(String name){
            super(name);
        }
        public void response() {
            content.removeAll();
            content.setLayout(new BorderLayout());
            content.add(new JButton("北"),BorderLayout.NORTH);
            content.add(new JButton("南"),BorderLayout.SOUTH);
            content.add(new JButton("西"),BorderLayout.WEST);
            content.add(new JButton("东"),BorderLayout.EAST);
            content.add(new JButton("中"),BorderLayout.CENTER);
            content.updateUI();
        }
    }
    public void init(){
        JPanel p = new JPanel();
        FlowBtn btn = new FlowBtn("FlowLayout 演示");
        BorderBtn btn2= new BorderBtn("BorderLayout 演示");
        p.add(btn); p.add(btn2);

        add(p, BorderLayout.NORTH);
        add(content);

        btn.addActionListener(this);
        btn2.addActionListener(this);

        setSize(300,150);
        this.setDefaultCloseOperation(JFrame.EXIT_ON_CLOSE);
        setVisible(true);
    }
    public void actionPerformed(ActionEvent e) {
        IReceiver obj = (IReceiver)e.getSource();
        obj.response();
    }
    public static void main(String[] args) {
        new MyFrame().init();
    }
}
```

与方法 1 相比，主要有以下三点需要加深理解。

- 本示例中有效命令源是 JButton 的派生类 FlowBtn、BorderBtn 类型的对象。
- FlowBtn、BorderBtn 两个类既从 JButton 派生，又实现了抽象接收者接口 IReceiver,由此就可以看出，这两个类的对象既是命令发送者，又是命令接收者，这一点读者要尤为加以思考。
- FlowBtn、BorderBtn 按钮对象事件对应同一个方法 actionPerformed()，那么如何获得具体的命令接收者对象引用呢？巧妙通过"IReceive obj=(IReceive)e.getSource()"即可完成相应功能，避免了不必要的 if 或 switch 语句。

7.3.4 命令模式与多线程

考虑这样应用，功能是连续接收字符串信息，其格式为："姓名：信息"，例如："zhang:Hello"表明该信息是 zhang 发送的，信息内容是 Hello。假设 zhang 同志发送的信息非常重要，因此，当接收到该同志的信息时，一方面要把该信息显示在屏幕上，另一方面把该信息以 E-mail 形式传送给相关人士，仿真这一过程。

把上述应用的功能划分成三部分：信息接收功能、命令监测功能、特殊信息处理功能。下面分别加以说明。

1. 信息接收功能（命令发送者）

```java
interface ISource{
    boolean isbFire();
    void setbFire(boolean bFire);
}
class Msgsrc implements ISource{
    String msg;
    boolean bFire;      //重要信息标识变量
    public String getMsg(){
        return msg;
    }
    public boolean isbFire() {
        return bFire;
    }
    public void setbFire(boolean bFire) {
        this.bFire = bFire;
    }
    public void come(String msg){
        this.msg = msg;
        if(msg.equals("zhang:"))      //如果是 zhang 同志来的信息，非常重要
            bFire = true;             //则至重要信息标识变量为 true
        //其他功能代码
    }
}
```

come()方法用于接收信息字符串,当判断是 zhang 同志传来的信息时,仅置成员变量 bFire 为 true,表明现在传来的字符串是重要信息，但对于重要信息有什么特殊的处理，该类根本不关心，因此，对于本类而言，相当于简化了问题的规模，易于编制。

通过 come()方法，可以看出：在命令模式中该类相当于事件源，本质上相当于命令发送者。

Msgsrc 类是从接口 ISource 派生的，这样易于扩展。ISource 接口中仅定义了设置、获得子类 bFire 成员变量的方法，这是因为在命令监测功能中要用到这两个方法。

2. 特殊信息处理功能(命令接收者)

```java
interface IReceiver{
    void process(ISource src);
}
class ShowReceive implements IReceiver{
    public void process(ISource src){
        Msgsrc obj = (Msgsrc)src;
        System.out.println(obj.getMsg());
    }
```

```java
}
class EMailReceive implements IReceiver{
    public void process(ISource src){
        System.out.println("this is EMail process");
    }
}
```
按照题目要求，对特殊信息要进行屏幕显示及 E-mail 发送处理，因此要定义两个具体接收者。

3. 命令监测功能(相当于 Invoker)

```java
//定义抽象命令接口 ICommand
interface ICommand{
    public void noticeCommand();
}

//定义具体命令类
class Command implements ICommand{
    IReceiver rvr;
    ISource  src;
    public Command(IReceiver rvr, ISource src){
        this.rvr = rvr;
        this.src = src;
    }
    public void noticeCommand(){
        rvr.process(src);
    }
}
```

本类是单一的命令类，由于示例有两个具体的接收者 ShowReceive、E-mailReceive，即有两种命令需要管理，因此定义了命令集管理类 CommandManage，如下所示。

```java
//定义命令集管理类 CommandManage
class CommandManage extends Thread{
    Vector<ICommand> v = new Vector();
    ISource src ;
    boolean bMark = true;
    public CommandManage(ISource src){
        this.src = src;
    }
    public void addCommand(ICommand c){
        v.add(c);
    }
    public void run(){
        while(bMark){
            if(!src.isbFire())                    //若非重要消息，返回
                continue;
            for(int i=0; i<v.size(); i++){  //遍历命令集和，发送通知消息
                v.get(i).noticeCommand();
            }
            src.setbFire(false);              //重要消息标识位复位
        }
    }
}
```

根据题目要求，需要一边传送字符串信息，一边进行命令源监测，因此 CommandManage 命令监

测类是用多线程完成的。

CommandManage 类定义了成员变量 src，表明要对 ISource 类型的对象状态进行监测。成员变量 v 是 ICommand 类型的对象集合。

run()方法表明了命令源 src 监测的具体过程。首先，利用 isFire()方法获得 src 当前状态值，当为 true 时，表明有重要信息到来了，要进行特殊处理；然后，遍历命令集合，发送通知命令进行响应；最后，复位命令源标识位，等待下一次重要消息的到来。

4. 一个测试类

```java
public class Test8{
public static void main(String args[])throws Exception
    {
        Msgsrc src = new Msgsrc();                      //定义事件源（发送者）
        ShowReceive rvr = new ShowReceive();            //定义接收者
        EMailReceive rvr2= new EMailReceive();          //定义接收者2
        Command com = new Command(rvr,src);             //定义命令
        Command com2= new Command(rvr2,src);            //定义命令2

        CommandManage manage = new CommandManage(src);  //定义命令集 Invoke
        manage.addCommand(com);                         //命令集加入命令
        manage.addCommand(com2);                        //命令集加入命令2
        manage.start();                                 //启动命令集监测线程

        String s[]={"li:aaa","zhang:hello","li:bbb"};
        for(int i=0; i<s.length; i++){
            src.come(s[i]);                             //仿真向命令源传送字符串
            Thread.sleep(1000);
        }
        manage.bMark = false;                           //设置结束线程标识
    }
}
```

7.4 应用示例

【例 7-1】简单记事本程序设计与实现。

功能包括：新建、打开、保存和退出功能，主界面如图 7-6 所示。

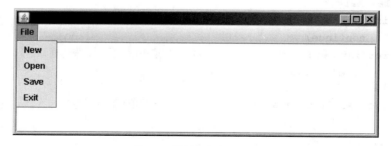

图 7-6 简单记事本主界面

事实上，Swing 中的菜单已经体现出了命令模式思想，事件源是菜单中的子项，事件响应是由监听器完成的，而监听过程是由 JDK 实现的。

7.3.3 节示例中利用 ActionListener 实现了事件响应，而本示例采用 Action 实现相应功能。Action 接口是从 ActionListener 接口派生的，JDK 提供了该接口的默认实现抽象类 AbstractAction，因此，若定义事件响应类，一般都要从该抽象类派生。为了讲解清楚，分成两部分加以说明：界面生成及事件初始化、事件响应。

1. 界面生成及事件初始化

```java
class MyFrame extends JFrame{
    JTextArea ta = new JTextArea();                        //文本区
    File curFile = null;                                   //当前打开文件对象
    private Action[][] actions = {                         //四个响应类
        {new NewAction(),new OpenAction(),new SaveAction(),new ExitAction()}};
    private void saveFile(){
        try{
            FileOutputStream out = new FileOutputStream(curFile);
            byte buf[] = ta.getText().getBytes();
            out.write(buf);
            out.close();
        }
        catch(Exception e){e.printStackTrace();}
    }
    private void savePathFile(){
            JFileChooser chooser = new JFileChooser();
    int ret = chooser.showSaveDialog(MyFrame.this);
    if (ret != JFileChooser.APPROVE_OPTION)
        return;
    try{
        curFile = chooser.getSelectedFile();
            FileOutputStream out = new FileOutputStream(curFile);
            out.write(ta.getText().getBytes());
            out.close();
        }
    catch(Exception ee){ee.printStackTrace();}
    }
    private void preProcess(){
        if(curFile != null){
            saveFile();
            return;
        }
        if(!ta.getText().equals(""))
            savePathFile();
    }
    protected JMenuBar createMenubar() {
        JMenuBar mb = new JMenuBar();                      //创建菜单条
        String[] menuKeys = {"File"};
        String[][] itemKeys = {{"New","Open","Save","Exit"}};
        for (int i = 0; i < menuKeys.length; i++) {
            JMenu m = new JMenu(menuKeys[i]);              //创建菜单
            for (int j = 0; j < itemKeys[i].length; j++) {
                JMenuItem mi = new JMenuItem(itemKeys[i][j]); //创建菜单项
                mi.addActionListener(actions[i][j]);       //菜单项添加消息响应
```

```java
                m.add(mi);                              //菜单添加菜单项
            }
            mb.add(m);                                  //菜单条添加菜单
        }
        return mb;
    }
    public void init(){
        this.setJMenuBar(createMenubar());              //设置菜单
        JScrollPane sp = new JScrollPane(ta);           //设置滚动文本区
        add(sp);                                        //添加滚动面板
        setSize(600,500);
        setVisible(true);
    }
    public static void main(String[] args) {
        new MyFrame().init();
    }
}
```

JTextArea 类型成员变量 ta 用于存放文本；File 类型成员变量 curFile 表示当前打开的文件对象。我们可以根据 curFile 获得文件路径、长度等许多参数，因此从这一角度来说，要比定义字符串成员变量（代表当前打开文件路径）好。Action 类型成员变量 actions 是二维数组，这与菜单特点一致：从 actions 数组第一维长度可看出共有几个菜单项；从第二维长度上可看出菜单项有多少个子项，每个子项对应的事件响应类是什么。

createMenuBar()包含了创建菜单条的全过程，建立了菜单子项与事件响应数组 actions 的关联。定义的局部变量一维数组 menuKeys 代表菜单项的名称；二维数组 itemKeys 代表每个菜单子项的名称。有了这两个数组，添加菜单条就可以用循环来实现了，因此在图形用户界面中，巧妙运用数组思维可以简化代码规模，而且层次清晰。

2. 事件响应类

由于"File"菜单有四个菜单子项，因此根据命令模式思想，一定有四个单独的实现类。这四个类是 MyFrame 的内部类，方便了与外部类的通信。

```java
//New 响应类 NewAction
class NewAction extends AbstractAction {
    public void actionPerformed(ActionEvent e) {
        preProcess();                                   //前处理
        ta.setText("");                                 //设文本区域内容为空
        curFile = null;                                 //当前文件对象为null
        MyFrame.this.setTitle("无标题");                //设置标题
    }
}
```

当选中"new"命令，执行 actionPerformed()方法后，要运行前处理 preProcess()方法。该方法完成了两部分功能：①若有当前打开文件，必须先保存该文件，但勿需运行文件保存对话框，对应的方法是 saveFile()；②若无打开文件，但文本区不为空，即当前"new"命令前执行的仍是"new"命令，则必须运行文件保存对话框程序，对应的方法是 savePathFile()。

```java
//Open 响应类 OpenAction
class OpenAction extends AbstractAction {
    public void actionPerformed(ActionEvent e) {
```

```java
        preProcess();                      //前处理
        JFileChooser chooser = new JFileChooser();
        int ret = chooser.showOpenDialog(MyFrame.this);
        if (ret != JFileChooser.APPROVE_OPTION)
            return;
        try{
            curFile = chooser.getSelectedFile();
            if (curFile.isFile() && curFile.canRead()) {
                int size = (int)curFile.length();
                byte[] buf = newbyte[size];
                FileInputStream in = new FileInputStream(curFile);
                in.read(buf);
                in.close();

                String s = new String(buf);
                ta.setText(s);
                MyFrame.this.setTitle(curFile.getName());
            }
        }
        catch(Exception ee){ee.printStackTrace();}
    }
}
```

"Open"命令与"new"命令运行流程是相似的；相同点是都要进行前处理；不同点是"Open"命令要运行打开文件对话框程序，选择文件，读文件，将内容显示在界面文本区域中。

```java
// Save 响应类 SaveAction
class SaveAction extends AbstractAction {
    public void actionPerformed(ActionEvent e) {
        if(curFile != null){           //对已打开文件保存
            saveFile();
            return;
        }
        savePathFile();                //对前一命令是"new"的文件保存
    }
}
```

该方法含义是若对已打开文件保存，则直接调用 saveFile()保存即可。对前一命令是"new"对应的文件保存，必须显示文件保存对话框，设置保存文件名称，这是通过调用 savePathFile()方法完成的。

```java
//Exit 响应类 ExitAction
class ExitAction extends AbstractAction {
    public void actionPerformed(ActionEvent e) {
        System.exit(0);
    }
}
```

【例 7-2】利用配置文件和反射技术实现【例 7-1】功能。

已知配置文件 config.xml 如表 7-1 所示。

表 7–1 配置文件 **config.xml**

```
<?xml version="1.0" encoding="UTF-8" standalone="no"?>
<!DOCTYPE properties SYSTEM "http://java.sun.com/dtd/properties.dtd">
<properties>
<entry key="menubar">File</entry>
```

续表

```
<entry key="Filemenu">New Open Save</entry>
<entry key="Fileaction">NewAction OpenAction SaveAction</entry>
</properties>
```

共包含三部分内容：①菜单项，对应的关键字是 menubar。该文件表示目前仅有一个菜单项 File，若有多个，中间用单空格隔开即可，如"File Edit Tool"；②菜单子项，表示每个菜单的下拉子项总内容，中间用单空格隔开即可，关键字由"菜单项名称+menu"组成。例如，File 菜单项对应的菜单子项关键字为"File+menu=Filemenu"；③事件响应类，表示每个菜单包含的菜单子项对应的事件响应类字符串总名称，中间用单空格隔开即可，关键字由"菜单项名称+action"组成。例如，File 菜单项对应的菜单子项事件响应类关键字为"File+action=Fileaction"。

配置文件中的内容是关联的，最关键的是 menubar 关键字，通过它可知有多个菜单项，从而可知每个菜单项有多少个子菜单，每个子菜单对应的事件响应类是什么，因此本示例的主要工作即是根据配置文件内容动态加载菜单，并且根据反射机制动态加载事件响应类对象。为了讲解清晰，程序共分为三部分：回调接口、主控程序、事件响应类程序。如下所示。

1. 回调接口 IFileInter

```java
interface IFileInter{
    void setFile(File f);
    File getFile();
}
```

该接口在主控程序、事件响应类程序中都要用到。主控程序调用事件响应类是必然的，那么事件响应类如何回调主控程序呢？利用接口技术去实现是一个较好的方法，详细说明见事件响应类部分。

2. 主控程序 MyFrame

```java
class MyFrame extends JFrame implements IFileInter{
    private JTextArea ta = new JTextArea();
    private File curFile = null;
    private String menuKeys[];                  //菜单项数组
    private String itemKeys[][];                //菜单子项数组
    private String actKeys[][];                 //菜单子项事件响应类字符串名称数组
    private Action[][] actions = null;          //菜单子项事件响应类对象数组

    class ExitAction extends AbstractAction {
    public void actionPerformed(ActionEvent e) {System.exit(0);}
    }
    protected JMenuBar createMenubar() {        //动态添加菜单及响应事件
        JMenuBar mb = new JMenuBar();
        for (int i = 0; i < menuKeys.length; i++) {
            JMenu m = new JMenu(menuKeys[i]);
            for (int j = 0; j < itemKeys[i].length; j++) {
                JMenuItem mi = new JMenuItem(itemKeys[i][j]);
                m.add(mi);
                mi.addActionListener(actions[i][j]);
            }
            mb.add(m);
        }
        JMenu menu = mb.getMenu(0);             //添加 Exit 退出菜单命令事件
        JMenuItem item = new JMenuItem("Exit");
```

```java
            item.addActionListener(new ExitAction());
            menu.add(item);
            return mb;
        }
    private void createAction(){                    //动态加载事件响应类对象
        actions = new Action[actKeys.length][];
        try{
            for(int i=0; i<actKeys.length; i++){
                actions[i] = new Action[actKeys[i].length];
                for(int j=0; j<actKeys[i].length; j++){
                    Class classInfo = Class.forName(actKeys[i][j]);
                    Constructor c = classInfo.getConstructor(new Class[]{JFrame.class,
JTextArea.class});
                    actions[i][j]=(Action)c.newInstance(new Object[]{this,ta});
                }
            }
        }
        catch(Exception e){e.printStackTrace();}
    }
    private void initConfig(){                      //读配置文件
        try{
            Properties p = new Properties();
            p.loadFromXML(new FileInputStream("d:/config.xml"));
            String s = p.getProperty("menubar");     //获得总菜单项内容
            menuKeys = s.split(" ");                 //拆分后填充具体的菜单项数组
            itemKeys = new String[menuKeys.length][];
            for(int i=0; i<menuKeys.length; i++){
                s = p.getProperty(menuKeys[0]+"menu");//获得对应的菜单子项总内容
                itemKeys[i] = s.split(" ");          //拆分后填充具体的菜单子项数组
            }
            actKeys = new String[menuKeys.length][];
            for(int i=0; i<menuKeys.length; i++){
                 s = p.getProperty(menuKeys[0]+"action");//获得对应的菜单子项总事件响应类名
                actKeys[i] = s.split(" ");           //拆分后填充具体的菜单子项事件响应类数组
            }
        }
        catch(Exception e){e.printStackTrace();}
    }
    public void init(){
        initConfig();                               //读配置文件
        createAction();                             //动态加载事件响应类
        this.setJMenuBar(createMenubar());          //动态加载菜单
        JScrollPane sp = new JScrollPane(ta);
        add(sp);
        setSize(600,500);
        setVisible(true);
    }
    public void setFile(File f) {curFile = f;}
    public File getFile(){return curFile;}
    public static void main(String[] args) {
        new MyFrame().init();
    }
}
```

initConfig()完成读配置文件功能，填充了成员变量菜单项一维数组 menuKeys[]、菜单子项二维数组 itemKeys[][]、事件响应类名二维数组 actKeys[][]的内容。

createAction()主要是利用反射技术，根据 actKeys[][]数组内容，动态加载了具体的事件响应类对象，结果存放在 Action 类型的成员变量二维数组 actions[][]中，但要注意动态加载的事件响应类构造方法是含参的，包含两个参数，从 "c.newInstance(**new** Object[]{**this**,ta})" 就可看出来：一个是 JFrame 对象；一个是 JTextArea 对象。这是由于按反射技术来说，事件响应类一定是外部类，这与【例 7-1】不同，必须把必要的参数传到事件响应类中，因此构造方法一般来说是有参的。

createMenubar()是根据 menuKeys[]、itemKeys[][]、actions[][]动态加载菜单及建立事件关联的。由于 Exit 退出命令勿需动态加载，因此程序中把该项加在第 1 条菜单的最后一个子项上。

可以看出：该类实现了 IFileInter 接口，而 setFile()、getFile()方法主要用于事件响应类回调。

3. 事件响应类

由于采用了配置文件及反射技术，程序的柔性更好。例如，若增加事件响应类，只需修改配置文件，主控程序勿需修改。本部分仅以 NewAction 类说明，其他响应类均大同小异。

```java
class NewAction extends AbstractAction{
    JFrame frm;JTextArea ta;File curFile;
    public NewAction(JFrame frm, JTextArea ta){
        this.frm=frm; this.ta = ta;
    }
    private void saveFile(){
        try{
            FileOutputStream out = new FileOutputStream(curFile);
            byte buf[] = ta.getText().getBytes();
            out.write(buf);
            out.close();
        }
        catch(Exception e){e.printStackTrace();}
    }
    private void savePathFile(){
        JFileChooser chooser = new JFileChooser();
        int ret = chooser.showSaveDialog(frm);
        if (ret != JFileChooser.APPROVE_OPTION) return;
        try{
            curFile = chooser.getSelectedFile();
            FileOutputStream out = new FileOutputStream(curFile);
            out.write(ta.getText().getBytes());
            out.close();
        }
        catch(Exception ee){ee.printStackTrace();}
    }
    private void preProcess(){
        curFile = ((IFileInter)frm).getFile();   //必须回调主控程序获得 File 变量
        if(curFile != null){ saveFile();return; }
        if(!ta.getText().equals(""))
            savePathFile();
    }
    public void actionPerformed(ActionEvent e) {
        preProcess();
        ta.setText("");
        curFile = null;
```

```
((IFileInter)frm).setFile(curFile);    //必须回调主控程序设置 File 变量
frm.setTitle("无标题");
} }
```

该流程与【例 7-1】中一致，就不多说了。着重分析为什么要用到 IFileInter 接口。从开发方便角度来说，成员变量 frm 是 JFrame 类型，而不是 MyFrame 类型。若是 MyFrame 类型，则程序就捆绑死了，没有 MyFrame 类，该类也就无从编码了，那么这就涉及一个问题，由于在事件响应类中执行 new、Open、Save 命令后，文件状态发生了变化，必须通知主控程序，而 frm 是 JFrame 类型，因此不可能直接与 MyFrame 对象通信，但是我们可以巧妙地定义接口 IFileInterface，让 MyFrame 实现该接口，这样 frm 既是 JFrame，又是 IFileInter，把 frm 强制转换成 IFileInter 引用对象就可以了，即只需在 IFileInter 接口中定义回调所需通信方法即可。

saveFile()、savePathFile()等方法在本类中出现，也可能在其他事件响应类，如 OpenAction 中出现，这是不可避免的，利用反射技术方便了合作开发，也必然带来一些通信、代码重复问题。任何事物都是一分为二的。

模式实践练习

1. 遥控器控制天花板上的吊扇，它有多种转动速度，当然也允许被关闭。假设吊扇速度有高、中、低三档。利用命令模式编制功能类和测试类。

2. 使用命令模式实现在用户界面中，用户选择需要绘制的图形（矩形、三角形），并在用户界面中绘制该图形。

08 迭代器模式

　　迭代器模式定义如下：提供一种方法访问一个容器对象中的各个元素，而又勿需暴露该对象的内部细节，是一种只应用于容器对象遍历的设计模式。适合迭代器模式的情景如下：遍历集合对象，不需要知道对象在集合中的存储方式；用户可以同时使用多个迭代器遍历一个集合。

8.1 问题的提出

在计算机程序设计中，经常会用到各种各样的容器，如数组、链表、集合、映射等。在容器的各种操作中，元素遍历是最常见的操作之一。不同类型的容器，遍历方法也不同。以学生数组和链表元素遍历功能为例，所编制的代码如下所示。

（1）Student.java：学生基本类。
```java
class Student{
    String no;                    //学号
    String name;                  //姓名
    Student(String no, String name){
        this.no = no;
        this.name = name;
    }
}
```

（2）MyArray.java：学生数组容器类。
```java
class MyArray<T>{
    T t[];
    MyArray(T t[]){
        this.t = t;
    }
    T get(int n){
        if(n<t.length)
            return t[n];
        else
            return null;
    }
    int size(){
        return t.length;
    }
}
```

该类是泛型数组容器类，提供遍历功能的基础方法是：获得数组大小 size()方法、获得数组某下标位置元素对象 get（）方法。

以下（3）、（4）描述的基础类是自定义链表容器的基础类。

（3）Node.java：链表节点类。
```java
class Node<T>{
    T t;
    Node next;
    Node(T t){
        this.t = t;
    }
    void setNext(Node next){
        this.next = next;
    }
    Node getNext(){
        return next;
    }
    T getT(){
        return t;
    }
}
```

该类是任意泛型 T 的链表节点类，成员变量 next 代表指向的下一个 Node 节点的地址。

（4）MyLink.java：链表容器类。

```java
class MyLink<T>{
    Node<T> head;
    MyLink(Node<T> head){
        this.head = head;
    }
    Node<T> getHead(){
        return head;
    }
    Node<T> getNext(Node<T> node){
        return node.getNext();
    }
}
```

对链表容器来说，最重要的就是首元素，因此将其定义为成员变量 head，getNext()方法是遍历链表最重要的基础方法，功能是返回形参节点 node 的后继节点。

（5）Test.java:遍历数组及链表的测试类。

```java
public class Test {
    public static void main(String[] args) {
        Student s[] = new Student[2];
        s[0] = new Student("1000", "zhang");
        s[1] = new Student("1001", "li");

        MyArray<Student> m = new MyArray(s);
        for(int i=0; i<m.size(); i++){          //遍历数组容器
            Student st = m.get(i);
            System.out.println(st.no+"\t"+st.name);
        }

        Student u[] = new Student[3];
        u[0] = new Student("1002", "zhao");
        u[1] = new Student("1003", "qian");
        u[2] = new Student("1004", "sun");

        Node<Student> n = new Node(u[0]);
        Node<Student> n2 = new Node(u[1]);
        Node<Student> n3 = new Node(u[2]);
        n.setNext(n2); n2.setNext(n3);

        MyLink<Student> ml = new MyLink(n);
        Node<Student> cur = ml.getHead();
        while(cur != null){ //遍历链表容器
            Student st = cur.getT();
            System.out.println(st.no+"\t"+st.name);
            cur = cur.getNext();
        }
    }
}
```

从测试类可看出：遍历数组与链表的方式是不同的，从遍历的具体代码就可看出不同类型容器的具体特点。那么能否有一种容器元素遍历方式，对各种容器而言都是一致的，且与容器的性质无关呢？这即是下面讲述的迭代器遍历思想。

8.2 迭代器模式

迭代器模式，提供一种方法顺序访问一个聚合对象中的各个元素，而又不暴露其内部元素的表示。迭代器模式把在元素之间游走的责任交给了迭代器，而不是聚合对象。这不仅让聚合的接口和实现变得更简洁，也可以让聚合更专注在它所应该专注的事情上面，而不必理会遍历的事情。

从定义可见：迭代器模式是为容器而生。很明显，对容器对象的访问必然涉及到遍历算法。你可以一股脑地将遍历方法塞到容器对象中去，或者根本不去提供什么遍历算法，让使用容器的人自己去实现，然而，在前一种情况中，容器承受了过多的功能，它不仅要负责自己"容器"内的元素维护（添加、删除等等），而且还要提供遍历自身的接口，不过由于遍历状态保存的问题，不能对同一个容器对象同时进行多个遍历。第二种方式倒是省事，却又将容器的内部细节暴露无遗。

迭代器模式的出现，很好地解决了上面两种情况的弊端。

其实，JDK 中迭代器模式是很成熟的，它应用在许多的容器中。下面代码体现了迭代器在 Vector、LinkedList、Set 容器中的遍历应用，从中可更清晰地看出迭代器的特点。

```java
package three;
import java.util.*;
public class Test {
    public static void traverse(Collection<String> c){
        Iterator<String> it = c.iterator();
        while(it.hasNext()){
            String str = it.next();
            System.out.println(str);
        }
    }
    public static void main(String[] args) {
        Vector<String> v = new Vector();
        v.add("aaa");v.add("bbb");v.add("ccc");
        System.out.println("Vector traverse:");
        traverse(v); System.out.println();

        LinkedList<String> l = new LinkedList();
        l.add("aaa");l.add("bbb");l.add("ccc");
        System.out.println("LinkedList traverse:");
        traverse(l); System.out.println();

        Set<String> s = new HashSet();
        s.add("aaa");s.add("bbb");s.add("ccc");
        System.out.println("Set traverse:");
        traverse(s); System.out.println();
    }
}
```

我们知道：Vector 容器的特点是内存空间是线性、连续的；LinkedList 容器的特点是链式结构；Set 容器的特点是树形结构。虽然这三类容器的特点不同，但却是调用相同的遍历方法 traverse() 完成了容器中元素的遍历，因此我们可以从结果中反向推出结论：采用迭代器设计模式后，容器的元素遍历与具体的容器是无关的。通过上述经常用的代码，可得出迭代器模式的抽象类图如图 8-1 所示。

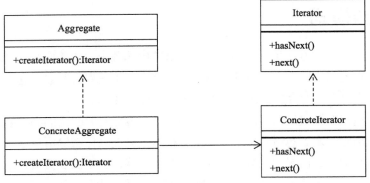

图 8-1　迭代器模式抽象 UML 类图

迭代器模式涉及的各具体角色描述如下所示。

- Iterator（抽象迭代器）：它定义了访问和遍历容器元素的接口，声明了用于遍历容器元素的方法。例如：用于判断是否还有下一个元素的 hasNext()方法；用于访问下一个元素的 next()方法。当然还可以定义其他方法，如获得首元素的 first()方法等。
- ConcreteIterator（具体迭代器）：它实现了抽象迭代器接口，完成对聚合对象的遍历，同时在具体迭代器中通过游标来记录在聚合对象中所处的当前位置。在具体实现时，游标通常是一个表示位置的非负整数。
- Aggregate（抽象聚合类）：它用于存储和管理元素对象，声明一个 createIterator()方法用于创建一个抽象迭代器对象，充当抽象迭代器工厂角色。Aggregate 与 JDK 中 Collection 接口相当。
- ConcreteAggregate（具体聚合类）：它实现了在抽象聚合类中声明的 createIterator()方法，该方法返回一个与该具体聚合类对应的具体迭代器 ConcreteIterator 实例。ConcreteAggregate 与 JDK 中各容器类 Vector、LinkedList、HashSet 相当。

8.3　应用示例

【例 8-1】自定义迭代器模式相关类的实现。

JDK 容器的迭代器遍历技术已经很完善了，从中读者能领会许多迭代器技术的特点，但为了更好地理解迭代器技术，还是要抛开 JDK 已有的接口和类，自行设计不同类型的容器类及迭代器类。本例设计了两种容器类：数组和链表，以及与这两个容器相关的迭代器类。所编制的代码如下所示。

（1）Iterator.java，抽象迭代器接口

```
package one;
public interface Iterator {
    Object next();
    boolean hasNext();
}
```

该接口表明，容器要通过 hasNext()、next()两个方法实现对容器元素的遍历。hasNext()方法用于判定容器是否有下一个元素；next()方法用于获得下一个元素。

（2）Collection.java，聚合容器接口

```
package one;
public interface Collection {
```

```java
public void add(Object o);
public int size();
public Iterator iterator();
}
```

该接口定义了容器应有的最基本的方法。add()方法用于容器添加元素对象;size()方法用于获取容器中元素的个数;iterator()用于返回容器遍历需要的迭代器接口。

(3) MyArrayList.java: 自定义数组容器类

```java
package one;
import java.util.*;
public class MyArrayList implements Collection {
    private Object[] elementData;              //容器元素
    private int size;                          //元素个数
    public MyArrayList(int size) {
        elementData = new Object[size];
        this.size = 0;
    }
    public void add(Object o){                 //容器添加元素
        if(this.size == elementData.length){
            int newSize = size * 2;            //容器扩容,并拷贝原数据
            elementData = Arrays.copyOf(elementData, newSize);
        }
        elementData[size] = o;                 //添加新数据
        size++;
    }
    public int size(){                         //返回容器元素个数
        return size;
    }
    public Object get(int size){
        return elementData[size];
    }
    public Iterator iterator(){                //返回具体迭代器
        return new ArrayListIterator();
    }
    private class ArrayListIterator implements Iterator{
        private int currentIndex = 0;
        public boolean hasNext() {
            if(currentIndex >= size)return false;
            else return true;
        }
        public Object next() {
            Object o = elementData[currentIndex];
            currentIndex++;
            return o;
        }
    }
}
```

该类是一个数组容器,add()方法用于向数组容器中添加元素。随着不断添加元素,当容器元素个数等于数组长度时,表明数组容器已满。这时再添加新的元素时,首先对数组扩容,使其长度增加一倍,拷贝原有容器中的已有数据,再添加新元素即可,因此本类中数组容器空间是动态变化的,可以添加任意多的数组元素。

iterator()方法返回具体的数组容器迭代器 ArrayListIterator 对象。ArrayListIterator 是一个内部类，实现了 Iterator 接口，重写了 hasNext()、next()两个容器遍历方法。ArrayListIterator 类成员变量 currentIndex 代表当前容器数组元素的下标位置，根据位置值就可判定容器是否有后继元素及获得当前容器数组元素值。

（4）链表类

　　链表容器结构与数组容器结构是不同的，共需要两个功能类：链表节点类 Node、链表容器类 MyLinkedList。具体代码如下所示。

```java
//Node.java: 链表节点类
package one;
public class Node {
    private Object data;              //当前节点值
    private Node next;                //下一节点
    public Node(Object data) {
        this.data = data;
    }
    public Object getData() {
        return data;
    }
    public void setData(Object data) {
        this.data = data;
    }
    public Node getNext() {
        return next;
    }
    public void setNext(Node next) {
        this.next = next;
    }
}
```

　　该类通过构造方法 Node(Object data)，将 data 对象封装成了链表节点值，其余方法都是简单的 setor-getor 方法。

```java
//MyLinkedList: 链表容器类
package one;
public class MyLinkedList implements Collection{
    private Node head = null;         //链表首节点
    private int size = 0;             //链表容器元素个数
    private Node tail = null;         //链表尾节点
    public void add(Object o){                    //向链表容器添加元素
        Node node = new Node(o);      //将o封装为链表节点对象
          if(head == null){           //如果头结点为空，表明添加的是第一个节点
            head = node;
            tail = node;
            node.setNext(null);
        }else{
            tail.setNext(node);       //设置后继节点
            tail = node;              //设置tail值
        }
        size++;
```

```java
    public int size(){                  //返回链表容器元素个数
        return size;
    }
    public Iterator iterator(){         //返回具体迭代器
        return new LinkedListIterator();
    }
    private class LinkedListIterator implements Iterator{

        private Node currentNode = head;
        public boolean hasNext() {
            if(currentNode== null){
            return false;
            }
            else return true;
        }
    public Object next() {
        Node node = currentNode;
        currentNode = currentNode.getNext();
        return node.getData();          //返回当前节点元素值
            /*若写成 return node 就错了, 这是因为当初添加元素方法 add(Object o)中将 o 封装为 Node 对
象, 所以必须写成 return node.getData();*/
        }
    }
}
```

该类是一个链表容器类。对链表而言，首节点、尾节点至关重要，因此定义了首、尾节点成员变量 head、tail。add(Object o)方法完成了链表元素添加功能：当第一次添加链表元素时，要设置 head 及 tail 值，否则相当于设置当前节点的后继节点及设置 tail 值。

iterator()方法返回具体的数组容器迭代器 LinkedListIterator 对象。LinkedListIterator 是一个内部类，实现了 Iterator 接口，重写了 hasNext()、next()两个容器遍历方法。LinkedListIterator 类成员变量 currentNode 代表当前链表容器元素节点对象，根据其值就可判定容器是否有后继节点及获得当前链表节点元素值。

（5）一个简单的数组容器、链表容器元素遍历类
```java
public class TestMain {
    public static void traverse(Collection c){
        Iterator it = c.iterator();
        while(it.hasNext()){
            String s = (String)it.next();
            System.out.println(s);
        }
    }
     public static void main(String [] args){
    Collection c = new MyArrayList(2);          //初始化自定义数组容器
    for(int i=0; i<20; i++){
        c.add("array"+i);
    }
    System.out.println("数组容器遍历:");
    traverse(c);                                //遍历数组容器

    Collection c2 = new MyLinkedList();         //初始化自定义链表容器
     for(int i=0;i<20;i++){
```

```
            c2.add("link"+i);
        }
        System.out.println("链表容器遍历:");
        traverse(c2);                                    //遍历链表容器
    }
}
```

从测试类可看出:我们调用了相同的 traverse()方法遍历了自定义数组容器、链表容器。之所以遍历容器的形式相同,那是因为具体迭代器类 ArrayListIterator、LinkedListIterator 都重写了 hasNext()、next()方法的缘故。这两个方法内部编码对不同容器而言是不同的,但对外公开的接口函数是一致的。

因此,若我们再编制其他类型的自定义容器,其关键代码一定与下述代码是相似的。

```
class XXXContainer implements Collection{
    //定义成员变量
    public void add(Object o){......}
    public int getSize(){......}
    public Iterator iterator(){
        return new XXXIterator();
    }
    private class XXXIterator implements Iterator{
        //定义成员变量
        public boolean hasNext(){......}
        public Object next(){......}
    }
}
```

【例 8-2】为【例 8-1】中数组容器增加反向迭代器。

反向迭代器是指容器元素倒序遍历。为此,我们需为【例 8-1】数组容器中增加一个反向迭代器 ReverseIterator 类(是容器数组的内部类)。该类仍然实现 Iterator 接口,故只需重写 hasNext(),next()两个方法即可,同时,修改 Collection 接口,增加创建反向迭代器对象方法 reverseIterator()。其相关代码如下所示(仅列出了与【例 8-1】不同的代码)。

(1)Collection.java
```
package one;
public interface Collection {
//其他所有代码都同【例 8-1】
public Iterator reverseIterator(); //增加创建反向迭代器对象方法
}
```

(2)MyArrayList.jaba
```
package one;
import java.util.*;
public class MyArrayList implements Collection {
    //其他所有代码都同【例 8-1】
private class ReverseIterator implements Iterator{
private int currentIndex = size-1;
public boolean hasNext() {
if(currentIndex <0) return false;
else return true;
    }
public Object next() {
        Object o = elementData[currentIndex];
        currentIndex--;
return o;
```

            }
        }
    }

（3）一个简单的测试类代码如下所示。
```
package one;
public class TestMain {
public static void main(String [] args){
    Collection c = new MyArrayList(2);   //初始化自定义数组容器
    for(int i=0; i<20; i++){
        c.add("array"+i);
    }
    System.out.println("反向迭代器遍历:");
    Iterator it = c.reverseIterator();
    while(it.hasNext()){
        String s = (String)it.next();
        System.out.println(s);
    }
  }
}
```

模式实践练习

1. 改进【例 8-1】功能，将 Iterator、Collection 分别定义成泛型接口 Iterator<T> 及 Collection<T>，修改具体聚合容器类及具体迭代器类，使之支持泛型，并编制测试类加以测试。

2. 为【例 8-1】中链表容器增加反向迭代器，并编制测试类加以测试。

09 访问者模式

　　访问者模式定义如下：表示一个作用于某对象结构中的各个元素的操作。它可以在不改变各个元素的类的前提下，定义作用于这些元素的新操作。适合访问者模式的情景如下：想对集合中的对象增加一些新的操作；需要对集合中的对象进行很多不同且不相关的操作，而又不想修改对象的类。

… 第 9 章 访问者模式

9.1 问题的提出

我们知道，人们认识事物常常有一个循序渐进的过程，不可能是一蹴而就的。例如，某事物经分析后有功能 1、功能 2，但是或者随着时间的推移，或者随着需求分析的变化，亦或者随着二次开发的需要，我们还必须要完成功能 3。这样的特点，计算机如何能更好地描述呢？可能有读者认为这非常简单，类似表 9-1 实现就可以了。

表 9-1 原功能与变化后功能对比表

原 功 能	变化后功能

`interface IFunc{`
    `void func();      //功能1`
    `void func2();     //功能2`
`}`
`class Thing implements IFunc{`
    `public void func(){}`
    `public void func2(){}`
`}`
	`interface IFunc{`
	    `void func();      //功能1`
	    `void func2();     //功能2`
	    `void func3();     //功能3`
	`}`
	`class Thing implements IFunc{`
	    `public void func(){}`
	    `public void func2(){}`
	    `public void func3(){}`
	`}`

可知：新增的功能 3 主要是通过在 IFunc 接口中增加方法定义 func3()，再在实现类 Thing 中重写 func3()方法完成的。这种方法是常规思路，最大特点是若增加新功能，则必须修改接口及相应实现。那么，能不能不修改 IFunc、Thing，也能实现新增的功能 3 呢？访问者模式是具体实现的手段之一。

9.2 访问者模式

访问者模式的目的是封装一些施加于某种数据结构元素之上的操作。一旦这些操作需要修改的话，接受这个操作的数据结构就可以保持不变。为不同类型的元素提供多种访问操作方式，且可以在不修改原有系统的情况下增加新的操作方式，这就是访问者模式的模式动机。

考虑这样一个应用：已知三点坐标，编写功能类，求所围三角形的面积和周长。

如果采用访问者模式架构，应当这样思考：目前已确定的需求分析是求面积和周长功能，但有可能将来求三角形的重心、垂心坐标，内切、外接圆的半径等，因此，在设计时必须考虑如何屏蔽这些不确定的情况。具体代码如下所示。

1. 定义抽象需求分析接口 IShape

```
interface IShape{
    float getArea();              //明确的需求分析
    float getLength();            //明确的需求分析
    Object accept(IVisitor v);    //可扩展的需求分析
}
```

着重理解可扩展的需求分析方法 accept()，它在形式上仅是一个方法，但是对访问者模式而言，它却可以表示将来可以求重心、垂心坐标等功能，是一对多的关系，因此 IVisitor 一般来说是接口或抽象类，"多"项功能一定是由 IVisitor 的子类来实现的，那么为什么返回值是 Object 类型呢？可以这样理解：例如重心坐标由两个浮点数表示，外接圆半径由一个浮点数表示，为了屏蔽返回值差异，

111

所以把返回值定义成 Object，表明可以返回任意对象类型。

2. 定义具体功能实现类 Triangle

```java
class Triangle implements IShape{
    float x1,y1,x2,y2,x3,y3;                                    //三角形三点坐标
    public Triangle(float x1,float y1,float x2,float y2,float x3,float y3){
        this.x1=x1;this.y1=y1;
        this.x2=x2;this.y2=y2;
        this.x3=x3;this.y3=y3;
    }
    public float getDist(float u1,float v1,float u2,float v2){  //求任意两点距离
        return (float)Math.sqrt((u1-u2)*(u1-u2)+(v1-v2)*(v1-v2));
    }
    public float getArea(){                                     //固定需求分析求面积
        float a = getDist(x1,y1,x2,y2);
        float b = getDist(x1,y1,x3,y3);
        float c = getDist(x2,y2,x3,y3);
        float s = (a+b+1c)/2;
        return (float)Math.sqrt(s*(s-a)*(s-b)*(s-c));           //海伦公式求面积
    }
    public float getLength(){                                   //固定需求分析求周长
        float a = getDist(x1,y1,x2,y2);
        float b = getDist(x1,y1,x3,y3);
        float c = getDist(x2,y2,x3,y3);
        return a+b+c;
    }
    public Object accept(IVisitor v){                           //可扩展需求分析
        return v.visit(this);
    }
}
```

着重理解 accept()方法，可知 IVisitor 接口中一定定义了多态方法 visit()，那为什么把 this 引用传过去呢？可以这样理解：例如，若要求三角形重心坐标，它的功能一定是在 IVisitor 的子类实现的，那么该子类一定得知道三角形的三个坐标，因此把 this 应用传过去，相当于 IVisitor 的子类可访问 Triangle 类的成员变量，这样编制求重心坐标就容易了。

3. 定义访问者接口 IVisitor

```java
interface IVisitor{
    Object visit(Triangle t);
}
```

至此为止，有了 1、2、3 的代码，访问者模式的代码框架就已经构建起来了。如果需求分析没有变化，那么程序一直应用即可；如果需求分析发生变化，则基础功能类不用变化，只要定义 IVisitor 接口的具体功能实现类就可以了。例如，求三角形重心坐标代码如下所示。

4. 定义重心坐标实现类 CenterVisitor

```java
class Point{
    float x,y;
}
class CenterVisitor implements IVisitor{
    public Object visit(Triangle t){
        Point pt = new Point();
        pt.x = (t.x1+t.x2+t.x3)/3;
```

```
        pt.y = (t.y1+t.y2+t.y3)/3;
        return pt;
    }
}
```
一个简单的测试类如下所示。
```
public class Test3 {
    public static void main(String[] args) {
        IVisitor v = new CenterVisitor();          //定义求重心具体访问者对象
        Triangle t = new Triangle(0,0,2,0,0,2);    //定义三角形对象
        Point pt = (Point)t.accept(v);             //通过访问者对象求三角形重心坐标
        System.out.println(pt.x+"\t"+pt.y);
    }
}
```
可知：如果我们再想增加一个求三角形外接圆半径功能，只需再定义一个新类实现 IVisitor 接口，在该类中完成求外接圆半径功能即可。

总之，访问者模式的抽象类图如图 9-1 所示。

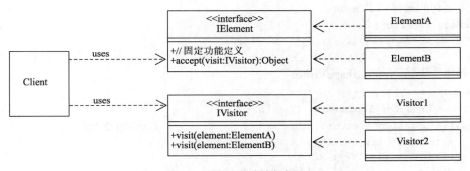

图 9-1　访问者模式抽象类图

该图与上文示例中稍有不同。该图有两个具体元素类（ElementA、ElementB），两个具体访问者类(Visit1、Visit2)，而示例中仅有一个元素类，一个访问者类。虽然个数不同，但编程框架是相似的，请读者自行完成。

访问者模式主要涉及以下四种角色。
- IElement: 抽象的事物元素功能接口，定义了固定功能方法及可变功能方法接口。
- Element: 具体功能的实现类。
- IVisitor:访问者接口，为所有访问者对象声明一个 Visit 方法，用来代表为对象结构添加的功能，原则上可以代表任意的功能。
- Visitor:具体访问者实现类，实现要真正被添加到对象结构中的功能。

9.3　深入理解访问者模式

1. 应用反射技术

分析 9.2 节中示例可知：若三角形需要新增 N 个功能，则必须定义 N 个具体访问者类。毫无疑问，有时候这样的代码会显得非常臃肿，利用反射技术可以方便解决这一问题。例如，现在三角形

需要新增计算重心坐标，及求三角形内切圆半径功能，具体代码如下所示。

（1）定义抽象需求分析接口 IShape

```java
interface IShape{
    float getArea();
    float getLength();
    Object accept(IVisitor v, String method);
}
```

与 9.2 节示例相比，仅可变方法 accept()有不同，增加了字符串变量 method，代表将要采用反射技术的方法名称。

（2）定义具体功能实现类 Triangle

```java
class Triangle implements IShape{
    //其余代码同 9.2 节
    public Object accept(IVisitor visit, String method){
        return visit.visit(this, method);
    }
}
```

（3）定义访问者接口 IVisitor

```java
interface IVisitor{
    Object visit(Triangle t, String method);
}
```

（4）具体实现访问者类 ShapeVisitor

```java
class Point{/*同 9.2 节*/}
class ShapeVisitor implements IVisitor{
    public Object getCenter(Triangle t){          //获取重心坐标
        Point pt = new Point();
        pt.x = (t.x1+t.x2+t.x3)/3;
        pt.y = (t.y1+t.y2+t.y3)/3;
        return pt;
    }
    public Float getInnerCircleR(Triangle t){     //获取内切圆半径
        float area = t.getArea();
        float len = t.getLength();
        return new Float(2.0f*area/len);
    }
    public Object visit(Triangle t, String method){   //访问者接口转发方法
        Object result = null;
        try{
            Class classinfo = this.getClass();
            Method mt = classinfo.getMethod(method,Triangle.class);
            result =  mt.invoke(this, new Object[]{t});
        }
        catch(Exception e){}
        return result;
    }
}
```

可以看出：访问者接口实现方法 visit()中运用了反射技术，visit()方法仅是起到了一个转发作用，具体功能是由非多态方法 getCenter()及 getInnerCircleR()完成的。一个简单的测试类如下所示。

```java
public class Test4 {
    public static void main(String[] args) throws Exception{
        IVisitor v = new ShapeVisitor();          //定义访问者
```

```
        Triangle t = new Triangle(0,0,2,0,0,2);              //定义具体事物元素类
        Point pt = (Point)t.accept(v,"getCenter");            //获得重心坐标
        System.out.println("重心坐标 x="+pt.x+"\ty="+pt.y);
        Float f = (Float)t.accept(v, "getInnerCircleR");      //获得内切圆半径
        System.out.println("内切圆半径 r=" +f.floatValue());
    }
}
```

2. 抽象访问者定义形式

已知某元素有两种类型，定义访问者基本模式框架。代码简述如下所示。

（1）定义抽象事物 IElement

```
interface IElement{
    public void accept(IVisitor v); //与访问者接口方法
}
```

（2）定义两个具体事物 Element、Element2

```
class Element implements IElement{
    public void accept(IVisitor v){
        v.visit(this);
    }
}
class Element2 implements IElement{
    public void accept(IVisitor v){
        v.visit(this);
    }
}
```

（3）定义抽象访问者及具体实现类

方法 1：仔细分析 Element、Element2 两个类中的 accept()方法，有一行重要的语句 v.visit(this)。其中，this 代表 Element(或 Element2)对象，因此，抽象访问者定义成如下形式。

```
interface IVisitor{
    public void visit(Element obj);
    public void visit(Element2 obj);
}
```

也就是说，如果 IElement 有 N 个子类，抽象访问者接口就要定义 N 个方法。具体访问者直接实现该抽象接口即可。

方法 2：虽然上文 v.visit(this)代码中 this 代表 Element(或 Element2)对象，但它们都是 IElement 的子类对象，因此，抽象访问者定义成如下形式。

```
interface IVisitor{
    public void visit(IElement obj);
}
```

也就是说，不论 IElement 有多少个子类，抽象访问者接口都仅定义一个方法，那么，在哪里判断 IElement 引用是哪个具体的子类对象呢？当然在访问者具体实现子类中，一个示例代码如下所示。

```
class OneVisitor implements IVisitor{
    public void visit(IElement obj){
        if(obj instanceof Element)
        {/*处理代码*/}
        else
        {/*处理代码*/}
```

        }
    }

3. 构建集合对象自适应功能框架

自适应功能框架的含义是当需求分析发生变化后，仅添加相应的具体功能，而程序的主框架不变。我们知道：集合是由元素组成的，集合和元素是相对的。例如：A 是 B 的集合，B 是 C 的集合，一般来说，只有 A、B、C 均是自适应的，整个系统才能称为功能框架。访问者模式是实现集合对象自适应功能框架的重要手段。

考虑一个存折管理系统：假设仅在中国工商银行和中国农业银行存定期存折，编制相应的自适应程序功能框架。

分析：存折管理系统固定功能不在本示例考虑范围内，仅考虑如何处理可变功能的实现方法。我们知道：每个银行都能有多个存折，从这句话可得出三个重要的层次"存单、银行、银行组"，因此主要编制这三方面的自适应程序功能框架。具体代码如下所示。

（1）定义泛型访问者接口 IVisitor

```java
interface IVisitor<T>{
    void visit(T s);
}
```

（2）定义存单相关类

因为有中国工商银行及中国农业银行两种存单，而且要求存单类具有自适应功能，所以定义了抽象基类 Sheet，工行存单子类 ICBCSheet、农行存单子类 ABCSheet。

```java
//存单抽象基类 Sheet
abstract class Sheet{
    String account;          //账号
    String name;             //姓名
    float money;             //余额
    String startDate;        //存款日期
    int range;               //期限
    public Sheet(String account,String name,float money,String startDate,int range){
        this.account=account;this.name=name;this.money=money;
        this.startDate=startDate;this.range=range;
    }
    public void accept(IVisitor<Sheet> v){
        v.visit(this);
    }
}
```

accept()方法预留了与访问者 IVisitor 之间的通信接口，是实现单据自适应功能的根本所在。

```java
//工行存单子类 ICBCSheet，农行存单子类 ABCSheet
class ABCSheet extends Sheet{             //农行存单类
    public ABCSheet(String account,String name,float money,String startDate,int range){
        super(account,name,money,startDate,range);
    }
}
class ICBCSheet extends Sheet{            //工行存单类
    public ICBCSheet(String account,String name,float money,String startDate,int range){
        super(account,name,money,startDate,range);
    }
}
```

（3）各个银行存单管理类

```
//抽象银行存单管理类 Bank
abstractclass Bank{
    public void accept(IVisitor<Bank> v){
        v.visit(this);
    }
    public abstract void process(IVisitor<Sheet> visit);
}
```

我们知道：本示例中银行是单据的集合，而对银行组来说，它又是元素。也就是说，银行既是"集合"又是"元素"，那么银行类必须在这两方面都实现自适应功能：accept()方法对应"元素"自适应功能；process()方法对应"集合"自适应功能。

```
//两个银行子类 ABCBank、ICBCBank
class ABCBank extends Bank{
    Vector<ABCSheet> v = new Vector();
    void add(ABCSheet s){
        v.add(s);
    }
    public void process(IVisitor<Sheet> visit){
        for(int i=0; i<v.size(); i++){
            v.get(i).accept(visit);
        }
    }
}
class ICBCBank extends Bank{
    Vector<ICBCSheet> v = new Vector();
    void add(ICBCSheet s){
        v.add(s);
    }
    public void process(IVisitor<Sheet> visit){
        for(int i=0; i<v.size(); i++){
            v.get(i).accept(visit);
        }
    }
}
```

每个银行子类中都定义了 Vector 类型的成员变量，表明是相应单据的集合。process()方法主要是利用循环，统一完成对各个具体单据的自适应功能。

（4）银行组存单管理类

```
class BankGroup{
    Vector<Bank> v = new Vector();
    void add(Bank bank){
        v.add(bank);
    }
    public void accept(IVisitor<BankGroup> v){
        v.visit(this);
    }
    public void process(IVisitor<Bank> visit){
        for(int i=0; i<v.size(); i++){
            v.get(i).accept(visit);
        }
    }
}
```

我们知道，本示例中银行组是银行的集合，同时它本身又是元素。也就是说，银行组既是"集合"又是"元素"，那么银行组类必须在这两方面都实现自适应功能：accept()方法对应"元素"自适应功能；process()方法对应"集合"自适应功能。

有了（1）~（4）代码，自适应功能框架就基本构建完成了。通过上述代码的感性认识，我们能得出更普遍的结论。假设有元素 A、B、C、D、E，每个后者都是前者的集合。由于 A 是最底层元素，因此该类一般定义成 abstract 类，里面含有 accept()方法，之后再定义 A 的各派生子类；由于 E 是最顶层元素，向下有集合 D，因此该类一般定义成普通类，里面含有 accept()、process()方法；由于 B、C、D 是中间元素，因此一般先定义一个 abstract 抽象基类，里面含有 accept()方法、抽象 process()方法，之后再定义各派生子类，重写 process()方法。

（5）简单的测试类编制方法

一般来说，若需求分析无变化，则上述自适应框架不起作用；若需求分析发生变化，则要定义相应的访问者接口实现类及相关调用代码。例如，定义一个单据访问者及一个银行访问者的具体代码如下所示。

```java
class SheetVisitor implements IVisitor<Sheet>{
    private void ABCProc(ABCSheet sheet){
        System.out.println("ABCSheet process");
    }
    private void ICBCProc(ICBCSheet sheet){
        System.out.println("ICBCSheet process");
    }
    public void visit(Sheet s) {
        if(s instanceof ABCSheet){
            ABCProc((ABCSheet)s);
        }
        if(s instanceof ICBCSheet){
            ICBCProc((ICBCSheet)s);
        }
    }
}
class BankVisitor implements IVisitor<Bank>{
    private void ABCProc(ABCBank bank){
        System.out.println("ABCBank process");
    }
    private void ICBCProc(ICBCBank bank){
        System.out.println("ICBCBank process");
    }
    public void visit(Bank b){
        if(b instanceof ABCBank){
            ABCProc((ABCBank)b);
        }
        if(b instanceof ICBCBank){
            ICBCProc((ICBCBank)b);
        }
    }
}
```

编制具体访问者代码的一般思路是：在接口实现方法 visit()中利用 instanceof 关键字实现方法转发功能，在转发方法中完成具体的代码编制。

一个简单的测试代码如下所示。

```java
public class Test5 {
    public static void main(String[] args) {
        ICBCSheet s = new ICBCSheet("1000","zhang",100,"2012-1-1",3);//定义一个工行单据
        IVisitor v = new SheetVisitor();        //定义单据访问者
        s.accept(v);                            //对一个具体单据自适应
        
        ICBCBank manage = new ICBCBank();       //定义工行对象
        manage.add(s);                          //工行加一个单据
        manage.process(v);                      //对工行所有单据都实现自适应功能
    }
}
```

9.4 应用示例

【例9-1】学生成绩查询功能。

学生成绩已经保存在文本文件中，格式如表9-2所示。

表9-2 学生成绩文本文件格式说明

文本文件示例	说明
班级：一年级一班	均有前缀"班级"，表示以下是该班成绩
1001 zhang 70 80 90 1002 zhang2 71 81 91 1003 zhang3 69 79 89 1004 zhang4 65 80 90	一行一个学生纪录，表示：学号、姓名、语文、数学、外语成绩，中间由单空格隔开
班级:一年级二班 1005 zhao 70 80 90 1006 zhao2 71 81 91	又一个班的数据

程序执行主界面如图9-2所示。

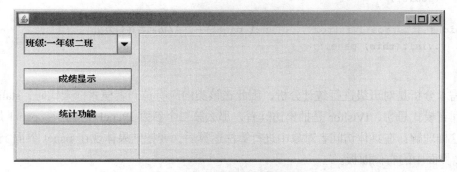

图9-2 学生成绩查询功能主界面

学生成绩查询包括一些固定的功能，如：成绩显示、排序等。为了程序简捷，本示例仅列举了成绩显示功能。在图9-2中，先通过下拉菜单选择班级，若再按"成绩显示"按钮，则在右侧面板中以表格形式显示该班学生具体的成绩信息内容。学生成绩查询还包括：统计查询，该功能是用访问者模式实现的。在图9-2中，若按"统计功能"按钮，则在右侧面板中以表格形式显示该班学生总成绩分段信息情况。

本部分代码主要由三部分组成：学生成绩信息获得、界面生成、统计功能具体访问者。下面具

体加以说明。

1. 学生成绩信息获得相关代码

学生的集合构成了班级,而班级的集合又构成了年级,因此得学生类 Student、班级类 Banji、年级类 grade 代码如下所示。

```java
//学生类 Student
class Student{
    String studNO;                                  //学号
    String name;                                    //姓名
    int chinese;                                    //语文成绩
    int math;                                       //数学成绩
    int english;                                    //外语成绩
    public Student(String t[]){
        studNO = t[0]; name = t[1];
        chinese = Integer.parseInt(t[2]);
        math = Integer.parseInt(t[3]);
        english = Integer.parseInt(t[4]);
    }
}
//班级类 Banji
interface IVisitor{
    void visit(Banji obj, JPanel panel);
}
class Banji{
    Vector<Student> v = new Vector();               //班级是学生的集合
    public Vector<Student> getV() {
        return v;
    }
    void add(Student s){                            //班级增加学生
        v.add(s);
    }
    void statistics(IVisitor v, JPanel panel){      //访问者接口方法
        v.visit(this, panel);
    }
}
```

按照需求分析是对班级进行统计分析,因此在该类内应有访问者模式框架代码,statistics()方法体现了访问者模式思想,IVisitor 是抽象访问者,那么第二个参数 JPanel 类型形参 panel 是什么意思呢?可以这样理解:在具体访问者对象中进行算法运算后,要把结果体现在 panel 界面上,该 panel 即指图 9-2 界面中的右侧面板。

在 9.1 节中,标准访问者模式中 visit()方法一般仅有一个参数,而本例中则有两个参数,因此,一定要具体问题具体分析,希望读者多加体会。

```java
//年级类 Grade
class Grade{
    Map<String, Banji> map = new HashMap();         //key:班级名称
    public Banji add(String banji){
        Banji obj = new Banji();
        map.put(banji, obj);
        return obj;
```

```java
    }
    public void readFile(String strFile){          //读学生成绩信息文件
        String s = "";
        Banji obj = null;
        try{
            FileReader in = new FileReader(strFile);
            BufferedReader in2 = new BufferedReader(in);
            while((s=in2.readLine())!=null){
                s = s.trim();
                if(s.equals("")) continue;
                if(s.startsWith("班级")){
                    obj = add(s);
                    continue;
                }
                String t[] = s.split(" ");
                Student stud = new Student(t);
                obj.add(stud);
            }

            in2.close();
            in.close();
        }
        catch(Exception e){e.printStackTrace();}
    }
```

readFile()方法完成解析学生成绩文本文件，格式严格如表 9-2 所述，依次形成 Student->Banji->Grade 集合关系。

2. 界面生成相关代码

```java
class MyFrame extends JFrame{
    Grade grade = new Grade();                    //定义年级成员变量
    JPanel contentPane = new JPanel();            //定义主界面右侧内容面板
    JComboBox combo;                              //主界面选择班级下拉框对象

    ActionListener a1 = new ActionListener(){     //"成绩显示"按钮响应方法
        public void actionPerformed(ActionEvent e){
            String factor = (String)combo.getSelectedItem();
            Banji obj = (Banji)grade.map.get(factor);
            Vector<Student> v = obj.getV();
            String title[]={"学号","姓名","语文","数学","英语"};
            String d[][] = new String[v.size()][5];
            for(int i=0; i<v.size(); i++){
                Student unit = v.get(i);
                d[i][0]=unit.studNO; d[i][1]=unit.name; d[i][2]=""+unit.chinese;
                d[i][3]=""+unit.math; d[i][4]=""+unit.english;
            }
            showTable(d, title);
        }
    };
    ActionListener a2 = new ActionListener(){     //"统计功能"按钮响应方法
        public void actionPerformed(ActionEvent e){
            String factor = (String)combo.getSelectedItem();
            Banji obj = (Banji)grade.map.get(factor);
            Vector<Student> v = obj.getV();
```

```java
                obj.statistics(new StaVisitor(),contentPane);
            }
        };
    public void showTable(String d[][], String title[]){
        contentPane.removeAll();
        contentPane.setLayout(new BorderLayout());
        JTable tab = new JTable(d, title);
        JScrollPane scr = new JScrollPane(tab);
        contentPane.add(scr);
        contentPane.updateUI();
    }
    public void init(String strFile){
        grade.readFile(strFile);              //读数据文件，形成数据集合
        setLayout(null);                      //布局管理器设置为空
        Set<String> set = grade.map.keySet();
        Object info[] = set.toArray();
        combo = new JComboBox(info);          //填充班级下拉框内容
        combo.setBounds(10, 10, 150, 30);
        add(combo);                           //将班级下拉框添加到界面中

        JButton dispBtn = new JButton("成绩显示");
        JButton infoBtn = new JButton("统计功能");
        dispBtn.addActionListener(a1);        //注册"成绩显示"消息
        infoBtn.addActionListener(a2);        //注册"统计功能"消息
        dispBtn.setBounds(10, 60, 150, 30);
        infoBtn.setBounds(10,110, 150, 30);
        add(dispBtn);                         //将"成绩显示"按钮添加到界面上
        add(infoBtn);                         //将"统计功能"按钮添加到界面上

        contentPane.setBounds(170, 10, 420, 380);
        contentPane.setBorder(BorderFactory.createEtchedBorder());
        add(contentPane);                     //将"内容面板"添加到界面上

        this.setSize(600,400);
        this.setResizable(false);
        this.setDefaultCloseOperation(JFrame.EXIT_ON_CLOSE);
        this.setVisible(true);
    }
}
```

init()是初始化信息方法，包括：启动读学生成绩文本文件，形成数据集合；主界面布局管理器设置为空，添加各子控件及相关按钮的消息注册。主要有四个子组件，分别是：班级下拉框，成绩显示、统计功能按钮，右侧内容面板。

"成绩显示、统计功能"按钮分别由内部匿名类对象 a1、a2 响应并完成。这里着重比较 actionPerformed()方法的不同：a1 中的 actionPerformed( )方法内容是固定的；a2 中的 actionPerformed()方法内容是可变的，随着访问者接口对象的不同而不同。

3. 统计功能具体访问者代码

由于是语文、数学、外语三门成绩，本示例统计<200、200~210、210~220、……、290~300各分数段的人数，具体代码如下所示。

```java
class StaVisitor implements IVisitor{
    public void visit(Banji obj, JPanel panel){
        String title[] = {"成绩区间","人数"};
        String d[][] = new String[11][2];
        d[0][0]="<200";
        for(int i=1; i<d.length; i++)
            d[i][0] = ""+(200+(i-1)*10) +"~"+ (200+(i*10));
        int num[] = new int[11];
        Vector<Student> v = obj.getV();
        for(int i=0; i<v.size(); i++){
            Student s = v.get(i);
            int total = s.chinese+s.math+s.english;
            if(total<200){ num[0]++; }
            else
                num[(total-200)/10 +1]++;
        }
        for(int i=0; i<num.length; i++){
            d[i][1] = ""+num[i];
        }

        panel.removeAll();
        panel.setLayout(new BorderLayout());
        JTable tab = new JTable(d, title);
        JScrollPane scr = new JScrollPane(tab);
        panel.add(scr);
        panel.updateUI();
    }
}
```

4. 一个简单的测试类

```java
public class Test7 {
    public static void main(String[] args) {
        new MyFrame().init("d:/stud.dat");
    }
}
```

5. 利用反射技术增强访问者调用功能

（1）定义访问者信息配置文件 info.xml（表 9-3）

表 9-3 info.xml 定义

```xml
<?xml version="1.0" encoding="UTF-8"?>
<!DOCTYPE properties SYSTEM "http://java.sun.com/dtd/properties.dtd">
<properties>
    <entry key="成绩分段统计">StaVisitor</entry>
</properties>
```

其中，键表明访问者功能；值表示具体访问者类。可以按此格式，增加多个访问者配置信息。

（2）解析配置文件

在 Grade 类中解析该配置文件，形成 map 键-值映射对：键表示访问者功能；值表示具体访问者类。

```java
class Grade{
    Map<String, String> xmlmap = new HashMap();
    public void readXMLFile(String strXMLFile){
        Properties p = new Properties();
```

```java
            try{
                p.loadFromXML(new FileInputStream(strXMLFile));    //装载配置文件
                Set s = p.keySet();
                Iterator<String> it = s.iterator();
                while(it.hasNext()){
                    String key = it.next();
                    xmlmap.put(key, p.getProperty(key));
                }
            }
            catch(Exception e){e.printStackTrace();}
        }
        //其余所有代码同上文【例 9-1】
}
```

（3）动态生成界面，利用反射技术调用具体访问者类

```java
class MyFrame extends JFrame{
    //其余所有定义同上文【例 9-1】
    ActionListener a2 = new ActionListener(){
        public void actionPerformed(ActionEvent e){
            try{
                String factor = (String)combo.getSelectedItem();
                Banji obj = (Banji)grade.map.get(factor);
                Vector<Student> v = obj.getV();
                String key = ((JButton)e.getSource()).getActionCommand();
                String className = grade.xmlmap.get(key);
                obj.statistics((IVisitor)(Class.forName(className).newInstance()),contentPane);
            }
            catch(Exception ee){ee.printStackTrace();}
        }
    };
    public void init(String strFile){
        grade.readXMLFile("d:/info.xml");       //读访问者信息配置文件
        int y = 110, yStep = 40;
        int size = grade.xmlmap.size();
        JButton infoBtn[] = new JButton[size];
        int pos = 0;
        Set ss = grade.xmlmap.keySet();         //获得配置文件的键集合
        Iterator<String> it = ss.iterator();
        while(it.hasNext()){
            String name = it.next();
            infoBtn[pos] = new JButton(name)    //对每一个键动态产生一个按钮
            infoBtn[pos].setBounds(10, y, 150, 30);
            infoBtn[pos].addActionListener(a2);  //加消息响应
            add(infoBtn[pos]); pos ++; y+=yStep;
        }
        //其余所有代码同上文【例 9-1】，但要把原代码中关于"统计功能"的界面代码去掉
    }
}
```

由于可以动态配置访问者信息文件，因此界面一定是动态生成的。本示例中是把配置文件中的键值显示在按钮上的，即若配置文件中有 N 个键值，就要动态产生 N 个按钮。当按某一个按钮时，就要动态调用相应的具体访问者类，完成相应功能的执行。

动态生成界面关键思路是：获取配置文件的键集合，根据该集合动态产生按钮集合，按钮上的

文本信息就是每个键的字符串值，而且每个按钮都对应相同的消息响应映射。

着重理解 actionPerformed()方法，它利用反射技术实现了具体访问者的动态调用。我们知道：若想利用反射技术，必须得知道反射的字符串类名。本示例是通过以下步骤获取待反射的类名的：①获取 JButton 按钮的命令字符串，该串即是配置文件的键值；②根据该字符串反查配置文件的 map 映射，获取对应的值，该值即是具体访问者的字符串类名。

【例 9-2】用户登录加密功能。

用户登录是 Web 程序中的重要功能，相关操作包括：用户注册、用户登录检查。常见这样的情况：初始时用户信息（例如用户名、密码）是透明的，但将来有可能对这些信息进行加密保存，那么如何预留加密接口呢？访问者模式是较好的实现方式之一。

假设仍以第 4 章生成器模式 login 表为基础，见表 4-1 说明。具体代码如下所示。

1. 访问者模式基本代码

```java
//定义抽象访问接口 IVisitor
public interface IVisitor {
    public void visit(User u);          //表明要对用户对象进行加密
}
//初始时默认具体加密访问者 EncryptVisitor
public class EncryptVisitor implements IVisitor {
    public void visit(User u) {
    }
}
```

visit()是空方法，表明没有对用户对象进行加密，说明初始时用户名、对象是透明的。

```java
//用户基础类 User
public class User {
    String user;
    String pwd;
    int type;
    public User(String user,String pwd, int type){
        this.user=user; this.pwd=pwd; this.type=type;
    }
    public User(String user, String pwd){
        this.user=user; this.pwd=pwd;
    }
    public void encrypt(IVisitor v){
        v.visit(this);
    }
}
```

encrypt()是用户对象加密方法。

2. 访问者模式功能调用代码

那么，访问者模式框架代码都加在哪些功能上呢？主要有三方面：①注册新用户要预留加密代码；②用户登录检查要预留加密代码；③整体用户信息修改要预留加密代码。这是由于初始时用户名、密码没有加密；当采用加密代码后，必须对数据库已有用户进行加密处理，因此主要编制了以下三个 servlet。

（1）注册新用户 servlet 类 Regist，url 为 regist。

```java
public class Regist extends HttpServlet {
    private static final long serialVersionUID = 1L;
```

```java
    public Regist() {}
    protected void service(HttpServletRequest req, HttpServletResponse rep)
            throws ServletException, IOException {
        String user = req.getParameter("user");
        String pwd = req.getParameter("pwd");
        String type = req.getParameter("type");

        IVisitor v = new EncryptVisitor();
        User u = new User(user, pwd,Integer.parseInt(type));
        u.encrypt(v);    //将用户对象 u 进行加密

        String result = "register success";
        try{
            String strSQL = "select * from login where user='" +u.user+ "'";
            DbProc dbobj = new DbProc();
            Connection conn = dbobj.connect();
            Statement stm = conn.createStatement();
            ResultSet rst = stm.executeQuery(strSQL);
            if(rst.next())
                result = "register failare";
            else{
                strSQL = "insert into login values('" +u.user+ "'," +
                        "'" +u.pwd+ "'," +u.type+ ")";
                stm.executeUpdate(strSQL);
            }
            rst.close(); stm.close(); conn.close();
        }
        catch(Exception e){e.printStackTrace();}
        rep.getWriter().print(result);
    }
}
```

加密接口方法体现在 u.encrypt(v)语句上。本示例为了简单没有编制注册输入页面，但也可方便验证该类的正确性，只需在 IE 地址栏上输入形如以下地址即可：http://IP:PORT/WEB 工程名/regist?user=1000&pwd=12&type=1。

（2）登录检查 servlet 类 Login, URL 为 login。

```java
public class Login extends HttpServlet {
    private static final long serialVersionUID = 1L;
public Login() {}
    protected void service(HttpServletRequest req, HttpServletResponse rep)
            throws ServletException, IOException {
        String user = req.getParameter("user");
        String pwd = req.getParameter("pwd");
        IVisitor v = new EncryptVisitor();
        User u = new User(user, pwd);
        u.encrypt(v);                //加密接口方法

        String result = "login success";
        try{
            String strSQL = "select * from login where user='" +u.user+ "'"+
                            " and pwd='" +u.pwd+ "'";
            DbProc dbobj = new DbProc();
            Connection conn = dbobj.connect();
            Statement stm = conn.createStatement();
```

```java
            ResultSet rst = stm.executeQuery(strSQL);
            if(!rst.next())
                result = "login failare";
            rst.close(); stm.close(); conn.close();
        }
        catch(Exception e){e.printStackTrace();}
        rep.getWriter().print(result);
    }
}
```

加密接口方法体现在 u.encrypt(v)语句上。本示例为了简单没有编制登录输入页面，但也可方便验证该类的正确性，只需在 IE 地址栏上输入形如以下地址即可：http://IP:PORT/WEB 工程名/login?user=1000&pwd=12。

（3）全部用户信息加密处理 servlet 类 ChangeAllUser, URL 为 changealluser。

```java
public class ChangeAllUser extends HttpServlet {
    private static final long serialVersionUID = 1L;
    public ChangeAllUser() {}
    protected void service(HttpServletRequest request, HttpServletResponse response)
    throws ServletException, IOException {
        try{
            IVisitor v = new EncryptVisitor();
            DbProc dbobj = new DbProc();
            Connection conn = dbobj.connect();
            Statement stm = conn.createStatement();
            ResultSet rst = stm.executeQuery("select * from login");
            Vector vec = new Vector();
            while(rst.next()){
                User u=new User(rst.getString("user"),rst.getString("pwd"),
                         rst.getInt("type"));
                vec.add(u);
            }
            rst.close();
            stm.executeUpdate("delete from login");
            for(int i=0; i<vec.size(); i++){
                User u = (User)vec.get(i);
                u.encrypt(v);                    //加密用户接口方法
                String strSQL = "insert into login values('"+u.user+"',"+
                     "'"+u.pwd+"'," +u.type+ ")";
                stm.executeUpdate(strSQL);
            }
            stm.close(); conn.close();
        }
        catch(Exception e){e.printStackTrace();}
    }
}
```

由于是对已有全部用户进行加密处理，因此必须首先查询 login 表，形成用户信息 Vector 向量集合 vec；然后删除 login 表所有记录；最后再遍历 vec 向量，对每个用户对象 u，利用 u.encrypt(v)进行加密。本示例为了简单没有编制启动页面，但也可方便验证该类的正确性，只需在 IE 地址栏上输入形如以下地址即可：http://IP:PORT/WEB 工程名/changealluser。

3. 加密具体访问者类 EncryptVisitor

```java
public class EncryptVisitor implements IVisitor {
    private String encode(String str) {
```

```java
        String result = null;
    try{
            MessageDigest md = MessageDigest.getInstance("MD5");
            md.update(str.getBytes());
            byte buf[] = md.digest();
            result = byteToString(buf);
        }
        catch (NoSuchAlgorithmException e) {}
    return result;
    }
    private String byteToString(byte[] aa) {
        String hash = "";
        for (int i = 0; i < aa.length; i++) {
            int temp;
            temp=aa[i]<0?aa[i]+256:aa[i];
            if (temp < 16)
                hash += "0";
            hash += Integer.toString(temp, 16);
        }
        hash = hash.toUpperCase();
        return hash;
    }
    public void visit(User u) {
        u.user = encode(u.user);u.pwd = encode(u.pwd);      //对用户名、密码进行加密
    }
}
```

本示例采用了 MD5 加密算法，MD5 全称为 Message-digest Algorithm5（信息摘要算法），是一种不可逆的加密算法，它主要应用于确保信息传输的完整一致性与系统登录认证这两个方面。JDK 中可直接应用 java.security.MessageDigest 类直接对字符串进行 MD5 加密，结果是一个 128 字节缓冲区 buf，这一具体过程见示例中 encode()方法。byteToString()方法是将 buf 字节缓冲区以每 4 字节为单位，依次转化为十六进制大写字符。由于字节缓冲区大小是 128 字节，因此最后的加密结果字符串长度为 128/4=32。

模式实践练习

1. 在 9.2 节 Triangle 类的基础上，利用访问者模式编制求三角形外接圆半径的功能类和测试类。
2. 利用访问者模式，为字符串操作预留加密功能（加密算法可自己定制），编制相应的功能类和测试类。

10 中介者模式

　　中介者模式是指用一个中介对象来封装一系列的对象交互。中介者使各对象不需要显式地相互引用，从而使其耦合松散，而且可以独立地改变它们之间的交互。适合中介者模式的情景如下：许多对象以复杂的方式交互，所导致的依赖关系使系统难以维护；一个对象引用其他很多对象，导致难以复用该对象。

10.1 问题的提出

生活中有各种各样的中介机构,这些中介机构给我们的生活带来了诸多便利。例如:房屋中介机构,可以方便租房和卖房;旅游中介机构既方便了节假日的旅游出行,又节省了旅游费用;留学中介机构便于我们及时获取国外高校信息,明确留学手续、步骤等。同样,在计算机程序设计中也应有类似的"中介"机构,这就是要讲到的中介者模式。

10.2 中介者模式

中介者模式是指用一个中介对象来封装一些列的对象交互,中介者使得各对象不需要显式地相互引用,从而使其耦合松散,而且可以独立地改变它们之间的交互。中介者模式解决问题的思路很简单,就是通过引入一个中介对象,让其他对象只与中介对象交互,而中介对象知道如何和其他所有对象的交互,这样对象之间的交互关系就没有了,从而实现了对象之间的解耦。为了更好地说明中介者作用,用图 10-1 描述了引入中介对象前后的对象关系对比图。

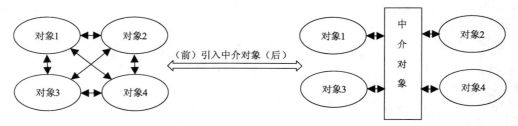

图 10-1　引入中介前后的对象关系对比图

从图中可看出:引入中介对象前,每个对象都可能与其他对象发生关系,如对象 1 与对象 2、对象 3、对象 4 都可能发生关系,而随着对象的增加,图 10-1 左半部分将变成异常复杂的图结构;引入中介对象后,每个对象都仅与中介对象进行通信,随着对象的增加亦是如此,通信结构不变。

让我们通过一个具体实例,加深理解中介者设计模式。仍以房屋中介功能为例,实现的功能是:①租房者发布租房信息至房屋中介,房屋中介将收到的信息发布给所有出租房屋者;②出租房屋者发布信息至房屋中介,房屋中介将收到的信息发布给所有租房者。编制的功能类如下所示。

(1) Renter.java:租房者

```java
public class Renter {
    String NO;
    String name;
    Mediator me;
    Renter(String N,String na,Mediator me){
        NO=N;name=na;
        this.me = me;
    }
    public String getNO() {
        return NO;
    }
    public String getName() {
        return name;
```

```
    void receive(String msg){
        System.out.println(NO+"\t"+name+"receive:");
        System.out.println("\t" +msg);
    }
    void send(String msg){
        me.send(this, msg);
    }
}
```

成员变量 NO、Name 代表求租者账号、姓名。由于求租者要与中介者通信，因此成员变量包含了中介者 Mediator 类对象的引用 me。receive()方法用于求租者接收来自中介者的信息；send()方法用于求租者向中介者发信息。

（2）Saler.java：出租者类
```
public class Saler {
    String NO;
    String name;
    Mediator me;
    Saler(String N,String na,Mediator me){
        NO=N;name=na;
        this.me = me;
    }
    public String getNO() {
        return NO;
    }
    public String getName() {
        return name;
    }
    void receive(String msg){
        System.out.println(NO+"\t"+name+"receive:");
        System.out.println("\t" +msg);
    }
    void send(String msg){
        me.send(this, msg);
    }
}
```

成员变量 NO、Name 代表出租者账号、姓名。由于出租者要与中介者通信，因此成员变量包含了中介者 Mediator 类对象的引用 me。receive()方法用于出租者接收来自中介者的信息；send()方法用于出租者向中介者发信息。

（3）Mediator.java：房屋中介者类
```
import java.util.*;
public class Mediator {
    Map<String,Renter> m = new HashMap();
    Map<String,Saler>  m2= new HashMap();
    void addRenter(Renter r){
        m.put(r.getNO(), r);
    }
    void addSaler(Saler s){
        m2.put(s.getNO(), s);
    }
    void send(Renter r, String msg){
        System.out.println("come from renter-"+r.getNO()+"-"+r.getName());
        System.out.println("\t" + msg);
```

```java
            Set<String> se = m2.keySet();
            Iterator<String> it = se.iterator();
            while(it.hasNext()){
                String key = it.next();
                Saler sa = m2.get(key);
                sa.receive(r.getNO()+"-"+r.getName()+"-"+msg);
            }
        }
        void send(Saler s, String msg){
            System.out.println("come from saler-"+s.getNO()+"-"+s.getName());
            System.out.println("\t" + msg);
            
            Set<String> se = m.keySet();
            Iterator<String> it = se.iterator();
            while(it.hasNext()){
                String key = it.next();
                Renter r = m.get(key);
                r.receive(s.getNO()+"-"+s.getName()+"-"+msg);
            }
        }
    }
```

这是中介者模式的核心类。由于中介者必须知道所有求租者和出租者的信息，因此定义了求租者集合 Map<String,Renter>成员变量 m 以及出租者集合 Map<String,Renter>成员变量 m2。addRenter()方法用于向集合 m 添加新的求租者对象；addSaler()方法用于向集合 m2 添加新的出租者对象。send(Renter r, String msg)方法用于接收求租者发送的信息，并向所有出租者广播；send(Saler s, String msg)方法用于接收出租者发送的信息，并向所有求租者广播。当然本类功能还比较单薄，读者可自行完善。

（4）Test.java：测试类

```java
public class Test {
    public static void main(String[] args) {
        Mediator me = new Mediator();                    //定义中介者对象
        Renter r = new Renter("1000","li", me);          //定义 1 个求租者对象
        Saler  s = new Saler("2000","sun",me);           //定义 2 个出租者对象
        Saler  s2 = new Saler("2001","sun2",me);
        me.addRenter(r);                                 //中介添加 1 个求租者对象
        me.addSaler(s); me.addSaler(s2);                 //中介添加 2 个出租者对象
        r.send("I want to rent a house");                //求租者向中介者发信息
        s.send("I want to sale a house");                //出租者向中介者发信息
    }
}
```

有了上述求租者、出租者、房屋中介者示例，我们可以得出中介者模式更普遍的抽象类图，如图 10-2 所示。

中介者模式抽象类图各个角色具体描述如下所示。

- IMediator：抽象中介者，它是一个接口，该接口定义了用于同事（Colleague）对象之间进行通信的方法。
- ConcreteMediator：具体中介者，从抽象中介者继承而来，实现抽象中介者中定义的事件方法。从一个同事类接收消息，然后通过消息影响其他同事类。

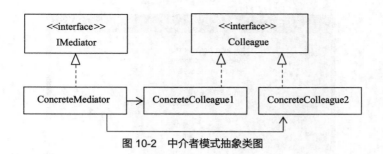

图 10-2　中介者模式抽象类图

- Colleague：抽象同事接口，规定了具体同事需要实现的方法。
- ConcreteColleague：具体同事类，如果一个对象会影响其他的对象，同时也会被其他对象影响，那么这两个对象称为同事类。在实际应用中，同事类一般由多个对象组成，他们之间相互影响，相互依赖。同事类越多，关系越复杂。

将图 10-2 中介者抽象类图与上文房屋中介示例联系起来可得：Renter、Saler 是两个具体同事者类；Mediator 是具体中介者类。由于缺少抽象中介者、抽象同事接口的定义，请读者自行将它们完善。

10.3　应用示例

【例 10-1】图形用户界面消息处理简易仿真。

在 Java 图形用户界面中，对于用户的鼠标、键盘等操作发生反应，就必须进行事件处理。这些鼠标、键盘等被称为事件源，其操作被称为事件。对这些事件作出响应的程序，被称为事件处理器。其工作原理如图 10-3 所示。

图 10-3　事件处理机制原理简图

可以看出：事件源与对应的响应函数由事件监听器割裂开来，只有注册的事件源，才有可能进行函数响应，如事件源 1、事件源 2，否则无函数响应，如事件源 3。事件监听器是 Java 消息处理机制的核心，由 Java 系统完成。很明显，事件监听器类似中介者对象，负责所有消息的注册与响应。

本示例旨在编制一个与图 10-3 相仿的最简单的事件监听器，其关键思路有两点：①要定义一个消息队列缓冲区 queue，将待添加的消息添加到该缓冲区队列中；②基于图形用户界面消息响应的异步性，事件监听器一定是线程运行的，不断地轮询消息队列 queue，取出头信息，进行消息响应，之后删除队列头元素。

本示例图形用户界面运行结果如图 10-4 所示。

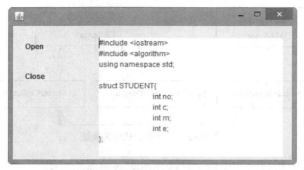

图 10-4 本示例图形用户界面

本示例完成的功能有两点：①当光标单击"Open"区域时，弹出文件选择对话框，选中某文本文件后，将其内容显示在界面上；②当光标单击"Close"区域时，对话框关闭，应用程序结束。

为了完成上述功能，编制的相应接口及类代码如下所示。

（1）IProcess.java：事件响应抽象处理接口。

```java
package two;
public interface IProcess {
    void process();
}
```

该接口含义是：所有消息响应都是由 process()方法完成的。

（2）MyEvent.java：自定义事件类。

```java
package two;
public class MyEvent {
    Object src;
    IProcess obj;
    public Object getSrc() {return src;}
    public void setSrc(Object src) {this.src = src;}
    public IProcess getObj() {return obj;}
    public void setObj(IProcess obj) {this.obj = obj;}
}
```

成员变量 src 代表事件源对象；成员变量 obj 代表具体消息处理类对象的引用。

（3）MsgThread.java：事件监听器线程处理类。

```java
package two;
import java.util.*;
public class MsgThread extends Thread {
    public static Queue<MyEvent>qu = new LinkedList();
    public static void register(MyEvent e){
        qu.offer(e);
    }
    public void run() {
        while(true){
            if(!qu.isEmpty()){
                MyEvent me = qu.poll();
                IProcess p = me.getObj();
                p.process();
            }
        }
    }
}
```

该类包含了自定义事件队列 Queue<MyEvent>成员变量 qu,register()完成了 MyEvent 事件的注册,run()方法内是一个无限循环结构,不断的遍历 qu,取出队头元素,回调事件处理方法。

(4) MyFrame.java:该类包含内容稍多,包含:界面生成、自定义消息注册及响应等。为了讲解方便,先列出主框架,再一一说明。

```java
package two;
import java.awt.*;
import javax.swing.*;
import java.awt.event.*;
import java.io.*;
public class MyFrame extends JFrame {
MyPanel pa = new MyPanel();
    class MyPanel extends JPanel{
    class OpenProcess implements IProcess
    {/*针对"open"区域消息响应代码*/}
    class ExitProcess implements IProcess
    {/*针对"open"区域消息响应代码*/}
    OpenProcess op = new OpenProcess();
    ExitProcess ep = new ExitProcess();
    JLabel lab = new JLabel("Open");
    JLabel lab2 = new JLabel("Close");
    JTextArea ta = new JTextArea();
    MyPanel()
      {/*形成界面*/}
    }
   MyFrame()
   {/*形成主界面*/}
}
```

MyFrame 是主界面类,包含一个内部类 MyPanel。MyPanel 是 JPanel 的派生类,内部包含两个内部类:OpenProcess 和 ExitProcess。OpenProcess 类完成对主界面"open"区域鼠标事件响应处理;ExitProcess 类完成对主界面"Close"区域鼠标事件响应处理。将 OpenProcess、ExitProcess 类作为 MyPanel 的内部类,主要原因是 OpenProcess、ExitProcess 类可共享 MyPanel 所有信息,方便它们之间的通信。

下面将关键点一一加以描述。

```java
//MyPanel.java:核心面板类
    class MyPanel extends JPanel{
        OpenProcess op = new OpenProcess();
        ExitProcess ep = new ExitProcess();
        JLabel lab = new JLabel("Open");
        JLabel lab2 = new JLabel("Close");
        JTextArea ta = new JTextArea();
        class OpenProcess implements IProcess{
            public void process() {
                JFileChooser fi = new JFileChooser();
                fi.showOpenDialog(null);
                File f = fi.getSelectedFile();
                byte buf[] = new byte[(int)f.length()];
                try{
                    FileInputStream in = new FileInputStream(f);
                    in.read(buf);
```

```java
                    String str = new String(buf);
                    ta.setText(str);
                }catch(Exception e){}
            }
        }
        class ExitProcess implements IProcess{
            public void process() {System.exit(0);}
        }
        MyPanel(){
            setLayout(null);
            add(lab); add(lab2);
            add(ta);
            lab.setBounds(20,20,100,30);
            lab2.setBounds(20,70,100,30);
            ta.setBounds(140,20,300,200);
            this.addMouseListener(new MouseAdapter(){
                public void mouseClicked(MouseEvent e) {
                    int x = e.getX();
                    int y = e.getY();
                    Rectangle r = lab.getBounds();
                    if(x>r.x&&x<r.x+r.width&&y>r.y&&y<r.y+r.height){
                        MyEvent me = new MyEvent();
                        me.src = lab;
                        me.obj = op;
                        MsgThread.offer(me);       //完成自定义消息注册
                    }
                    r = lab2.getBounds();
                    if(x>r.x&&x<r.x+r.width&&y>r.y&&y<r.y+r.height){
                        MyEvent me = new MyEvent();
                        me.src = lab2;
                        me.obj = ep;
                        MsgThread.offer(me);       //完成自定义消息注册
                    }
                }
            });
        }
    }
```

从代码中看出，自定义消息注册也是借助 JDK 自身的消息机制完成的，我们为 MyPanel 面板增加了鼠标响应 JDK 注册事件，代码见 MyPanel 类构造方法，关键代码行如下所示。

`this.addMouseListener(new MouseAdapter(){……});`

也许有读者问，为什么 "open、close" 区域用 JLabel 对象，而不用更形象的 JButton 对象？这是因为若是 JButton 对象，当你点击 JButton 对象按钮时，匿名类重写的 mouseClicked()方法不响应，而对 JLabel 对象来说，mouseClicked()方法是响应的。

（5）MyFrame.java：主界面类。

```java
public class MyFrame extends JFrame {
    MyPanel pa = new MyPanel();
    class MyPanel extends JPanel{/*代码见上文 MyPanel 类，略*/}
    MyFrame(){
        this.add(BorderLayout.CENTER,pa);
        this.setDefaultCloseOperation(JFrame.EXIT_ON_CLOSE);
        setSize(500,500);
        setVisible(true);
```

}
}
（6）Test.java：简单的测试类。
```java
package two;
public class Test {
    public static void main(String args[]){
        new MyFrame();
        MsgThread th = new MsgThread();
        th.start();
    }
}
```
该类比较简单，main()方法在启动主操作界面的同时，还启动了自定义事件监听器线程的运行。

【例 10-2】 利用 Socket 实现客户信息广播问题。

分析：实际情况常常是利用服务器程序做中转站，即中介者对象。最终实现客户机-客户机间的通信。若需要把某客户机发送的消息发送给所有客户机，那么该如何实现呢？第一，服务器端程序必须知道有多少客户与服务器相连接，因此 MyServer 类中应该有一个集合类对象，它是所有 Socket 对象连接的集合；第二，服务器接收消息在线程类 ClientRunnable 中，当接收消息完毕后，它必须把该消息反馈给 MyServer 对象中的某方法，由该方法给所有客户转发消息，这是因为 MyServer 对象知道所有连接客户信息的缘故；第三，由于客户机有发送、接收功能，因此也要采用多线程结构。代码如下所示。

（1）服务器端接收线程类：ClientRunnable。
```java
class ClientRunnable implements Runnable{
    Socket s;                                    //服务器端与客户机连接的 Socket 对象
    MyServer server;                             //服务器端主控类，用以实现方法回调
    public ClientRunnable(Socket s,MyServer server){
        this.s = s; this.server = server;
    }
    public void run() {
        byte buf[] = newbyte[80];
        int size ;
        try{
            InputStream in = s.getInputStream();  //获得服务器端输入流
            while(true){
                size = in.read(buf);              //读入接收缓冲区
                server.send(buf, size);           //回调给主控类中方法，完成消息广播
            }
        }
        catch(Exception e){}
    }
}
```
（2）服务器端主控类:MyServer。
```java
public class MyServer {
    Vector<Socket> v = new Vector();             //定义连接 Socket 对象集合
    public void init()throws Exception{
        ServerSocket ss = new ServerSocket(4000);
        while(true){
            Socket s = ss.accept();              //常规线程进行侦听
            v.add(s);
```

```java
                ClientRunnable c = new ClientRunnable(s, this);
                Thread t = new Thread(c);
                t.start();                              //服务器接收多线程启动
            }
        }
        public void send(byte buf[], int size){
            OutputStream out = null;
            try{
                for(int i=0; i<v.size(); i++){          //遍历所有连接,依次广播消息
                    Socket s = v.elementAt(i);
                    out = s.getOutputStream();
                    out.write(buf, 0, size);
                }
            }
            catch(Exception e){}
        }
        public static void main(String []args)throws Exception{
            new MyServer().init();
        }
    }
```

（3）客户器端接收线程类:Rvr_ClientRunnable。

```java
class Rvr_ClientRunnable implements Runnable{
    Socket s;
    public Rvr_ClientRunnable(Socket s){
        this.s = s;
    }
    public void run() {
        try{
            InputStream in = s.getInputStream();    //获得服务器端输入流
            char ch = 0;
            while(true){
                while((ch=(char)in.read())!=-1){    //按字节读服务器传来的字节流数据
                    System.out.print(ch);           //显示在客户端屏幕上
                }
            }
        }
        catch(Exception e){}
    }
}
```

（4）客户端主控类:MyClient。

```java
public class MyClient {
    public static void main(String[] args) throws Exception{
        Socket c = new Socket("localhost",4000);
        Rvr_ClientRunnable run = new Rvr_ClientRunnable(c);
        Thread t = new Thread(run);
        t.start();

        OutputStream out = c.getOutputStream();
        Scanner scan = new Scanner(System.in);
        String str = scan.nextLine();
        while(str.equals("bye")!=true){
            out.write(str.getBytes());
```

```
            str = scan.nextLine();
        }
    }
}
```

模式实践练习

1. 严格按照图 10-2 中介者模式抽象类图,重新编制求租者、出租者、房屋中介简易功能。
2. 利用 Socket 接口及中介者模式,编制多用户网络聊天程序。

11 备忘录模式

备忘录模式指在不破坏封装性的前提下，捕获一个对象的内部状态，并在该对象之外保存这个状态，这样以后就可将该对象恢复到原先保存的状态。适合备忘录模式的情景如下：必须保存某对象在某一时刻的部分或全部状态信息，以便对象恢复到该时刻的运行状态；一个对象不想通过提供 public 权限的方法让其他对象得到自己的内部状态。

11.1 问题的提出

生活中经常遇到这样的现象：很多读者都有打游戏的经历，游戏有很多关，你不可能一次打到通关状态。当你累了的时候，就将保存游戏当前状态，以便在下一次重新打游戏的时候，只需恢复上一次保存的游戏状态，继续打游戏即可；再如，某些下载软件都支持断点续传功能，当下载文件由于死机等原因文件并没有下载完毕，当再次重新下载时，勿需完全重新下载，只需在断点位置继续下载即可；又如，我们做工程研究的时候，必须对关键实验点的实验条件、材料、器材等进行详细的记录，以备实验结果能再现或者以此关键点为基础，进行下一关键点的研究。总之，这些都说明"保存重要数据-恢复运行"是生活中的常见现象，在计算机程序设计中也值得我们认真借鉴。

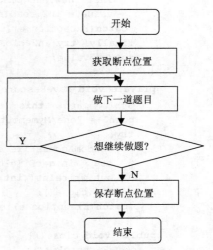

图 11-1　学生答题功能流程图

考虑这样一个应用：某文本文件中保存了若干小学加法题，一行一道题目，允许学生答若干题目后停止答题，当再次答题时可从断点处继续答题。该功能的流程图如图 11-1 所示。

读者要着重理解一个关键点：当初次答题时是不存在断点的，只有第 2 次后才会有断点，但在图 11-1 学生答题流程中，将初次答题时也看作有断点，只不过断点的位置是 0 罢了，这样就不分初次和之后的每次答题，可以进行统一处理了，所编制的相关代码如下所示。

（1）ReadTopic.java：保活获得题目及断点处理。

```java
package one;
import java.io.*;
public class ReadTopic {
    private long pos;                         //断点位置
    RandomAccessFile in;                      //文件对象
    public ReadTopic(){
        pos = getRestorePos();                //获得断点位置
        
        String path = this.getClass().getResource("/").getPath();
        path += "one/MyTopic.txt";
        try{
            in = new RandomAccessFile(path,"rw");
            in.seek(pos);                     //根据断点位置，定位文件游标
            
        }catch(Exception e){e.printStackTrace();}
    }
    public String getNextTopic(){             //获得一道题目
        String s = null;
        try{
            s = in.readLine();
        }catch(Exception e){e.printStackTrace();}
        return s;
    }
    private long getRestorePos(){             //获得断点位置方法
```

141

```java
        long value = 0;
        String path = this.getClass().getResource("/").getPath();
        path += "one/Mymemo.txt";
        RandomAccessFile in2=null;
        try{
            in2 = new RandomAccessFile(path,"rw");
            value = in2.readInt();
        }catch(Exception e){pos = 0;}
        finally{ try{in2.close();}catch(Exception e){e.printStackTrace();}}
        return value;
    }
    private void saveRestorePos(){                  //保存断点位置方法
        String path = this.getClass().getResource("/").getPath();
        path += "one/Mymemo.txt";
        try{
            RandomAccessFile out = new RandomAccessFile(path,"rw");
            pos = in.getFilePointer();
            out.writeInt((int)pos);
            out.close();
        }catch(Exception e){e.printStackTrace();}
    }
    public void close(){
        saveRestorePos();
        try{
            in.close();
        }catch(Exception e){e.printStackTrace();}
    }
}
```

断点位置保存在文件 Mymeme.txt 中。当调用 ReadTopic 类构造方法时候，首先读取 Mymeme.txt 文件，获取断点 pos 位置，然后打开题目文件 MyTopic.txt，最后将文件指针定位在 pos 位置处；当调用 ReadTopic 类 close()方法的时候，表明想停止做题了，则完成两部分功能：一是将断点位置保存到 Mymeme.txt 文件中，二是关闭题目文件 MyTopic.txt。

（2）Test.java：一个简单的测试类。

```java
public class Test {
    public static void main(String[] args) {
        String strMark = "";
        Scanner sc = new Scanner(System.in);
        ReadTopic obj = new ReadTopic();            //开始准备做题，已切换到断点处
        do{
            String strTopic = obj.getNextTopic();   //读取下一题
            System.out.print(strTopic);             //打印在屏幕上
            sc.nextInt();                           //仿真输入结果
            sc.nextLine();                          //清空键盘缓冲区
            System.out.println("if continue, press'y'");
            strMark = sc.nextLine();                //继续做题吗?'y'则继续，否则退出
        }while(strMark.equals("y"));

        obj.close();                                //保存断点并关闭题目文件
    }
}
```

本示例实现了"断点保存-恢复现场-继续答题"功能，但 ReadTopic 类里包含了太多的内容，层

次不甚清晰。如何将 ReadTopic 类加以分解划分，使之更合理，满足不断变化的需求分析的需要呢？备忘录设计模式给我们提供了一个很好的划分策略。

11.2 备忘录设计模式

在应用软件的开发过程中，有时我们有必要记录一个对象的内部状态。为了允许用户取消不确定的操作或从错误中恢复过来，需要实现备份点和撤销机制，而要实现这些机制，我们必须事先将状态信息保存在某处，这样状态才能将对象恢复到它们原先的状态，但是对象通常封装了其部分或所有的状态信息，使得其状态不能被其他对象访问，也就不可能在该对象之外保存其状态，而暴露其内部状态又将违反封装的原则，可能有损系统的可靠性和可扩展性。备忘录模式是在不破坏封装的前提下，捕获一个对象的内部状态，并在该对象之外保存这个状态，这样就可在以后将对象恢复到原先保存的状态。

备忘录设计模式包含三种角色，如下所示。
- Memento：备忘录，负责存储原发者状态的对象。
- Caretaker：负责人，负责管理保存备忘录的对象。
- Originator：原发者，负责创建一个备忘录来记录当前对象的内部状态，并可使用备忘录恢复内部状态。

备忘录设计模式类图如图 11-2 所示。

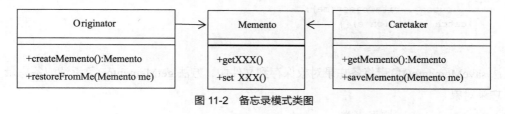

图 11-2　备忘录模式类图

利用备忘录模式修改 11.1 节示例后的代码如下所示。

（1）Memento.java：备忘录类。
```
package two;
import java.io.Serializable;
public class Memento implements Serializable {
    private int pos;
    public int getPos() {
        return pos;
    }
    public void setPos(int pos) {
        this.pos = pos;
    }
}
```
备忘录类一般将要保存的原发者属性定义为成员变量，并定义相应的 setor-getor 方法。由于本例中将备忘录按对象形式保存在文件中，因此该类必须实现 Serializable 接口。

（2）Caretaker.java：备忘录管理类。
```
package two;
import java.io.*;
```

```java
public class Caretaker {
    File file;
    String strPath;
    Caretaker(){
        strPath=this.getClass().getResource("/").getPath();
        file = new File(strPath+"two/Mymeme.txt");
    }
    public Memento getMemento(){
        Memento me = new Memento();
        if(file.exists()){
            try{
                FileInputStream in = new FileInputStream
                    (strPath+"two/Mymeme.txt");
                ObjectInputStream in2 = new ObjectInputStream(in);
                me = (Memento)in2.readObject();
                in2.close();
                in.close();
            }catch(Exception e){}
        }
        return me;
    }

    public void saveMemento(Memento me){
        try{
            FileOutputStream out = new FileOutputStream
                (strPath+"two/Mymeme.txt");
            ObjectOutputStream outobj = new ObjectOutputStream(out);
            outobj.writeObject(me);
        }catch(Exception e){}
    }
}
```

方法 saveMemento() 负责将备忘录对象保存到文件中；方法 getMemento() 负责读取备忘录文件并恢复备忘录对象。

（3）ReadTopic.java：原发者类。

```java
package two;
import java.io.*;
public class ReadTopic {
    private long pos;
    private String strPath;
    private RandomAccessFile in;
    public ReadTopic(){
        strPath = this.getClass().getResource("/").getPath();
        try{
            in = new RandomAccessFile(strPath+"two/MyTopic.txt","rw");
        }catch(Exception e){}
    }
    public void restoreFromMe(Memento me){
        pos = me.getPos();
        try{
            in.seek(pos);
        }catch(Exception e){}
    }
    public Memento createMemento(){
        try{
            pos = in.getFilePointer();
```

```java
            }catch(Exception e){}
            Memento me = new Memento();
            me.setPos((int)pos);
            return me;
        }
        public String getNextTopic(){
            String s=null;
            try{
                s = in.readLine();
            }catch(Exception e){}
            return s;
        }
        public void close(){
            try{
                in.close();
            }catch(Exception e){}
        }
    }
```

构造方法 ReadTopic()负责打开题目文件；方法 restoreFromMe()负责根据备忘录对象获得上次答题的断点位置，并将文件指针定位在该断点处；方法 createMemento()负责将当前答题位置封装成备忘录对象，以备保存；方法 getNextTopic()负责获取当前答题题目；方法 close()的功能是关闭答题文件，停止答题。

（4）Test.java：一个简单的测试类。

```java
package two;
import java.util.*;
public class Test {
    public static void main(String[] args) {
        ReadTopic rd = new ReadTopic();             //创建原发者对象
        Memento   me = new Memento();               //创建备忘录对象
        Caretaker ct = new Caretaker();             //创建负责人对象
        Scanner   sc = new Scanner(System.in);
        System.out.println("从断点处计算吗? ");
        String strMark = sc.nextLine();
        if(strMark.equals("y")){                    //若从断点处计算
            me = ct.getMemento();                   //则获得备忘录对象
            rd.restoreFromMe(me);                   //恢复原发者状态
        }
        do{
            String strTopic=rd.getNextTopic();      //做题目
            System.out.print(strTopic);
            sc.nextInt();                           //仿真输入计算结果
            System.out.println("继续做题吗?");
            strMark = sc.nextLine();                //清空键盘缓冲区
            strMark = sc.nextLine();                //等待输入"继续"标志
        }while(strMark.equals("y"));
        me = rd.createMemento();                    //创建备忘录对象
        rd.close();                                 //关闭题目文件
        ct.saveMemento(me);                         //保存备忘录对象
    }
}
```

11.3 应用示例

【例 11-1】小球在长方形盒子中自由反弹运动。

该例是一个游戏程序，其界面如图 11-3 所示。

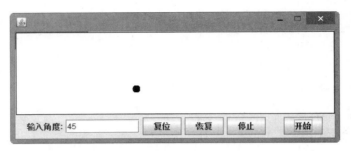

图 11-3 小球运动图

该例功能是当小球遇到长方形边界时，遵循入射角等于反射角的规律会自由反弹。实现的具体操作包括：①输入发射角度。若按"复位"按钮，则将小球定位在长方形下边界的中心位置，若按"开始"按钮，则小球连续运动，若按"停止"按钮，则小球停止运动；②当再次启动程序时，需要小球从上次停止的位置起继续运动。若按"恢复"按钮，则小球显示在上次游戏结束时的停止位置，若按"开始"按钮，则小球继续运动。

很明显，实现上述功能要利用备忘录模式。当按"停止"按钮时，必须将小球的运动状态信息保存到备忘录；当按"恢复"按钮时，必须从备忘录提取小球之前的状态信息。所需编制的代码如下所示。

（1）Memento.java：备忘录基本信息类。

```java
package four;
import java.io.Serializable;
public class Memento implements Serializable {
    int x,y;              //小球坐标
    int angle;            //发射角度
    int xStep;            //水平前进步长
    int yStep;            //垂直前进步长
    public Memento(int x, int y,int a,int xs,int ys){
        this.x = x; this.y = y;
        angle = a;
        xStep=xs; yStep=ys;
    }
    public int getX() {return x;}
    public int getY() {return y;}
    public int getAngle() {return angle;}
    public int getxStep() {return xStep;}
    public int getyStep() {return yStep;}
    public void setX(int x) {this.x = x;}
    public void setY(int y) {this.y = y;}
    public void setAngle(int angle) {this.angle = angle;}
    public void setxStep(int xStep) {this.xStep = xStep;}
    public void setyStep(int yStep) {this.yStep = yStep;}
}
```

该备忘录信息表明要保存的小球运动状态信息包括：小球坐标（x,y）、发射角度 angle、水平前

进步长 xStep，以及垂直前进步长 yStep。步长值信息是很重要的，可推知小球下一时刻的坐标是 (x+xStep，y+yStep)。

（2）Caretaker.java：负责人类，即备忘录信息管理类。

```java
package four;
import java.io.*;
public class Caretaker {
    File file;
    String strPath;
    Caretaker(){
        strPath=this.getClass().getResource("/").getPath();
        file = new File(strPath+"four/Mymeme.txt");
    }
    public Memento getMemento(){
        Memento me = null;
        if(file.exists()){
            try{
                    FileInputStream in = new FileInputStream
                        (strPath+"four/Mymeme.txt");
                ObjectInputStream in2 = new ObjectInputStream(in);
                me = (Memento)in2.readObject();
                in2.close();
                in.close();
            }catch(Exception e){}
        }
        return me;
    }
    public void saveMemento(Memento me){
        try{
            FileOutputStream out = new FileOutputStream
                (strPath+"four/Mymeme.txt");
            ObjectOutputStream outobj = new ObjectOutputStream(out);
            outobj.writeObject(me);
            outobj.close();
            out.close();
        }catch(Exception e){}
    }
}
```

可以看出：该类与 11.2 节中编制的 Caretaker 类几乎是一致的。总之，可以得出以下结论：对任何功能的备忘录设计模式而言，备忘录类与负责人类的代码是非常相似的，只有原发者类的功能较复杂。

（3）MyFrame.java：原发者类。

该类包括：图形用户界面生成、消息响应处理、备忘录对象的保存与获取等功能。本类代码较长，故采取"框架+具体"方式加以描述。

该类的"框架"代码如下所示。

```java
package four;
import java.awt.*;
import java.awt.event.*;
import javax.swing.*;
public class MyFrame extends JFrame {
    JTextField tf = new JTextField(10);
    MyPanel mp = new MyPanel();
```

```java
        int xShift=1;
        int yShift=1;
        int x=-100,y,r=6;
        int angle;
        int xStep,yStep;
        boolean flag = false;
        private void initPara(){                    /*初始化参数*/}
        private class MyPanel extends JPanel{
            private void initPaint(Graphics g){     /*清空绘画面板*/}
            private void clearLastBall(Graphics g){
                /*清空上一次球位置,并计算下一次球位置*/
            }
            private void drawBall(Graphics g){      /*画小球*/}
            public void paint(Graphics g) {         /*绘制动态运动小球*/}
        }
        private class ResetAction implements ActionListener
        {/*"复位"按钮响应*/}
        private class RestoreAction implements ActionListener
        {/*"恢复"按钮响应*/}
        private class StopAction implements ActionListener
        {/*"停止"按钮响应*/}
        private class BeginAction implements ActionListener
        {/*"开始"按钮响应*/}
        public MyFrame(){/*界面生成+添加消息映射*/}
    }
```

MyFrame 类是界面类，内部类 MyPanel 是绘图面板类，内部类 ResetAction、RestorAction、StopAction、BeginAction 是 "复位、恢复、停止、开始" 四个按钮的消息响应类。采用内部类的好处是可共享 MyFrame 类定义的所有内容，方便类与类之间的通信。

成员变量 tf 是 JTextField 对象，用于输入发射角度；mp 是 MyPanel 对象，绘制小球运动功能是在该类中完成的；成员变量 xShift,yShift 用于定义长方形的左上角坐标,本例中直接初始化为(1,1)。若定义为(0,0)，则画出的长方形边界不清晰；成员变量 x,y 用于定义小球正方形边界的左上角坐标；成员变量 r 是小球半径，本例直接固定为 6；成员变量 xStep、yStep 分别用于定义小球水平、垂直方向上变化的步长，用于计算小球运动到下一位置的坐标；成员变量 flag 是小球运动标识，仅当该值为 true 时小球才能连续运动。

下面列出各个方法及内部类代码。

① 初始化参数方法 initPara()。

```java
        private void initPara(){
            x = mp.getWidth()/2-r;;
            y = mp.getHeight()-3-2*r;
            angle = Integer.parseInt(tf.getText());
            xStep = (int)Math.round(r*Math.cos(angle*Math.PI/180));
            yStep = -(int)Math.round(r*Math.sin(angle*Math.PI/180));
        }
```

该方法主要计算小球在长方形下边界中点时的小球坐标(x，y)，将编辑框输入的发射角度赋值给 angle，分别计算了小球运动的水平、垂直步长值：xStep、yStep。

② 主界面生成及添加消息响应构造方法 MyFrame()。
```java
public MyFrame(){
    mp = new MyPanel();
    JPanel p = new JPanel();
    JLabel la = new JLabel("输入角度:");
    JButton b = new JButton("复位");
    JButton b2 = new JButton("恢复");
    JButton b3 = new JButton("停止");
    JButton b4 = new JButton("开始");
    p.add(la);p.add(tf);
    p.add(b);p.add(b2);p.add(b3);
    p.add(new JLabel("    "));
    p.add(b4);

    add(mp,BorderLayout.CENTER);
    add(p, BorderLayout.SOUTH);

    b.addActionListener(new ResetAction());
    b2.addActionListener(new RestoreAction());
    b3.addActionListener(new StopAction());
    b4.addActionListener(new BeginAction());

    this.setDefaultCloseOperation(JFrame.EXIT_ON_CLOSE);
    this.setResizable(false);
    setSize(500,200);
    setVisible(true);
}
```
③ 内部类 MyPanel 代码。
```java
private class MyPanel extends JPanel{
    private void initPaint(Graphics g){
        int width = getWidth()-2;
        int height= getHeight()-2;
        g.clearRect(xShift, yShift, width, height);
        g.drawRect(xShift, yShift, width, height);
    }
    private void calcNextPos(){
        x = x + xStep; y=y+yStep;
        if(x>= getWidth ()-2-2*r || x<=xShift+1){      //左右边界处理
            x = x-xStep;
            xStep = -xStep;
        }
        if(y<=yShift+1 || y>=getHeight()-2-2*r){       //上下边界处理
            y = y-yStep;
            yStep = -yStep;
        }
    }
    private void drawBall(Graphics g){
        g.setColor(Color.black);
        g.fillOval(x, y, 2*r, 2*r);
    }
    public void paint(Graphics g) {
        initPaint(g);
        if(x==-100)return;
```

```java
            if(flag==true)
                calcNextPos();
            drawBall(g);
            if(flag==true)
                calcNextPos();
            try{
                Thread.sleep(100);
            }catch(Exception e){}
            if(flag)
                repaint();
        }
    }
```

paint()用于绘制主函数。initPaint()用于完成清空长方形并画边界功能；若成员变量 x 为初值-100，表明小球没有进行恰当的参数设置，则直接返回；若小球坐标已设置，则利用 drawBall()函数画出小球；若 flag 为 true，则通过 calcNextPos()函数计算小球即将运动到的位置坐标；利用 sleep()函数休眠100ms，也就是说，每间隔100ms，就可能动态画一次小球；若 flag 标识为 true，则通过调用 repaint()函数实现动画效果。

④ 四个按钮消息响应内部类代码。

```java
    private class ResetAction implements ActionListener{    //复位按钮
        public void actionPerformed(ActionEvent e) {
            flag = false;
            initPara();
            mp.repaint();
        }
    }
    private class RestoreAction implements ActionListener{    //恢复按钮
        public void actionPerformed(ActionEvent e) {
            Caretaker obj = new Caretaker();
            Memento o = obj.getMemento();
            x = o.getX(); y = o.getY();
            angle = o.getAngle();
            xStep = o.getxStep();
            yStep = o.getyStep();
            tf.setText(""+angle);
            flag = false;
            mp.repaint();
        }
    }
    private class StopAction implements ActionListener{    //停止按钮
        public void actionPerformed(ActionEvent e) {
            flag = false;
            Memento o = new Memento(x,y,angle,xStep,yStep);
            Caretaker obj = new Caretaker();
            obj.saveMemento(o);
            mp.repaint();
        }
    }
    private class BeginAction implements ActionListener{    //开始按钮
        public void actionPerformed(ActionEvent e) {
            flag = true;
            mp.repaint();
        }
    }
```

可以看出：当按"停止"按钮时（对应 StopAction 类），创建了备忘录对象，并将其保存；当按"恢复"按钮时（对应 RestoreAction 类），获得了已保存的备忘录对象，并将其设置给小球各个参数。

（4）Test.java：一个简单的测试类。

```
package four;
public class Test {
    public static void main(String[] args) {
        new MyFrame();
    }
}
```

模式实践练习

1. 利用备忘录模式编制大文件下载程序，支持断点续传。

2. 完善【例 11-1】，如何能让备忘录保存小球多个"停止"点信息，并可从选中的任意停止点"恢复"运行。

12 观察者模式

　　观察者模式定义如下：定义对象的一种一对多的依赖关系，当一个对象的状态发生变化时，所有依赖它的对象都得到通知并被自动更新。适合观察者模式的情景如下：当某对象数据更新时需要通知其他对象，但该对象又不希望和被通知的其他对象形成紧耦合；当某对象数据更新时，需要让其他对象也各自更新自己的数据，但该对象不知道具体有多少对象需要更新数据。

12.1 问题的提出

在实际生活中，经常会遇到多种对象关注一个对象数据变化的情况。例如：生活中有温度记录仪，当温度发生变化时，需要完成如下功能：记录温度日志、显示温度变化曲线、当温度越界时扬声器发出声音。可能会写出以下程序片段。

```
while(温度变化)
{
        记录温度日志;
        显示温度变化曲线;
        当温度越界时扬声器发出声音;
}
```

这种方法把所有功能都集成在一起，以致当需求分析发生变化，如：若增加新的温度监测功能，或舍去某一监测功能时，程序都得修改，这是我们所不希望看到的结果。观察者设计模式是解决这类问题的有效方法。

12.2 观察者模式

观察者设计模式适合解决多种对象跟踪一个对象数据变化的程序结构问题，有一个称作"主题"的对象和若干个称作"观察者"的对象。与 12.1 节介绍的知识对比：有一个主题——温度数据，三个观察者——温度日志、温度曲线、温度报警，因此观察者设计模式涉及到两种角色：主题和观测者。

观测者设计模式可以从以下的递推中得出一些重要结论。

- 主题要知道有哪些观测者对其进行监测，因此主题类中一定有一个集合类成员变量，包含了观测者的对象集合。
- 既然包含了观测者的对象集合，那么，观测者就一定是多态的，有共同的父类接口。
- 主题完成的主要功能是：可以添加观测者，可以撤销观测者，可以向观测者发消息，引起观测者响应。这三个功能是固定的，因此主题类可以从固定的接口派生。

因此，编制观察者设计模式，要完成以下功能类的编制。

- 主题 ISubject 接口定义。
- 主体类编制。
- 观察者接口 IObserver 定义。
- 观察者类实现。

观察者设计模式典型的 UML 类图如图 12-1 所示。

关键代码如下所示。

（1）观察者接口 IObserver
```
public interface IObserver {
    public void refresh(String data);
}
```

（2）主题接口 ISubject
```
public interface ISubject {
    public void register(IObserver obs);        //注册观察者
```

```
    public void unregister(IObserver obs);          //撤销观察者
    public void notifyObservers();                   //通知所有观察者
}
```

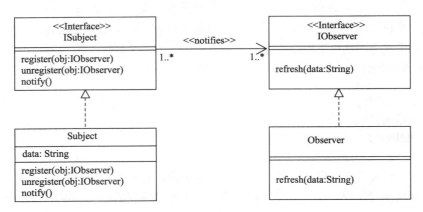

图 12-1　观察者设计模式类图

（3）主题实现类 Subject
```
public class Subject implements ISubject {
    private Vector<IObserver> vec = new Vector();   //观察者维护向量
    private String data;                             //主题中心数据

    public String getData() {
        return data;
    }
    public void setData(String data) {               //主题注册（添加）
        this.data = data;
    }
    public void register(IObserver obs) {            //主题注册（添加）观察者
        vec.add(obs);
    }
    public void unregister(IObserver obs) {          //主题撤销（删除）观察者
        if(vec.contains(obs))
            vec.remove(obs);
    }
    public void notifyObservers(){                   //主题通知所有观察者进行数据响应
        for(int i=0; i<vec.size(); i++){
            IObserver obs = vec.get(i);
            obs.refresh(data);
        }
    }
}
```

　　主题实现类 Subject 是观察者设计模式中最重要的一个类，包含了观察者对象的维护向量 vec 以及主题中心数据 data 变量与具体观察者对象的关联方法(通过 nitofyObservers())。也就是说，从此类出发，可以更深刻的理解 ISubject 为什么定义了三个方法，IObserver 接口为什么只定义了一个方法。

（4）一个具体观察者类 Observer
```
public class Observer implements IObserver {
    public void refresh(String data) {
```

```java
            System.out.println("I have received the data:" +data);
    }
}
```
（5）一个简单的测试类 Test
```java
public class Test {
    public static void main(String[] args) {
        IObserver obs = new Observer();         //定义观察者对象
        Subject subject = new Subject();         //定义主题对象
        subject.register(obs);                   //主题添加观察者
        subject.setData("hello");                //主题中心数据变动了
        subject.notifyObservers();               //通知所有观察者进行数据响应
    }
}
```
该段代码的含义是：当主题中心数据变化（通过 setData 方法）后，主题类 Subject 要调用 notifyObservers()方法，通知所有观察者对象接收数据并进行数据响应。

12.3 深入理解观察者模式

（1）深入理解 ISubject、IObserver 接口

上文中的 Subject 类中的中心数据 data 是 String 类型的，因此 IObserver 接口中定义的 refresh() 方法参数类型也是 String 类型的。若 data 改为其他类型，则 IObserver 接口等相关代码都需要修改。其实，只要把 ISubject、IObserver 接口改为泛型接口就可以了，如下所示。

```java
//观察者泛型接口 IObserver
public interface IObserver<T> {
    public void refresh(T data);
}
//主题泛型接口 ISubject
public interface ISubject<T>{
    public void register(IObserver<T> obs);
    public void unregister(IObserver<T> obs);
    public void notifyObservers();
}
```
当把 ISubject、IObserver 接口修改为泛型接口后，要求参数 T 必须是类类型，不能是基本数据类型，如不能是 int，但可以是 Integer 类型。

（2）"推"数据与"拉"数据

推数据方式是指具体主题将变化后的数据全部交给具体观察者，即将变化后的数据传递给具体观察者用于更新数据方法的参数，从 12.2 节中接口 IObserver 定义就可看出这一点，如下所示。
```java
public interface IObserver {
    public void refresh(String data);
}
```
可知：主题对象直接将数据传送给观察者对象，这是"推"数据方式的最大特点。与之对比，"拉"数据方式的特点是观察者对象可间接获得变化后的主题数据，观察者自己把数据"拉"过来。12.2 节示例修改为"拉"数据方式的代码如下所示。
```java
public interface IObserver {
    public void refresh(ISubject subject);
```

```java
    }
    public interface ISubject {  //同12.2节  }
    public class Subject implements ISubject {
        //其他所有代码同12.2节
        public void notifyObservers(){
            for(int i=0; i<vec.size(); i++){
                IObserver obs = vec.get(i);
                obs.refresh(this);              //代替原来的refresh(data)
            }
        }
    }
    public class Observer implements IObserver {
        public void refresh(ISubject obj) {
            Subject subject = (Subject)obj;          //必须进行强制转换
            System.out.println("I have received the data:" +obj.getData());
        }
    }
```

主要将观察者接口 IObserver 中的方法修改为 refresh(ISubject subject)。可推测出：具体观察者子类对象一定能获得主体 Subject 对象，当然也就能间接访问主体对象的变量了。从此观点出发，就容易理解上述 notifyObservers() 与 refresh() 方法中代码的修改情况。

"拉"数据方式观察者设计模式 UML 框图如图 12-2 所示。

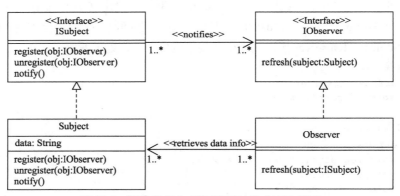

图 12-2 "拉"数据方式观察者设计模式 UML 框图

（3）增加抽象类层 AbstractSubject

假设有多个主题类，按 12.2 节来说，每个主题类都要重写 register()、unregister()、notifyObservers() 方法。假设这三个方法的代码恰巧是相同的（这种可能性是很大的，因为它们都是通用方法），那么每个主题类的代码就显得重复了，用中间层类来解决代码重复问题是一个较好的方法。代码如下所示。

```java
    public interface ISubject{             //同12.2节 }
    public interface IObserver{
        public void refresh(ISubject obj);  //表明将采用"拉"数据方式
    }
    //增加的抽象层类AbstractSubject
    public abstract class AbstractSubject implements ISubject {
        Vector<IObserver> vec = new Vector();
        public void register(IObserver obs) {
            vec.add(obs);
        }
```

```java
    public void unregister(IObserver obs) {
        if(vec.contains(obs))
            vec.remove(obs);
    }
    public void notifyObservers(){
        for(int i=0; i<vec.size(); i++){
            IObserver obs = vec.get(i);
            obs.refresh(this);
        }
    }
}
//派生主体类 Subject
public class Subject extends AbstractSubject {
    private String data;
    public String getData() {
        return data;
    }
    public void setData(String data) {
        this.data = data;
    }
}
//一个具体观察者类 Observer
public class Observer implements IObserver {
    public void refresh(ISubject obj) {
        Subject subject = (Subject)obj;
        System.out.println("I have received the data:" +subject.getData());
    }
}
```

有了中间抽象层 AbstractSubject，灵活了具体主题类的编制，既可以 class XXXSubject extends AbstractSubject{……}，表明 register()、unregister()、notifyObservers()方法与 AbstractSubject 类中的对应方法都是一致的，也可以 class XXXSubject implements ISubject{……}，表明三个方法都必须重写。

虽然 AbstractSubject 类中无抽象方法，但定义成了抽象类。这是因为从语义角度上来说，该类不是一个完整的主体类，它缺少主体数据，所以把它定义成抽象类。

（4）避免重复添加同一类型的观察者对象

例如若 12.2 节测试类代码改为如下：

```java
public class Test {
    public static void main(String[] args) {
        IObserver obs = new Observer();
        IObserver obs2 = new Observer();
        Subject subject = new Subject();
        subject.register(obs);
        subject.register(obs2);

        subject.setData("hello");
        subject.notifyObservers();
    }
}
```

可以看出：obs、obs2 观察者对象类型是相同的，都是 Observer，且这两个相同类型的观察者对象都正确地加到了主体对象中，但在有些情况下这是不允许的，必须禁止主体对象添加相同的观察者对象，因此，在主体对象添加观察者对象前，应先进行查询，然后判断是否添加观察者对象。register()

方法修改后的代码如下所示。
```java
public class Subject implements ISubject {
    public void register(IObserver obs) {          //主题注册（添加）观察者
        if(!vec.contains(obs))                      //如果向量中不包含 obs 观察者
            vec.add(obs);                           //则添加
    }
    //其他代码略
}
```

Vector 类中的 contains()方法默认是物理查询，由于 Test 类中的 obs、obs2 虽然都是 Observer 对象，但它们的物理地址是不同的，因此仍添加到了 vec 向量中。这与我们的初衷是不一致的，那么该如何解决呢？基本思想是必须实现自定义查询功能。打开 JDK 源程序压缩包，我们发现：contains()方法调用了 indexOf()方法，因此加深理解 indexOf()是非常重要的。其源码如下所示。

```java
public synchronized int indexOf(Object o, int index) {
    if (o == null) {
        for (int i = index ; i < elementCount ; i++)
            if (elementData[i]==null)
                return i;
    } else {
        for (int i = index ; i < elementCount ; i++)
            if (o.equals(elementData[i]))           //着重注意这一行语句
                return i;
    }
    return -1;
}
```

着重注意斜体加深的代码 *o.equals(elementData[i])*，两个元素相等是由 equals()决定的，因此，只要重载传入参数 o 中的 equals()就可以了。由于 elementData[i]也是观察者类的对象，因此 equals()方法中的参数原型也明确了。以两个具体观察者为例，功能类代码如下所示。

```java
public interface ISubject {  //同 12.2 节   }
public interface IObserver {
    public int getMark();
    public void refresh(String data);
}
public class Subject implements ISubject {
    public void register(IObserver obs) {
        if(!vec.contains(obs))
            vec.add(obs);
    }
    //其他所有代码同 12.2 节
}
//第 1 个观察者类 Observer
public class Observer implements IObserver {
    private final int MARK = 1;
    public int getMark() {
        return MARK;
    }
    public boolean equals(Object arg0) {
        Observer obj = (Observer)arg0;
        return obj.getMark() == MARK;
    }
    public void refresh(String data) {
```

```
            System.out.println("I have received the data data:" +data);
        }
    }
    //第 2 个观察者类 Observer2
    public class Observer2 implements IObserver{
        private final int MARK = 1;
        public int getMark() {
            return MARK;
        }
        public boolean equals(Object arg0) {
            Observer obj = (Observer)arg0;
            return obj.getMark() == MARK;
        }
        public void refresh(String data) {
            System.out.println("I have received the data data:" +data);
        }
    }
```

关键思路是：在每个观察者类中都增加一个标识常量 MARK，不同类型的观察者对象中 MARK 常量值是不同的。本例中 Observer 中 MARK 值为 1，Observer2 中 MARK 值为 2。由于主题类 Subject 中 register()方法参数 obs 是 IObserver 类型，是多态表示的，因此在 IObserver 接口中必须增加多态方法 getMark()，用于获得观察者对象中的 MARK 值。

（5）反射技术的应用

将观察者类信息封装在 XML 配置文件中，从而利用反射技术可以动态加载观察者对象。配置文件采用键-值配对形式：值对应的是具体观察者的类名称；由于键是关键字，不能重复，因此为了编程方便，键采用"统一前缀+流水号"的形式，配置文件示例如表 12-1 所示。

表 12-1 观察者设计模式配置文件示例

XML 配置文件	说　明

`<?xml version="1.0" encoding="UTF-8" standalone="no"?>`
`<!DOCTYPE properties SYSTEM "http://java.sun.com/dtd/properties.dtd">`
`<properties>`
`<comment>Observer</comment>`
`    <entry key="observer1">Observer</entry>`
`    <entry key="observer2">Observer2</entry>`
`</properties>`
	键前缀"observer"，
	键流水号"1, 2, ……"

具体程序代码如下所示。

```
    public interface IObserver {                        //同 12.2 节
    public interface ISubject {
        public void register(String strXMLPath);//表明从配置文件加载观察者对象
        public void unregister(IObserver obs);
        public void notifyObservers();
    }
    //主体类 Subject
    public class Subject implements ISubject {
        //其他所有代码同 12.2 节
        public void register(String strXMLPath){
            String prefix = "observer" ;
            String observeClassName = null;
            Properties p = new Properties();
            try{
```

```
                FileInputStream in = new FileInputStream(strXMLPath);
                p.loadFromXML(in);
                int n = 1;
                while((observeClassName=p.getProperty(prefix+n)) != null){
                    Constructor c = Class.forName(observeClassName).getConstructor();
                    IObserver obs = (IObserver)Class.forName(observeClassName).newinstance();
                    vec.add(obs);
                    n ++;
                }
                in.close();
            }
            catch(Exception e){
                e.printStackTrace();
            }
        }
    }
    //一个具体观察者类 Observer
    public class Observer implements IObserver{          //同 12.2 节}
    //一个简单测试类 Test
    public class Test {
        public static void main(String[] args) throws Exception {
            Subject subject = new Subject();              //定义主题对象
            subject.register("d:/info.properties");       //主题通过配置文件加载观察者对象
            subject.setData("hello");                     //主题数据变化了
            subject.notifyObservers();                    //通知各观察者对象进行数据响应
        }
    }
```

12.4 JDK 中的观察者设计模式

由于观察者设计模式中主题类功能及观察者接口定义内容的稳定性，JDK 提供了系统的主题类 Observable 及观察者接口 Observer，其 UML 类图如图 12-3 所示。

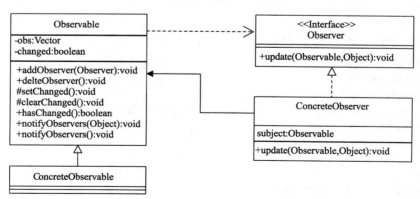

图 12-3 JDK 系统观察者设计模式类图

很明显，Observer 相当于 12.2 节中的 IObserver 观察者接口类，其中的 update()方法中第一个参数是 Observable 类型，表明采用的是"拉"数据方式；Observable 相当于 12.2 节中的主题类 Subject，其中的 addObserver()、deleteObserver()、notifyObservers()三个方法分别表示"添加、删除、通知"观察者对象功能。×××changed()方法主要是设置或获得 changed 成员变量的值或状态，当 changed 为 true 时表明主题中心数据发生了变化。

利用 JDK 中的 Observer、Observable 重新编写 12.2 节的内容，步骤如下所示。

（1）编制主体类 Subject

```java
public class Subject extends Observable {
    String data;
    public String getData() {
        return data;
    }
    public void setData(String data) {
        this.data = data;                //更新数据
        setChanged();                    //置更新数据标志
        notifyObservers(null);           //通知各个具体观察者
    }
}
```

勿需编制自定义主体接口，直接从 Observable 类派生即可，在该类中主要定义各中心数据及 getter、setter 方法。getter 方法主要用于具体观察者"拉"数据；setter 方法主要用于更新数据、设置 changed 变量及通知各具体观察者进行数据响应。

（2）编制具体观察者类 OneObserver

```java
public class OneObserver implements Observer {
    public void update(Observable arg0, Object arg1) {
        Subject subject = (Subject)arg0;
        System.out.println("The data is:" +subject.getData());      // "拉"数据
    }
}
```

勿需编制自定义观察者接口，直接实现 Observer 接口即可。Update()方法中主要完成"拉"数据及处理过程。

（3）一个简单的测试类

```java
public class Test {
    public static void main(String[] args) throws Exception {
        Observer obj = new OneObserver();           //定义观察者
        Subject s = new Subject();                  //定义主题
        s.addObserver(obj);                         //主题添加观察者
        s.setData("hello");                         //主题更新数据
    }
}
```

利用 JDK 的系统类及接口，大大简化了观察者设计模式的程序编码，那是否表明 12.4 节之前讲的内容就无效了呢？不是的。一方面，这些知识从最底层的接口讲起直至最高层，对于理解观察者模式的本质是必要的。值得注意的是：JAVA API 给出的 Observable 是一个类，不是一个接口。尽管该类为它的子类提供了很多可直接使用的方法，但也有一个问题：Observable 的子类无法使用继承方式复用其他类的方法，其原因是 Java 不支持多继承。在这种情况下，如果我们用 12.2 节自定义主题接口 ISubject 就可以轻易实现，而且，信息世界飞速发展，需求分析千变万化，或许需要不同的 addObserver()、deleteObserver()、notifyObservers()方法，或许还要增加一些方法。也就是说，要定义更复杂的自定义主题或观察者接口，编制更复杂的主题类，这时就会发现直接用 Observable、Observer

或许很难解决现实问题。若我们熟知观察者模式的本质，则会方便实现。

另一方面，Observerable 类、Observer 接口均是专家级的代码，我们可以从中吸取许多经验。笔者认为它们主要有两点，如下所示。

（1）设置标识变量

主要体现在 changed 成员变量的设置。我们知道 notifyObservers() 是一个非常重要的方法，其 JDK 源码如下所示。

```
public void notifyObservers(Object arg) {
    Object[] arrLocal;
    synchronized (this) {
        if (!changed)
        return;
        arrLocal = obs.toArray();
        clearChanged();
    }
    for (int i = arrLocal.length-1; i>=0; i--)
    ((Observer)arrLocal[i]).update(this, arg);
}
```

可知：只有当 changed 为 true 时，观察者对象才能数据响应。12.2 节中只要调用 Subject 类中的 notifyObservers() 方法，即使在中心数据没有刷新的情况下，观察者对象也就能数据响应。经过对比，可以得出：若某方法非常关键，一定要考虑它有几种状态，从而定义标识变量来予以控制。

（2）形参的设定

主要指 Observable 类中的 notifyObservers(Object arg) 方法参数，Observer 接口中定义的 update(Observable,Object arg) 方法中第二个形式参数。有了 arg 参数对象，可以把一些比较信息由主题动态传递给观察者，使编程更加灵活。

例如在本节示例中，有两个观察者：一个负责统计满足"data=arg"出现的次数（arg 是动态传入的字符串）；一个在屏幕上显示 data 字符串。程序代码如下所示。

```
//主题类 Subject
public class Subject extends Observable {
    String data;
    Object factor;                    //增加条件变量
    public void setFactor(Object factor){
        this.factor = factor;
    }
    public String getData() {
        return data;
    }
    public void setData(String data) {
        this.data = data;
        setChanged();
        notifyObservers(factor);      //把条件也传递给观察者
    }
}
//第一个具体观察者类 OneObserver：判断出现满足条件 factor 的元素个数
public class OneObserver implements Observer {
    private int c = 0;
    public int getC(){
        return c;
    }
```

```java
    public void update(Observable obj, Object factor) {//此观察者用到了条件factor
        Subject subject = (Subject)obj;
        if(subject.getData().equals((String)factor))    //判断"拉"数据是否满足条件factor
           c ++;
    }
}
//第二个具体观察者类TwoObserver：屏幕输出元素
public class TwoObserver implements Observer {
    public void update(Observable obj, Object factor) {  //此观察者没有用到条件factor
        Subject subject = (Subject)obj;
        System.out.println("The data is:" +subject.getData());
    }
}
//一个简单测试类
public class Test {
    public static void main(String[] args) throws Exception {
        Subject s = new Subject();
        Observer obj = new OneObserver(); Observer obj2 = new TwoObserver();
        s.addObserver(obj); s.addObserver(obj2);
        s.setFactor("hello");                       //为主题设置条件
        s.setData("hello"); s.setData("how are you");
        s.setData("hello"); s.setData("thanks");
        System.out.println("The hello times is:" +((OneObserver)obj).getC());//显示出现hello字符串的次数
    }
}
```

研究源码能使我们受益匪浅，弥补不足，但笔者也发现了一个小小的纰漏，那就是 Observable 与 Observer 在名字上很像，但实际上，它们的语义差别很大：前者表示主题；后者表示观察者。所以，在实际工程中一定要注意起名字，既要表义，又要好记。这不是小问题，却往往是许多程序工作者忽略的问题。因为应用系统一旦商业化或成为标准，你就很难再修改名字了。

12.5 应用示例

【例 12-1】机房温度监测仿真功能。

为了方便说明问题，假设仅监测一个机房的温度数据。要求：①定间隔采集温度数值；②记录采集的温度数值；③标识异常的温度数值；④当温度值连续超过比较值 n 次时，要发报警信息。

分析：监测功能是以温度为中心的，因此用观察者设计模式实现程序架构是比较方便的。总体思想是：温度作为主题类，两个观察者类：一个观察者负责记录数据；另一个观察者负责异常处理。两个基本的策略是：①将时间采样间隔数值、温度异常数值、连续温度越界极限数值，以及 E-mail 地址封装在 XML 配置文件 info.xml 中，E-mail 是报警信息邮件；②有单独的数据库表 normal 存储温度记录，但不要在该表通过状态位表明数值是否异常，要有单独的异常记录表 abnormal。这样做的好处是：abnormal 表的记录远比 normal 表的记录少得多，将来查询各种异常记录信息会非常快；③数据产生器采用反射技术。各种基本信息描述如表 12-2 所示。

程序采用控制台程序，用 JDK 系统的 Observable 类及 Observer 接口实现即可。

表 12-2 机房温度监测仿真功能基本信息说明

Info.XML 配置文件	说　明

`<?xml version="1.0" encoding="UTF-8" standalone="no"?>`
`<!DOCTYPE properties SYSTEM "http://java.sun.com/dtd/properties.dtd">`
`<properties>`
`    <comment>Observer</comment>`
`    <entry key="range">2</entry>`
`    <entry key="limit">30</entry>`
`    <entry key="nums">5</entry>`
`    <entry key="address">aaa@163.com</entry>`
`    <entry key="reflect">DataRandom</entry>`
`</properties>`
	含义是:采样间隔 2s，温度预警值 30℃。若连续采样 5 次温度值均超过预警值，则向 aaa@163.com 发送报警信息。由于现在邮箱有与电话绑定功能，因此责任人就会及时获得预警信息。
	
	反射的类名是 DataRandom

normal 记录数据表结构			说　明
序　号	字　段　名	字　段　描　述	
1	wenduvalue	采集温度数值	
2	recordtime	记录时间	

abnormal 记录数据表结构			说　明
序　号	字　段　名	字　段　描　述	
1	abnormalvalue	采集温度数值	
2	recordtime	记录时间	

各部分关键代码如下所示。

（1）条件类 Factor

```java
public class Factor {
    private int limit;                    //温度预警值
    private int times;                    //连续越过预警值次数极限值
    private String address;               //邮件地址
    public Factor(int limit,int nums,String address){
        this.limit=limit;this.times=nums;this.address=address;
    }
    public int getLimit() {
        return limit;
    }
    public int getNums() {
        return nums;
    }
    public String getAddress() {
        return address;
    }
}
```

用于主体向观察者传送条件对象，包括：温度预警值、预警极限次数值、预警邮箱等信息。

（2）主体类 Subject

```java
public class Subject extends Observable {
    private int data;
    private Factor factor;
    public void setFactor(Factor factor){         //设置条件对象
        this.factor = factor;
    }
    public int getData() {
        return data;
    }
    public void setData(int data) {
```

```java
        this.data = data;
        setChanged();
        notifyObservers(factor);            //将条件对象广播给各观察者
    }
}
```

（3）数据记录观察者类 DataObserver

```java
public class DataObserver implements Observer {
    public void update(Observable obj, Object factor) {
        Subject subject = (Subject)obj;
        String strSQL = "insert into normal values(" +subject.getData()+ ",now())";
        DbProc dbobj = new DbProc();
        try{
            dbobj.connect();
            dbobj.executeUpdate(strSQL);
            dbobj.close();
        }
        catch(Exception e){ }
    }
}
```

该类的功能是将采集到的所有数据都保存到 normal 表中。

（4）异常数据观察者类 AbnormalObserver

```java
public class AbnormalObserver implements Observer {
    private int c = 0;                                      //温度异常值累积
    public void update(Observable obj, Object factor) {
        Subject subject = (Subject)obj;
        Factor fac = (Factor)factor;
        if(subject.getData()<fac.getLimit()){               //若采集温度值<条件温度预警值
            c = 0;                                          //则重新开始累积,返回
            return;
        }
        c ++;
        saveToAbnormal(subject);                            //将越界数据保存至异常数据表
        if(c == fac.getTimes()){                            //如果越界累积次数=条件极限次数
            sendEmail(fac);                                 //则发送邮件
            c = 0;                                          //重新开始累积
        }
    }
    private void saveToAbnormal(Subject subject){
        String strSQL = "insert into abnormal values(" +subject.getData()+ ",now())";
        DbProc dbobj = new DbProc();
        try{
            dbobj.connect();
            dbobj.executeUpdate(strSQL);
            dbobj.close();
        }
        catch(Exception e){ }
    }
    private void sendEmail(Factor factor){
    String host = "smtp.163.com";                           //邮件服务器
    String from = "dqjbd@163.com";                          //发件人地址
    String to = factor.getAddress();                        //接受地址（必须支持 pop3 协议）
```

```java
            String userName = "dqjbd";              //发件人用户名称
            String pwd = "123456";                  //发件人邮件密码
            Properties props = new Properties();
            props.put("mail.smtp.host", host);
            props.put("mail.smtp.auth", "true");

            Session session = Session.getDefaultInstance(props);
            session.setDebug(true);

            MimeMessage msg = new MimeMessage(session);
            try {
            msg.setFrom(new InternetAddress(from));
            msg.addRecipient(Message.RecipientType.TO, new InternetAddress(to));//发送
            msg.setSubject("温度预警信息.");              //邮件主题
            msg.setText("机房温度处于异常状态");           //邮件内容
            msg.saveChanges();

            Transport transport = session.getTransport("smtp");
            transport.connect(host, userName, pwd);   //邮件服务器验证
            transport.sendMessage(msg, msg.getRecipients(Message.RecipientType.TO));
                } catch (Exception e) {    }
            }
        }
```

关键是理解 update(Observable, Object)方法内的过程，如下所示。

① 如果"拉"数据温度值 < 温度预警值

② 则重新置温度越界累积次数 c<---0，返回

③ 累积次数 c<---c+1

④ 将越界温度值保存至异常数据库 abnormal 表中

⑤ 如果越界累积次数=极限次数

⑥ 则发送预警邮件

⑦ 重新置温度越界累积次数 c<---0，返回

另外，发送邮件 sendEmail()方法采用了 Java Mail 技术。Java Mail API 是 SUN 公司为 Java 开发者提供的公用 Mail API 框架，它支持各种电子邮件通信协议，如 IMAP、POP3 和 SMTP，为 Java 应用程序提供了电子邮件处理的公共接口。其所需压缩库文件可在官网上下载。

（5）仿真数据生成器

定义数据生成器类均从 ISimuData 自定义接口派生，借鉴 RecordSet 接口，ISimuData 接口定义如下。

```java
public interface ISimuData<T>{
    void open();              //打开文件或其他
    void close();             //关闭文件或其他
    boolean hasNext();        //有下一条记录否？
    T next();                 //返回当前记录
}
```

当前正在采用的数据生成器类名信息保存在表 12-2 所述的 info.xml 配置文件中，可知类名是 DataRandom。它是 ISimuData 的子类，生成数据的方法多种多样：可从文件读取，或用随机算法产

生，亦或者采用其他方式。在这里就不详细列举该类的具体代码了，读者可以自行思考。
（6）利用反射机制构建主方法

```java
public class Test {
    public static void main(String[] args) throws Exception {
        FileInputStream in= new FileInputStream("info.xml");   //读配置文件
        Properties p = new Properties();
        p.loadFromXML(in);
        int range = Integer.parseInt(p.getProperty("range"));  //获得采集间隔
        String reflectClassName = p.getProperty("reflect");    //获得反射机制类名
        int limit = Integer.parseInt(p.getProperty("limit"));  //获得预警值
        int nums  = Integer.parseInt(p.getProperty("nums"));   //获得连续温度越界极限次数
        String address = p.getProperty("address");             //获得电子邮件地址
        Factor factor = new Factor(limit,nums,address);
        in.close();

        Subject s = new Subject();                             //主题-观察者模式设计
        Observer obj = new DataObserver();
        Observer obj2 = new AbnormalObserver();
        s.addObserver(obj); s.addObserver(obj2);
        s.setFactor(factor);                                   //主题设置条件对象，以备广播给观察者对象用
        //利用反射技术数据仿真
        ISimuData<Integer> sdobj = (ISimuData)Class.forName(reflectClassName).newInstance();
        sdobj.open();
        while(sdobj.hasNext()){
            int value = sdobj.next();
            s.setData(value);
            try{
                Thread.sleep(range*1000);
            }
            catch(Exception e){ }
        }
        sdobj.close();
    }
}
```

【例 12-2】数据库表解析程序

为了更好地理解程序架构，先看界面示例（图 12-4，图 12-5），如下所示。

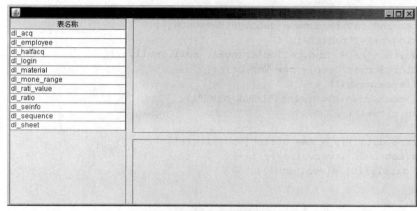

图 12-4　表解析程序初始界面

当鼠标选中某表后，响应界面如图 12-5 所示。

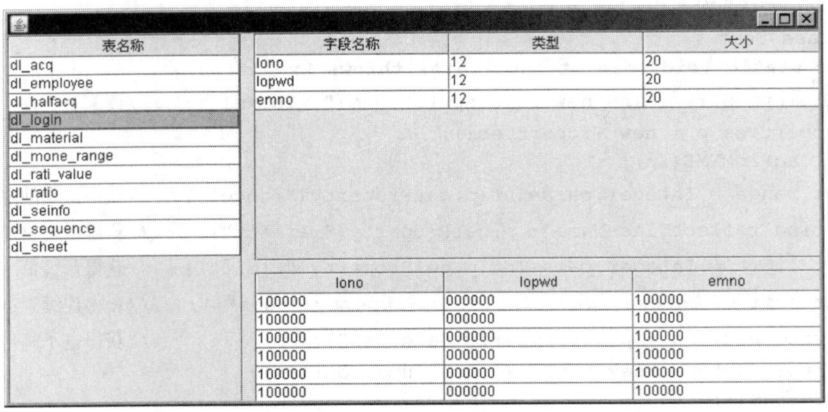

图 12-5　表解析响应界面

初始界面显示数据库中有哪些表；响应界面中上方显示选中表的设计结构，下方显示表的数据信息。表结构及数据随着所选表的不同而不同，因此可以用观察者模式完成所述功能。

之前讲述的观察者设计模式内容都是基于控制台的，可能有读者认为本题是基于图形用户界面的，难度似乎一下增加了许多，甚至很多程序工作者不知如何定义主题类和观察者类。这主要是因为图形用户界面涉及界面生成及消息响应问题。解决这种问题最根本的方法是：从语义出发，先完成观察者模式的功能类，然后再想界面生成问题。本题仍采用 JDK Observable 及 Observer 共同完成。

（1）主题类 Subject

从图 12-4 得出以下主要因素：①主题类与 JTable 有关；②主题类中心数据是表名称；③JTable 表格必须支持鼠标事件，因此该类必须实现 MouseListener 接口。关键代码如下所示。

```java
public class Subject extends Observable implements MouseListener {
    private String tableName;           //主题中心数据是表名称
    private JTable table;                //主题与 JTable 有关
    public Subject(JTable table)throws Exception{
        this.table = table;

        DbProc dbobj = new DbProc();
        Connection conn = dbobj.connect();
        DatabaseMetaData dbmd = conn.getMetaData();
        String s[]={"table"};
        ResultSet rs = dbmd.getTables(null, null, null,s);
        Vector<String> vec = new Vector();
        while(rs.next())
           vec.add(rs.getString("TABLE_NAME"));
        conn.close();

        String data[][] = new String[vec.size()][1];
        for(int i=0; i<vec.size(); i++){
           data[i][0] = vec.get(i);
        }

        String title[] = {"表名称"};
```

```java
        DefaultTableModel dtm = (DefaultTableModel)table.getModel();
        dtm.setDataVector(data, title);

        table.addMouseListener(this);        //主题类必须注册鼠标事件
    }
    public String getTableName() {
        return tableName;
    }
    public void setTableName(String tableName) {
        System.out.println(tableName);
        this.tableName = tableName;
        setChanged();
        notifyObservers();
    }
    public void mouseClicked(MouseEvent arg0) {
        int row = table.getSelectedRow();
        setTableName((String)table.getValueAt(row, 0));
    }
    //其他 MouseListener 接口中定义的函数必须在此实现，在此略
}
```

获得数据库表名称是由 DatabaseMetaData 中的 getTables()方法实现的，原型如下所示。

```
ResultSet DatabaseMetaData.getTables(String catalog, String schemaPattern,
         String tableNamePattern, String types[]) throws SQLException
```

catalog——数据库目录名称，可设为 null。

schemaPattern——方案名称的样式，可设为 null。

tableNamePattern——表名称的样式，可以包含匹配符比如："TEST%"

types——要包括的表类型组成的列表，可设为 null，表示所有的。types 的常量值为："TABLE""VIEW""SYSTEM TABLE""GLOBAL TEMPORARY""LOCAL TEMPORARY""ALIAS"，以及"SYNONYM"。

填充 JTable 表格必须要先形成表头数组 title[]及二维数据数组 data[][]，然后获得 DefaultTableModel 默认模型类对象，最后调用 setDataVector()方法完成表格的填充。关键代码如下所示。即将讲到的具体观察者表格填充也是同样的思路。

```java
DefaultTableModel dtm = (DefaultTableModel)table.getModel();
dtm.setDataVector(data, title);
```

（2）表结构观察者类

从图 12-5 得出以下主要因素：①表结构观察者类与 JTable 有关；②JTable 表格仅是完成表结构功能，因此勿需添加消息映射。关键代码如下所示。

```java
public class StructObserver implements Observer {
    private JTable table;              //表结构观察者类与 JTable 有关
    public StructObserver(JTable table){
        this.table = table;
    }
    public void update(Observable obj, Object arg1) {
        Subject subject = (Subject)obj;
        String strSQL = "select * from " +subject.getTableName();
        DbProc dbobj = new DbProc();
        try{
            Connection conn= dbobj.connect();
            Statement stm = conn.createStatement();
```

```java
            ResultSet rst = stm.executeQuery(strSQL);
            ResultSetMetaData rsmd = rst.getMetaData();
            String title[] = {"字段名称","类型","大小"};
            String data[][]= new String[rsmd.getColumnCount()][title.length];
            for(int i=0; i<rsmd.getColumnCount(); i++){
                data[i][0] = rsmd.getColumnName(i+1);
                data[i][1] = "" +rsmd.getColumnType(i+1);
                data[i][2] = "" +rsmd.getPrecision(i+1);
            }
            stm.close();
            conn.close();

            DefaultTableModel dtm = (DefaultTableModel)table.getModel();
            dtm.setDataVector(data, title);
        }
        catch(Exception e){}
    }
}
```

解析表结构主要是通过 ResultSetMetaData 完成的。其常用方法如下所示。
- int getColumnCount()：返回列字段的数目。
- String getColumnName(int col)：根据字段的索引值（>=1）取得字段的名称。
- int getColumnType(int col)：根据字段的索引值（>=1）取得字段的类型。返回值定义在 java.sql.Type 类中。由于本例中直接显示了返回的整数值，故不能从表意角度看出本字段的具体类型。
- int getCatalogName(int col)：获取制定列的表目录名称。
- int getColumnDisplaySize(int col)：获取指定列的最大标准宽度，以字符为单位。

（3）表数据显示观察者类 ShowObserver

从图 12-5 得出以下主要因素：①表结构观察者类与 JTable 有关；②JTable 表格仅是完成表结构功能，因此勿需添加消息映射。关键代码如下所示。

```java
public class ShowObserver implements Observer {
    private JTable table;                       //表数据观察者类与JTable有关
    public ShowObserver(JTable table){
        this.table = table;
    }
    public void update(Observable obj, Object arg1) {
        Subject subject = (Subject)obj;
        String strSQL = "select * from " +subject.getTableName();
        DbProc dbobj = new DbProc();
        try{
            Connection conn= dbobj.connect();
            Statement stm = conn.createStatement(ResultSet.TYPE_SCROLL_SENSITIVE,
                    ResultSet.CONCUR_READ_ONLY);
            ResultSet rst = stm.executeQuery(strSQL);
            rst.last();                          //游标指向最后一条记录
            int rows = rst.getRow();             //获得记录总数
            ResultSetMetaData rsmd = rst.getMetaData();

            //获得查询的列名称信息，保存到 title 数组中
            String title[] = new String[rsmd.getColumnCount()];
```

```java
        String data[][]= new String[rows][title.length];
        for(int i=0; i<rsmd.getColumnCount(); i++){
            title[i] = rsmd.getColumnName(i+1);
        }

        //获得查询的二维记录集 data[][]
        rst.first();
        for(int i=0; i<rows; i++ ){
            for(int j=0; j<title.length; j++)
                data[i][j] = rst.getString(j+1);
        }
        stm.close();
        conn.close();

        DefaultTableModel dtm = (DefaultTableModel)table.getModel();
        dtm.setDataVector(data, title);
    }
    catch(Exception e){}
}
```

对不同的表而言，查询结果的列字段数目、标题信息内容都是不同的，因此本部分主要实现了通用显示功能，关键思路是：首先，获得查询记录集 rst，由 rst 获得 ResultSetMetaData 元数据对象 rsmd，再根据 rsmd 获得列字段数目及标题数组 title[]；然后，根据列信息及记录集行数可创建二维数据缓冲区 data[][]，遍历记录集 rst，形成真实 data[][]数据；最后，完成 JTable 表格的填充。

（4）界面生成类 MyFrame

本部分主要是形成界面及建立主题类与观察者类的关联，代码如下所示。

```java
public class MyFrame extends JFrame {
    public void init(){
        //形成界面
        setLayout(null);

        JTable nameTable = new JTable();
        JTable structTable = new JTable();
        JTable showTable = new JTable();
        JScrollPane namePane = new JScrollPane(nameTable);
        JScrollPane structPane = new JScrollPane(structTable);
        JScrollPane showPane = new JScrollPane(showTable);

        JPanel left = new JPanel();left.setLayout(new BorderLayout());
        JPanel struct = new JPanel();struct.setLayout(new BorderLayout());
        JPanel show = new JPanel();show.setLayout(new BorderLayout());

        left.add(namePane);struct.add(structPane);show.add(showPane);
        add(left);add(struct);add(show);
        left.setSize(200, 500);
        struct.setSize(500,200);
        show.setSize(500, 290);
        left.setBounds(0, 0, left.getWidth(), left.getHeight());
        struct.setBounds(210,0,struct.getWidth(),struct.getHeight());
        show.setBounds(210, 210, show.getWidth(), show.getHeight());

        setSize(700,500);
        setResizable(false);
```

```java
            setVisible(true);
            setDefaultCloseOperation(JFrame.EXIT_ON_CLOSE);

            //设置主题-观察者之间的关联
            try{
                Subject subject = new Subject(nameTable);
                Observer obj = new StructObserver(structTable);
                Observer obj2= new ShowObserver(showTable);
                subject.addObserver(obj);
                subject.addObserver(obj2);
            }
            catch(Exception e){e.printStackTrace();}

        }

        public static void main(String[] args){
            new MyFrame().init();
        }
}
```

可以看出：本示例主界面采用了 null 空布局，其他子面板计算好坐标，放在相应位置上就可以了。也可以说，某些时候设置为 null 布局，可能更方便形成主界面。

根据我们之前已编制的其他功能类分析，本部分勿需加任何的消息响应。从这方面来看：在图形用户界面上应用设计模式，一定要从各子部分着手，千万不要把所有关联的东西放在一起想，这样会适得其反。

模式实践练习

1. 完成对某个机房温度监测的仿真。主要实现如下功能：
（1）每 n（可通过界面确定）秒钟采集一次温度数据。
（2）采样温度曲线显示在屏幕上。
2. 班主任老师有电话号码，学生需要知道老师号码才能在合适的时候打电话，因此老师号码发生变化，必须通知所有学生。利用观察者模式编制相应的功能类和测试类。

13 状态模式

状态模式定义如下:允许一个对象在其内部状态改变时改变它的行为,使对象看起来似乎修改了它的类。适合状态模式的情景如下:对象的行为依赖于它的状态,并且它必须在运行时根据状态改变它的行为;需要编写大量条件分支语句来决定一个操作的行为,而且这些条件恰好表示对象的一种状态。

13.1 问题的提出

生活中有一类事物，有 N 种状态，在每种状态下均有不同的特征。在一定的条件下，状态间可以相互转化，如图 13-1 所示。

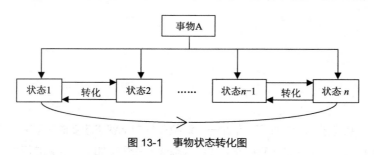

图 13-1 事物状态转化图

从图 13-1 分析可知：初始化时事物 A 位于状态 $m(1 \leq m \leq n)$，在满足一定条件的时候，状态间可相互转化，如状态 1 可转化为状态 2，状态 2 可转化为状态 1，也可能状态 1 直接转化为状态 n。生活中类似的实例是很多的，如水有固、液、气三态，当温度 $T \leq 0°C$ 时是固态，当 $0 < T < 100°C$ 时是液态，当 $T = 100°C$ 时是气态；再如初始时浏览某网站，你处于游客状态，简单注册后，你升级为普通用户状态，也可能你付费注册后，直接由游客状态变为 VIP 状态。

总之，研究各种状态以及状态间相互转化的实现方式是本章研究的关键问题，状态模式为我们提出了一种较好的设计思路。

13.2 状态模式

状态模式要求应反映图 13-1 的语义：事物有 N 个状态，且维护状态变化。从此句出发可得如下重要结论。

- 状态类有共同的父接口（或抽象类），N 个不同的状态实现类。
- 事物类中包含状态类父接口成员变量声明，用以反映语义"事物有 N 个状态"。
- 事物类中一定有方法选择分支，判断事物当前处于何种状态。

转化成专业术语，状态模式必须完成如下内容的编制。

- State：状态接口，封装特定状态所对应的行为。
- ConcreteState：具体实现状态处理的类。
- Context：事物类，也称上下文类，通常用来定义多态状态接口，同时维护一个来具体处理当前状态的实例对象。

状态模式的 UML 抽象类图如图 13-2 所示。

其具体抽象代码如下所示。

（1）定义状态抽象接口 IState

```
interface IState{
    public void goState();
}
```

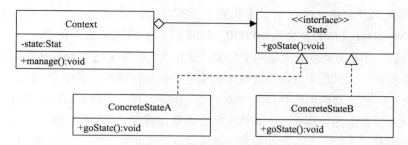

图 13-2 状态模式抽象 UML 类图

（2）定义状态实现类
```java
class ConcreteStateA implements IState{          //定义状态 A 类
    public void goState(){
        System.out.println("This is ConcreteStateA");
    }
}
class ConcreteStateB implements IState{          //定义状态 B 类
    public void goState(){
        System.out.println("This is ConcreteStateB");
    }
}
```
（3）定义状态上下文维护类 Context
```java
class Context{                                    //上下文有--->
    private IState state;                         //--->n 种状态
    public void setState(IState state){
        this.state = state;
    }
    public void manage(){
        //此处代码根据条件选择某状态
        state.goState();                          //执行某状态相应功能
    }
}
```
Context 类是实现状态模式的关键，本部分仅列出了状态模式的基本代码，希望读者有一个大致的了解。

13.3 深入理解状态模式

1. 利用上下文类控制状态

考虑手机应用。假设手机功能有存款、电话功能。有三种状态：正常、透支、停机，试用状态模式加以仿真描述。

（1）定义手机状态接口 ICellState
```java
interface ICellState{
    public float NORMAL_LIMIT = 0;
    public float STOP_LIMIT = -1;
    public float COST_MINUTE = 0.20f;
    public boolean phone(CellContext ct);
}
```

当手机余额> *NORMAL_LIMIT* 时，手机处于正常状态，当余额<*STOPL_LIMIT* 时，手机处于停机状态，当 *NORMAL_LIMIT*≥余额≥*STOP_LIMIT* 时，手机处于透支状态。

按照需求分析，手机有存款、电话两个功能，那为什么接口仅定义 phone()电话接口呢？这是因为系统需要在数据库中记录每个人每次打电话的信息，信息存放的位置是不同的，正常打电话信息存入"正常表"中，透支打电话信息存入"透支表"中等，目的是将来做统计查询。试想，如果一个人总在透支状态下打电话，那么他的诚信度就会降低，将来信贷时就会遇到麻烦。经过以上分析可知：phone()功能是多态的，而存款功能属于基本信息，是非多态的，所以不必定义在接口中。

phone()方法参数类型是 CellContext，转化成普通的语义是：手机用户要打电话了。CellContext 是手机上下文类，封装了手机用户的相关信息。

（2）定义手机用户三种状态类

```java
//正常状态下打电话类
class NormalState implements ICellState{
    public boolean phone(CellContext ct) {
        System.out.println(ct.name +":手机处于正常状态");
        int minute = (int)(Math.random()*10+1);        //随机产生打电话分钟数
        ct.cost(minute);                                //计算花费钱数
        //保存信息到数据库
        return false;
    }
}
//透支状态下打电话类
class OverDrawState implements ICellState{
    public boolean phone(CellContext ct) {
        System.out.println(ct.name +":已处于欠费状态，请及时缴费");
        int minute = (int)(Math.random()*10+1);
        ct.cost(minute);
        //保存信息到数据库
        return false;
    }
}
//停机类
class StopState implements ICellState{
    public boolean phone(CellContext ct) {
        System.out.println(ct.name +":已处于停机状态，请及时缴费");
        //保存信息到数据库
        return false;
    }
}
```

各种状态下打电话的仿真算法及流程是相似的:利用随机方法 random()产生打电话的分钟数，范围在[1，10]，然后计算手机余额，最后把相关信息保存到数据库。与数据库操作代码不在本部分讨论内容的范围内，故略。

（3）手机上下文状态类 CellContext

```java
class CellContext{
    String strPhone;            //电话号码
    String name;                //姓名
    float price;                //金额
```

```java
    public CellContext(String strPhone, String name, float price){
        this.strPhone = strPhone; this.name = name; this.price = price;
    }
    public void save(float price){                    //手机存钱
        this.price += price;
    }
    public void cost(int minute){                     //手机打了n分钟，重新计算余额
        this.price -= ICellState.COST_MINUTE*minute;
    }
    public boolean phone(){
        ICellState state = null;
        if(price > ICellState.NORMAL_LIMIT)
            state = new NormalState();
        else if(price < ICellState.STOP_LIMIT)
            state = new StopState();
        else
            state = new OverDrawState();
        state.phone(this);
        return true;
    }
}
```

本类其实就是手机用户类，构造方法 CellContext()定义了用户的账号信息，包括：手机号、所属人姓名，初始余额等。每次打电话时，手机状态完全是在该类中由 phone()方法根据余额确定的，与具体的状态类无关。同图 13-2 状态模式 UML 类图对应相关代码比较，本类中根本没有把状态接口作为成员变量进行封装，因此，当具体状态完全由上下文对象确定时，勿需在上下文类中封装多态状态接口，请读者灵活掌握。

（4）一个简单的测试类

```java
public class Test {
    public static void main(String[] args) {
        CellContext c = new CellContext("1380908925","jin",1);//新建手机用户，余额1元
        c.phone();c.phone();                                   //打两次电话
        c.save(4);                                             //又存入4元钱
        c.phone();c.phone();c.phone();c.phone();               //又打4次电话
    }
}
```

每次执行后结果可能不同，这是由于在具体状态类中采用随机方法生成打电话耗时的缘故。

本例中 CellContext 类仅是手机用户的基础类，仅能产生单手机用户对象，而实际中，我们必须对手机用户对象的集合加以维护，因此，编制了 CellContext 对象的集合管理类 Manage，如下所示。

```java
class Manage{
    private Map<String,CellContext> map = new HashMap();
    public boolean regist(CellContext ct){            //注册新用户功能
        map.put(ct.strPhone, ct);
        return true;
    }
    public void save(String strPhoneNO, float money){//为源手机号 strPhoneNO 存入 money 钱
        CellContext ct = map.get(strPhoneNO);
        ct.save(money);
    }
    public boolean request(String strPhoneNO){        //源手机号 strPhoneNO 申请打电话
```

```
            CellContext ct = map.get(strPhoneNO);
            ct.phone();
            return true;
        }
    }
```
一个重新编制的测试类如下所示。
```
public class Test {
    public static void main(String[] args) {
        CellContext c = new CellContext("13840908925","jin",1);    //定义新用户
        Manage obj = new Manage();                                  //定义管理类
        obj.regist(c) ;                                             //增加新用户

        obj.request("13840908925");obj.request("13840908925");  //该手机号申请打两次电话
        obj.save("13840908925", 3);                              //为该手机用户存钱
        obj.request("13840908925");obj.request("13840908925");//该手机号申请打两次电话
    }
}
```
从 Manage、Test 类编码可知：对状态模式而言，在某些情况下是需要一个上下文对象的集合管理类的，这样状态模式才显得更完备。

有一点还需要补充说明：上下文 CellContext 类中 phone()方法是根据余额确定手机状态的。从表意角度来说并不好，更好的方法是增加一个标识变量，方法如下所示。
```
class CellContext{
    //仅列出了新增的代码，其他同上文中CellContext类中代码一致
    public final int NORMAL_STATE=1;            //正常态常量标识
    public final int OVERDRAW_STATE=2;          //欠费态常量标识
    public final int STOP_STATE=3;              //停止态常量标识
    public int getMark(){                       //根据余额返回当前状态标识
        int mark = 0;
        if(price > ICellState.NORMAL_LIMIT)
            mark = NORMAL_STATE;
        else if(price < ICellState.STOP_LIMIT)
            mark = STOP_STATE;
        else
            mark = OVERDRAW_STATE;
        return mark;
    }
    public boolean phone(){
        int mark = getMark();
        ICellState state = null;
        switch(mark){
        case NORMAL_STATE:                      //正常态
            state = new NormalState();break;
        case OVERDRAW_STATE:                    //欠费态
            state = new OverDrawState();break;
        case STOP_STATE:                        //停止态
            state = new StopState();break;
        }
        state.phone(this);
        return true;
    }
}
```

2. 利用具体状态类控制状态

仍以手机应用为例，具体代码如下所示。

（1）定义手机状态接口 ICellState

interface ICellState{ /*同 13.3-1*/ }

（2）定义手机用户三种状态类

```java
//正常状态下打电话类
class NormalState implements ICellState{
    public boolean phone(CellContext ct) {
        System.out.println(ct.name +":手机处于正常状态");
        int minute = (int)(Math.random()*10+1);
        ct.cost(minute);
        ct.setState();              //设置打电话后的状态
        //保存信息到数据库
        return false;
    }
}
//透支状态下打电话类
class OverDrawState implements ICellState{
    public boolean phone(CellContext ct) {
        System.out.println(ct.name +":已处于欠费状态，请及时缴费");
        int minute = (int)(Math.random()*10+1);
        ct.cost(minute);
        ct.setState();              //设置打电话后的状态
        //保存信息到数据库
        return false;
    }
}
//停机类
class StopState implements ICellState{
    public boolean phone(CellContext ct) {
        System.out.println(ct.name +":已处于停机状态，请及时缴费");
        //保存信息到数据库
        return false;
    }
}
```

三个状态实现类均与 13.3-1 中相似，不同处在于 NormalState、OverDrawState 对象中打完电话后调用 setIState()方法重新设置手机用户状态。由于在停机状态时不能打电话，因此在 StopState 类中不必调用 setICellState()方法，状态不变。

（3）手机上下文状态类 CellContext

```java
class CellContext2{
    public final int NORMAL_STATE=1;
    public final int OVERDRAW_STATE=2;
    public final int STOP_STATE=3;
    String strPhone;
    String name;
    float price;
    int mark = NORMAL_STATE;            //初始化默认手机处于正常态
    ICellState   state;                 //多态手机状态对象
```

```java
        public CellContext2(String strPhone, String name, float price){
            this.strPhone = strPhone; this.name = name; this.price = price;
        }
        public int getMark(){
            int mark = 0;
            if(price > ICellState.NORMAL_LIMIT)
                mark = NORMAL_STATE;
            else if(price < ICellState.STOP_LIMIT)
                mark = STOP_STATE;
            else
                mark = OVERDRAW_STATE;
            return mark;
        }
        public void setState(){
            int curMark = getMark();
            if(curMark == mark)
                return;
            mark = curMark;
            switch(mark){
            case NORMAL_STATE:
                state = new NormalState();break;
            case OVERDRAW_STATE:
                state = new OverDrawState();break;
            case STOP_STATE:
                state = new StopState();break;
            }
        }
        public void save(float price){
            this.price += price;
        }
        public void cost(int minute){
            this.price -= ICellState.COST_MINUTE*minute;
        }
        public boolean phone(){
            state.phone(this);
            return true;
        }
    }
```

setState()方法设置当前手机用户状态，算法主要原理是：根据余额获取当前状态标识 curMark，并与前一状态标识 mark 进行对比。若两者相等，表明是同一状态，则返回；否则根据 mark 标识确定当前手机用户所处状态。

本例中实时设置状态有两种情况：第一种情况，打完电话后进行设置，这在三个具体状态类中已经进行描述了；第二种情况，存款后进行设置，也就是说，存款后要注意调用一次 setState()方法。

13.4　应用示例

【例 13-1】计算机内存监控程序。

设计算机物理总内存为 total，空闲内存为 free，则有公式 $ratio = free/total$，表示内存空闲率。设两个阈值为 high、mid，high>mid。若 ratio≥high，则空闲率相当高，表明内存处于"充裕"状态；

若 mid≤ratio＜high，则空闲率正常，表明内存处于"良好"状态；若 ratio＜mid，则空闲率低，表明内存处于"紧张"状态。

先看程序执行界面，如图 13-3 所示。

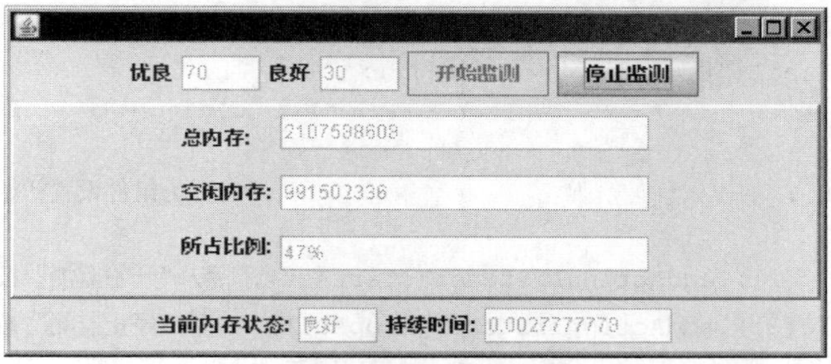

图 13-3　内存监测界面图

程序主要完成以下功能：①界面上可以输入阈值 high，mid，有"开始监测""停止监测"按钮；②按字节显示总内存、空闲内存大小，显示空闲率；③显示当前内存状态，以及此状态的持续时间，单位是小时。

很明显，界面由三个子面板组成：上方的参数控制面板、中间的数值显示面板、下方的状态面板，因此主要完成这三个类，再加上主窗口类共四个类的编制即可。下面一一进行说明。

1. 参数控制面板类 CtrlPanel

```java
class CtrlPanel extends JPanel{
    JComponent c[] = {new JTextField(4),new JTextField(4),
        new JButton("开始监测"),new JButton("停止监测")};
    boolean bmark[][] = {{true,true,true,false},
            {false,false,false,true}};
    ActionListener startAct = new ActionListener(){           //"开始监测"按钮响应
        public void actionPerformed(ActionEvent e){
            setState(1);                                      //设置组件使能状态
            int high = Integer.parseInt(((JTextField)c[0]).getText());//取出高阈值
            int low = Integer.parseInt(((JTextField)c[1]).getText()); //取出低阈值

            Container c = CtrlPanel.this.getParent();         //获得父窗口
            String className = c.getClass().getName();
            while(!className.equals("test4.MyFrame")){
                c = c.getParent();
                className = c.getClass().getName();
            }
            ((MyFrame)c).startMonitor(high, low);             //通知父窗口，开始监测
        }
    };
    ActionListener stopAct = new ActionListener(){            //"停止监测"按钮响应
        public void actionPerformed(ActionEvent e){
            setState(0);
            Container c = CtrlPanel.this.getParent();
            String className = c.getClass().getName();
            while(!className.equals("test4.MyFrame")){
                c = c.getParent();
                className = c.getClass().getName();
```

```java
                    }
                    ((MyFrame)c).stopMonitor();                     //通知父窗口，停止监测
                }
            };
            public CtrlPanel(){
                add(new JLabel("优良"));         add(c[0]);
                add(new JLabel("良好"));         add(c[1]);
                add(c[2]);
                add(c[3]);
                setState(0);                                        //为组件设置初始状态

                ((JButton)c[2]).addActionListener(startAct);        //"开始监测"按钮事件注册
                ((JButton)c[3]).addActionListener(stopAct);         //"停止监测"按钮事件注册
            }
            void setState(int nState){
                for(int i=0; i<bmark[nState].length; i++){
                    c[i].setEnabled(bmark[nState][i]);
                }
            }
        }
```

本部分解决了组件的状态切换问题。初始时要求两个编辑框、"开始监测"按钮是使能的，"停止监测"按钮是禁止的。当按下"开始按钮"后，"停止监测"按钮变为使能状态，两个编辑控件、"开始监测"按钮变为禁止状态。也就是说，组件组共有两种状态，而且在每种状态下组件组包含的各组件状态都是一定的。如果按标准状态模式进行编程，就要编制两个具体状态类，很明显是比较累赘的。好的处理方式是：①定义组件组固定二维状态布尔数组，每一行代表组建组的一个使能状况，如 bmark 数组；②定义组件组数组，均从 JComponent 派生，如 c 数组；③利用循环，为组件组各组件设置使能状态，如 setState()方法。

2. 中间数值显示面板类 ContentPanel

```java
        class ContentPanel extends JPanel{
            JTextField totalField = new JTextField(20);             //总内存显示框
            JTextField freeField = new JTextField(20);              //空闲内存显示框
            JTextField ratioField = new JTextField(8);              //空闲率显示框
            public ContentPanel(){
                totalField.setEnabled(false);
                freeField.setEnabled(false);
                ratioField.setEnabled(false);

                Box b1 = Box.createVerticalBox();
                b1.add(new JLabel("总内存:"));    b1.add(b1.createVerticalStrut(16));
                b1.add(new JLabel("空闲内存:"));  b1.add(b1.createVerticalStrut(16));
                b1.add(new JLabel("所占比例:"));  b1.add(b1.createVerticalStrut(16));
                Box b2 = Box.createVerticalBox();
                b2.add(totalField);   b2.add(b2.createVerticalStrut(16));
                b2.add(freeField);    b2.add(b2.createVerticalStrut(16));
                b2.add(ratioField);   b2.add(b2.createVerticalStrut(16));

                add(b1); add(b2);
                setBorder(new BevelBorder(BevelBorder.RAISED));
            }
```

```java
    public void setValue(long total,long free,int ratio){
        totalField.setText(""+total);
        freeField.setText(""+free);
        ratioField.setText("" +ratio+ "%");
    }
}
```

该类比较简单：一方面利用 Box 盒式布局生成界面；另一方面设置了界面显示填充方法 setValue()。

3. 状态面板类

内存有三种状态：充裕、良好、紧张，而且还要显示状态持续的时间，因此该部分功能用标准状态模式完成，具体如下所示。

（1）定义状态接口 IState

```java
interface IState{
    String getStateInfo();
    int getStateInterval();
}
```

getStateInfo()返回具体状态对象当前系统内存状态的标识串，为"充裕、良好、紧张"之一。本示例要求每秒监测内存一次，因此，通过 getStateInterval()返回监测内存的次数，就能知道该内存状态下的持续时间。

（2）三个具体状态实现类

```java
class HighState implements IState{          //内存充裕状态
    private int times;                       //监测次数
    public String getStateInfo() {
        return "充裕";
    }
    public int getStateInterval() {
        return times ++;
    }
}
class MidState implements IState{           //内存良好状态
    private int times;                       //监测次数
    public String getStateInfo() {
        return "良好";
    }
    public int getStateInterval() {
        return times ++;
    }
}
class LowState implements IState{           //内存紧张状态
    private int times;                       //监测次数
    public String getStateInfo() {
        return "一般";
    }
    public int getStateInterval() {
        return times ++;
    }
}
```

也许有读者会说：这三个类计数算法一致，仅反映状态信息的字符串不同，用上文 CtrlPanel 类中所述数组方法来控制状态，不是更简捷吗？其实还是有差别的。因为在 CtrlPanel 类中，状态仅涉及到组件组中各组件的使能状态，状态内容简单且固定，用数组进行控制状态是一个好的方法选择。在本示例中，三个具体状态类目前内容是简单的，但实际中肯定会增加，比如当内存处于"紧张"态时，增加向责任人发短信功能。这时，在派生状态类中增加相应功能就比较方便，因此可知：当状态变化简单、固定时，控制状态采用数组方法；当状态可能随着需求分析的变化而变化，控制状态采用标准状态模式方法更好。

（3）定义状态上下文类 StatePanel

它也是状态面板类，与状态上下文类是同一个类。如下所示。

```java
class StatePanel extends JPanel{
    JTextField txtInfo = new JTextField(4);
    JTextField txtHour = new JTextField(10);
    IState state;                      //定义多态状态接口
    int mark = -1;
    public StatePanel(){
        add(new JLabel("当前内存状态:")); add(txtInfo);
        add(new JLabel("持续时间:")); add(txtHour);
        txtInfo.setEnabled(false);
        txtHour.setEnabled(false);
    }
    public void setState(int mark){
        if(this.mark == mark)          //内存状态不变
            return;
        this.mark = mark;              //内存状态变化，则
        switch(mark){                  //重置状态对象
        case 1:
            state = new HighState(); break;
        case 2:
            state = new MidState(); break;
        case 3:
            state = new LowState(); break;
        }
    }
    public void process(){
        txtInfo.setText(state.getStateInfo());
        int size = state.getStateInterval();
        txtHour.setText("" + (float)size/3600);
    }
}
```

每次进行内存监测时，都要调用 setState()方法确定内存状态变化与否。若当上次监测成员变量 mark 值与传入形参值一定时，表明内存状态不变，则返回；否则，则重新置内存具体状态对象。

4. 主窗口类 MyFrame

```java
class MyFrame extends JFrame implements ActionListener{
    CtrlPanel ctrlPanel = new CtrlPanel();               //参数面板
    ContentPanel contentPanel = new ContentPanel();      //数值显示面板
    StatePanel statePanel = new StatePanel();            //状态面板
    Timer timer = new Timer(1000, this);                 //定时器，间隔时间 1S
    int high, mid;                                       //高、低阈值
    public void init(){
```

```java
        add(ctrlPanel, BorderLayout.NORTH);
        add(contentPanel, BorderLayout.CENTER);
        add(statePanel, BorderLayout.SOUTH);
        this.setDefaultCloseOperation(JFrame.EXIT_ON_CLOSE);
        setSize(500,220);
        setVisible(true);
    }
    public void startMonitor(int high, int mid){            //启动监测
        this.high = high; this.mid = mid;                   //设置阈值
        timer.start();                                      //启动定时器
    }
    public void stopMonitor(){                              //停止监测
        timer.stop();
    }
    public void actionPerformed(ActionEvent arg0) {         //定时响应方法
        OperatingSystemMXBean osmxb =
          (OperatingSystemMXBean)ManagementFactory.getOperatingSystemMXBean();
        long total = osmxb.getTotalPhysicalMemorySize();    //获取总物理内存
        long free = osmxb.getFreePhysicalMemorySize();      //获取空闲物理内存
        int ratio = (int)(free*100L/total);                 //计算空闲率
        contentPanel.setValue(total, free, ratio);          //设置数值显示面板

        int mark = -1;                                      //计算内存标识变量值
        if(ratio>=high)
            mark = 1;
        else if(ratio<mid)
            mark = 3;
        else
            mark = 2;

        statePanel.setState(mark);                          //为状态面板设置具体状态对象
        statePanel.process();                               //状态面板处理过程
    }
}
```

本类是流程控制类。主要过程如下：当按"开始监测"按钮时，响应 startMonitor()方法，启动定时器。每隔 1 秒钟，执行定时响应方法 actionPerformed()，然后，获取总内存、空闲内存数据，送往数值显示面板 ContentPanel，并由状态面板 StatePanel 完成相关显示工作。

Java 平台提供了一些接口用于获得内存信息或操作内存，如虚拟机内存系统接口 MemoryMXBean、虚拟机内存管理器接口 MemoryManagerMXBean、虚拟机中的内存池接口 MemoryPoolMXBean，以及操作系统信息接口 OperatingSystemMXBean。由于本示例监测的是操作系统的内存，因此用到了 OperatingSystemMXBean 接口。通过 ManagementFactory 类中的静态方法 getOperatingSystemMXBean()，可以获得该接口实例的一个引用。

【例 13-2】Web 学生成绩录入功能。

先看示例界面：当 IE 地址栏中输入 http://localhost:8080/StateJSP/gradeservlet?mark=0 时，界面如图 13-4 所示；当录入成绩后，按"保存"按钮，界面也与图 13-4 一致；当按"审核"按钮后，界面如图 13-5 所示。

图 13-4　初始界面和保存界面

图 13-5　审核后界面

可知有三种状态：①直接显示，表格可编辑；②"保存"数据后再显示，表格可编辑；③"审核"数据后再显示，表格不可编辑，而且上方控制界面发生变化。

本例主要就是解决这些状态如何处理的问题。涉及的数据库表说明如表 13-1 所示。

表 13-1　数据库表说明

序号	字段名	类型	关键字	描述
成绩状态表-examstate					
1	Examno	字符串	√	考试编号
2	Examstate	字符串		数据审核否？y:审核；n:未审核
成绩表-grade					
1	Examno	字符串	√	考试编号
2	Studno	字符串		学生编号
3	Studname	字符串		学生姓名
4	Grade	整形		成绩

为了简化问题规模，做以下假设：①考试编号固定为"1000"，且已存入成绩状态表，记录为（"1000"，"n"），表明未审核；②所有考试学生信息"考试编号、学生编号、学生姓名"都已导入成绩表 grade 中，仅成绩未填充，因此本示例中的"保存"功能实际应是"更新"功能。具体代码如下所示。

1. 定义抽象状态 AbstractState

```
public abstract class AbstractState {
    protected String strSQL;
    public void setStrSQL(String s){
        strSQL = s;
```

```java
        }
        public String getTableUI(){
            String s = "";
            try{
                DbProc dbobj = new DbProc();
                Connection conn = dbobj.connect();
                Statement stm = conn.createStatement();
                ResultSet rst = stm.executeQuery(strSQL);
                s = "<div><table id='studtab' border='1'>";
                s += "<tr>"+
                    "<th width='20'>序号</th><th width='100'>学号</th>"+
                    "<th width='60'>姓名</th><th width='100'>成绩</th>"+
                    "</tr>";
                int pos = 1;
                while(rst.next()){
                    s += "<tr>" +
                    "<td>"+pos+"</td>"+
                    "<td>"+rst.getString("studno")+"</td>"+
                    "<td>"+rst.getString("studname")+"</td>"+
                    "<td>"+rst.getString("grade")+"</td>"+
                    "</tr>";
                    pos ++;
                }
                s += "</div></table>";
                rst.close(); stm.close(); conn.close();
            }
            catch(Exception e){e.printStackTrace();}
            return s;
        }
        public abstract void service(HttpServletRequest req, HttpServletResponse rep)throws
    ServletException, IOException;
    }
```

由上文可知：三种具体状态均有相同的表格显示，它们对应的查询 SQL 语句、画表格过程一定相同，因此基类中定义了与之对应的成员变量 strSQL 及画表格方法 getTableUI()。这也使我们明白：抽象状态不一定总是用接口定义，有时也可能由抽象类表达。

2. 定义三种具体状态

我们仔细分析一下三种状态的关系："保存"状态与"直接显示"状态相比，多了一个保存功能，要将数据保存到成绩表 grade 中；"审核"状态与"保存"状态相比，多了一个"审核标识"保存功能，除了将数据保存到 grade 表中，还应更新成绩状态表 examstate，将考试编号为"1000"的记录 examstate 字段对应值设置为"y"，表明审核完成，以后数据就不能修改了，因此这三种状态的关系是继承的，而不是平行的。具体代码如下所示。

（1）直接显示状态类

```java
    public class ShowState extends AbstractState {
        protected String getCtrlUI(){
            String s = "<div>" +
                "<input type='submit' value='保存数据' id='save'/>" +"    "+
                "<input type='submit' value='提交审核' id='check'/>" +
                "</div>";
            return s;
        }
```

```java
    protected String getHidden(){
        String s ="<script type=\"text/javascript\" src=\"grade.js\"></script>\r\n"+
    "<form id='studform' action='gradeservlet' method='post'>" +
        "<input type='hidden' id='studno' name='studno'/>" +
        "<input type='hidden' id='studgrade' name='studgrade'/>" +
        "<input type='hidden' id='mark' name='mark'/>" +
    "</form>" + "<input type='hidden' id='checkvalue' value='n'/>";
        return s;
    }
    public void service(HttpServletRequest req, HttpServletResponse rep)
            throws ServletException, IOException {
        String s = getHidden();
        s += getCtrlUI();
        s += "<hr></hr>";
        s += getTableUI();
        rep.getWriter().print(s);
    }
}
```

getCtrlUI()比较简单,功能是生成控制界面 HTML 字符串。主要理解 getHidden()方法的作用:它能起到方便客户信息传送到服务器端的作用。我们知道学生成绩信息是通过表格输入的,但 form 表单不支持表格数据传输,因此,必须在客户端把数据截获,填充到已知 form 的 input 标签对象中。由于勿需显示,故把 input 标签置为 hidden 属性。通过该方法可知:学生的学号、成绩信息是通过 id 为 studform 的表单,name 分别为 studno、studgrade 的 input 标签传递到服务器端的。另外,还要把状态标识 mark 传送到服务器端。服务器端根据此状态标识判断到底选择哪一个具体状态,从而完成相应功能。

(2)"保存"状态类 SaveState

```java
public class SaveState extends ShowState {
    protected void saveData(HttpServletRequest req, HttpServletResponse rep){//保存数据到数据库
        try{
            String s = req.getParameter("studno");
            String strNO[] = s.split("-");
            s = req.getParameter("studgrade");
            String strGrade[] = s.split("-");
            DbProc dbobj = new DbProc();
            Connection conn = dbobj.connect();
            Statement stm = conn.createStatement();
            for(int i=0; i<strNO.length; i++){
                String strSQL = "update grade set grade=" +strGrade[i]+
                    " where examno='1000' and studno='" +strNO[i]+ "'";
                System.out.println(strSQL);
                stm.executeUpdate(strSQL);
            }
            stm.close(); conn.close();
        }
        catch(Exception e){e.printStackTrace();}
    }
    public void service(HttpServletRequest req, HttpServletResponse rep)
            throws ServletException, IOException {
        saveData(req, rep);
        super.service(req, rep);
    }
}
```

学号是以形如"10000-10001-10002"形式传到服务端的，因此必须按"-"拆分字符串，获取学生学号数组 strNO[]；成绩是以形如"90-80-70"形式传到服务端的，因此必须按"-"拆分字符串，获取学生成绩数组 strGrade[]。

（3）"审核"状态类 CheckState

```java
public class CheckState extends SaveState {
    protected String getCtrlUI(){
        String s = "<div>" +
            "该数据已经审核,不能修改"+
            "</div>";
        return s;
    }
    protected String getHidden(){
        return "<input type='hidden' id='checkvalue' value='y' />";
    }
    protected void saveData(HttpServletRequest req, HttpServletResponse rep){
        super.saveData(req, rep);          //保存成绩信息
        try{                               //设置审核标志
            DbProc dbobj = new DbProc();
            Connection conn = dbobj.connect();
            Statement stm = conn.createStatement();
            String strSQL = "update examstate set examstate='y' where examno='1000'";
            stm.executeUpdate(strSQL);
            stm.close(); conn.close();
        }
        catch(Exception e){e.printStackTrace();}
    }
    public void service(HttpServletRequest req, HttpServletResponse rep)
            throws ServletException, IOException {
        saveData(req, rep);
        String s = getCtrlUI();
        s += "<hr></hr>";
        s += getTableUI();
        s += getHidden();
        rep.getWriter().print(s);
    }
}
```

3. 定义上下文状态控制类 GradeServlet

该类属于 servlet 类，URL 为 "gradeservlet"。

```java
public class GradeServlet extends HttpServlet {
    private static final long serialVersionUID = 1L;
    public GradeServlet() {}
    protected void service(HttpServletRequest request, HttpServletResponse response)
    throws ServletException, IOException {
        request.setCharacterEncoding("utf-8");
        response.setContentType("text/html; charset=utf-8");

        String examno = "1000";
        String strMark = request.getParameter("mark");
        int mark = Integer.parseInt(strMark);
        try{        //确定是否已审核
            DbProc dbobj = new DbProc();
            Connection conn = dbobj.connect();
```

```java
                Statement stm = conn.createStatement();
                String strSQL = "select * from examstate where examno='" +examno+ "'";
                ResultSet rst = stm.executeQuery(strSQL);
                rst.next();
                if(rst.getString("examstate").equals("y"))   //若已经审核
                    mark = 2;                                //则不论初始mark值为多少,都置为审核状态
                rst.close();stm.close();conn.close();

                AbstractState state = null;
                switch(mark){
                case 0:                                       //显示状态
                    state = new ShowState(); break;
                case 1:                                       //保存状态
                    state = new SaveState(); break;
                case 2:                                       //审核状态
                    state = new CheckState();break;
                }
                state.setStrSQL("select * from grade where examno='"+examno+"'");
                state.service(request, response);
            }
            catch(Exception e){
                e.printStackTrace();
            }
        }
    }
```

到此为止,基本功能类编制完毕。仔细分析会发现:我们并没有对表格是否可编辑加以控制,也没有对"保存、审核"按钮进行消息注册,更没有对如何获取表格数据加以描述,因为这些功能都是由 JavaScript 代码完成的,如下所示。

4. JavaScript 功能代码,保存在文件 grade.js

```javascript
window.onload = init;                              //当页面加载后,调用init方法
function addEvent(obj, type, fn){
    obj.attachEvent("on"+type, fn);
}
function init(){                                    //给各组件加消息影射
    var saveobj = document.getElementById("save");
    var checkobj = document.getElementById("check");
    var tabobj = document.getElementById("studtab");
    var check = document.getElementById("checkvalue");
    if(check.value != "y")
        addEvent(tabobj,"click",editProc);
    addEvent(saveobj,"click",saveProc);     //"保存"按钮消息响应方法是saveProc()
    addEvent(checkobj,"click",checkProc)    //"审核"按钮消息响应方法是checkProc()
}
function getData(){                                 //获取表格数据
    var tabobj = document.getElementById("studtab");
    var studno = "";                                //学号信息字符串
    var studgrade = "";                             //成绩信息字符串
    for(var i=1; i<tabobj.rows.length; i++){
        studno += tabobj.rows[i].cells[1].innerText+ "-";
        studgrade += tabobj.rows[i].cells[3].innerText+ "-";
    }
```

```
    document.getElementById("studno").value = studno;
    document.getElementById("studgrade").value = studgrade;
}
function saveProc(e){                    //"保存"按钮响应方法
    getData();
    document.getElementById("mark").value = "1";
    var studobj = document.getElementById("studform");
    studobj.submit();                    //信息传送到服务端
}
function checkProc(e){                   //"审核"按钮响应方法
    getData();
    document.getElementById("mark").value = "2";
    var studobj = document.getElementById("studform");
    studobj.submit();                    //信息传送到服务端
}
function editProc(e){                    //表格编辑处理
    var obj = e.target || window.event.srcElement;
    if(obj.tagName != "TD")
        return;
    var trobj = obj.parentElement;
    if(trobj.cells[3] == obj)            //若是表格第 4 列–成绩
        entryeditcell(obj);              //则进行编辑处理
}
function entryeditcell(obj){
    var w = obj.offsetWidth-4;
    var subs = "style='border-style:none;width:" +w+ "px;'";
    obj.innerHTML="<input id='myedit' type='text' " +subs+ " value="+obj.innerText+" onblur='leaveeditcell(this)'>";    //插入文本框, 且指定内容
    myedit.focus();
}
function leaveeditcell(obj){
    var tdobj = obj.parentElement;
    tdobj.innerText = obj.value;
}
```

模式实践练习

1. 在线商店订单可能是下面状态之一：未提交、已提交、处理中或已发货。设计一个 Order 类表示订单，用一组 State 类设计订单的状态相关的行为。

2. 为【例 13-2】"Web 学生成绩录入功能"增加一个"反审核"状态按钮。当按此按钮后，审核后的数据退回到可编辑状态。

14 策略模式

策略模式定义了一个共同的抽象算法接口，其子类实现这个接口定义的方法，并且都有各自不同的实现，这些算法实现可以在客户端调用它们的时候互不影响变化。子类算法之间是弱关联的关系，因而提高了软件的可扩展性与可重用性。适合策略模式的情景如下：上下文和具体策略是弱耦合关系；当增加新的具体策略时，不需要修改上下文类的代码，上下文就可以引用新的具体策略的实例。

14.1 问题的提出

生活中经常遇到这样的现象：例如假期开始了，学生回家的方式多种多样，可以乘坐汽车、火车、飞机或轮船等。这些方式是互不影响的，学生选择其中的一种方式即可；再如现在通信工具发展得非常快，你可以通过电话、邮件、QQ 或微信与朋友进行交流，这些通信形式同样是弱关联的。将这些生活中的现象折射到计算机程序设计中，有哪些重要的启示呢？那就是完成某功能的方式是多种多样的，但是这些方式一定是弱耦合，互相独立的。可能有读者认为这很容易做到，其实不然，因为这样往往容易陷入强耦合陷阱。例如，编制两个整形数的加、减、乘、除运算，有些读者很快写出了如下代码。

```
class Calc{
    int calc(int a, int b,int type){
        if(type==1) return a+b;
        if(type==2) return a-b;
        if(type==3) return a*b;
        return a/b;
    }
}
```

仔细分析，就会发现问题：如果再增加其余操作怎么办呢？按照现有思路，只能是修改源代码，增加一个 if 语句分支。很明显，这样的编程方式耦合性太强，需求分析一旦变化就要修改源代码，这是我们不希望看到的。试想：生活中又增加了一种新的交通工具，之前的交通工具仍然存在，并没有发生变化，因此编程中也要遵循生活中的这种"现象"，策略模式是一个较好的选择方案。

14.2 策略模式

策略模式是对算法的包装，是把使用算法的责任和算法本身分割开，委派给不同的对象管理。策略模式通常把一系列的算法封装到一系列的策略类里面，作为一个抽象策略类的子类。用一句话来说，就是"准备一组算法，并将每一个算法都封装起来，使得它们可以互换"。

例如，编制两个整数的加、减、乘、除功能，采用策略模式编制的代码如下所示。

（1）ICalc.java：抽象算法接口。

```java
package one;
public interface ICalc {
    int calc(int a, int b);
}
```

（2）四个具体的算法类。

```java
//AddCalc.java：计算两个整数的加法。
package one;
public class AddCalc implements ICalc {
    public int calc(int a, int b) {
        return a+b;
    }
}
//MinusCalc.java：计算两个整数的减法。
package one;
public class MinusCalc implements ICalc {
```

```java
        public int calc(int a, int b) {
            return a-b;
        }
    }
    //MulCalc.java：计算两个整数的乘法。
    package one;
    public class MulCalc implements ICalc {
        public int calc(int a, int b) {
            return a*b;
        }
    }
    //DivCalc.java：计算两个整数的除法。
    package one;
    public class DivCalc implements ICalc {
        public int calc(int a, int b) {
            return a/b;
        }
    }
```

如果添加两个整数新的计算功能，只需增加一个接口 ICalc 的派生类即可，而已有的其他类勿需任何变化。

（3）Select.java：选择器功能。

```java
    package one;
    public class Select {
        private ICalc obj;
        public Select(ICalc obj){
            this.obj = obj;
        }
        public int calc(int a, int b){
            return obj.calc(a, b);
        }
    }
```

该类定义了抽象算法接口成员变量 obj，它用于保存具体算法的引用。本类 calc()方法仅起到转接作用，通过 obj.calc()调用具体算法完成相应功能。

（4）一个简单的测试类。

```java
    package one;
    public class Test {
        public static void main(String[] args) {
            ICalc c = new AddCalc();            //定义加法算法
            Select obj = new Select(c);         //选择器选择了加法算法
            int result = obj.calc(1, 2);        //完成加法运算
            System.out.println("result=" + result);
        }
    }
```

总之，本例体现了策略模式的实现方式，从中可得出策略模式的抽象类图如图 14-1 所示。
策略模式各个角色具体描述如下所示。

- Strategy：抽象策略类，定义了抽象接口方法，如上文 ICalc 就属于抽象策略接口。
- ConcreteStrategy：具体策略类，实现了 Strategy 定义的各抽象接口方法。上文 AddCalc、MinusCalc、MulCalc 和 DivCalc 类就属于具体策略类。
- Context：上下文环境类，它将抽象策略接口的引用作为成员变量，并通过该变量调用具体

策略对象的相关方法完成所需功能。上文中 Select 类就属于上下文环境类。

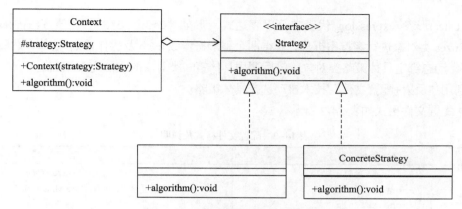

图 14-1　策略模式抽象 UML 类图

14.3　深入理解 Context

回想 14.2 中讲解的计算两个整数运算的例子，其上下文类 Select 及测试类 Test 代码如表 14-1 所示。

表 14–1　上下文类 Select 及测试类 Test

上下文类 Select	测试类 Test
| ```
public class Select {
    private ICalc obj;
    public Select(ICalc obj){
        this.obj = obj;
    }
    public int calc(int a, int b){
        return obj.calc(a, b);
    }
}
``` | ```
public class Test {
    public static void main(String[] args) {
        ICalc c = new AddCalc();
        Select obj = new Select(c);
        int result = obj.calc(1, 2);
        System.out.println("result=" + result);
    }
}
``` |

可能有读者会说，Select 类是多余的，在示例中它什么都没做，只起到转接作用。Test 类完全没有必要产生 Select 对象，关键代码只需按下述即可。

```
ICalc c = new AddCalc();
int result = obj.calc(1, 2);
```

对于本例而言，确实如读者所言，Select 类功能太少了，但随着功能的丰富，该类的重要性就显示出来了。这是因为该类成员变量 obj 代表具体策略类的引用，所以该类可看作是各个具体策略的管理类，下面从管理类如下三方面的功能论述上下文类的重要性。

（1）自动选择具体策略，Select 类 calc()方法代码如下所示。

```
public int calc(String expression){
    StringTokenizer st = new StringTokenizer(expression,"+-*/",true);
    int a = Integer.parseInt(st.nextToken());
    String op = st.nextToken();
    int b = Integer.parseInt(st.nextToken());
    if(op.equals("+")) obj = new AddCalc();
    if(op.equals("-")) obj = new MinusCalc();
    if(op.equals("*")) obj = new MulCalc();
```

```java
    if(op.equals("/")) obj = new DivCalc();
    return obj.calc(a, b);
}
```

方法 calc()形参 expression 代表字符串表达式，形如 "2+3" "5*6"。在该方法内部首先通过 StringTokenizer 类对象进行字符串拆分，获得两个整形操作数 a、b 及操作符 op 的值；然后根据操作符 op 的值，动态绑定具体策略类对象；最后调用具体策略类对象的方法完成相应运算。

（2）利用 "反射+配置文件" 技术自动选择具体策略。

例如：配置文件格式如表 14-2 所示。

表 14-2 配置文件格式及说明

config.txt	说　明
+=one.AddCalc	键是 "+"，值是 "one.AddCalc"
-=one.MinusCalc	键是 "-"，值是 "one.MinusCalc"
*=one.MulCalc	键是 "*"，值是 "one.MulCalc"
/=one.DivCalc	键是 "/"，值是 "one.DivCalc"

相应功能类 Select 代码如下所示。

```java
package one;
import java.util.*;
import java.io.*;
public class Select2 {
    private ICalc o;
    Properties p = new Properties();        //配置文件映射成员变量
    public Select2(){
        try{
            String path = this.getClass().getResource("/").getPath();
            path += "one/config.txt";
            FileInputStream in = new FileInputStream(path);
            p.load(in);
            in.close();
        }
        catch(Exception e){e.printStackTrace();}
    }
    public int calc(String expression){
        StringTokenizer st = new StringTokenizer(expression,"+-*/",true);
        int a = Integer.parseInt(st.nextToken());
        String op = st.nextToken();
        int b = Integer.parseInt(st.nextToken());
        String strclass = p.getProperty(op);
        try{
            obj = (ICalc)Class.forName(strclass).newInstance();
        }catch(Exception e){e.printStackTrace();}
        return obj.calc(a, b);
    }
}
```

可以看出：增加了配置文件映射成员变量 p。在构造方法中读取配置文件，将配置信息映射到成员变量 p 中。在 calc()方法中通过 StringTokenizer 类对象进行字符串拆分，获得两个整形操作数 a、b 及操作符 op 的值；根据键 op 及成员变量 p，可获得相应类的对应字符串值 strclass；根据 strclass 就可通过反射机制动态加载对应类对象，调用相关的功能方法。

（3）下文回调上文方法。

在本示例中，Select 类是上文，各具体策略类是下文，上文调用下文是易于理解的，但有时下文也需要调用上文。也就是说，各具体策略类也可能回调上文方法。例如：计算教师（讲师、副教授、教授）月工资，月工资的公式为：总工资=每天工资×天数×系数。相同职称的老师每天的工资额是固定的：讲师为 30 元；副教授为 40 元；教授为 50 元。"系数"根据单位效益动态变化，但对所有职称的老师都是相同的。为了简化规模，仅以计算讲师月工资为例，利用策略模式编制的代码如下所示。

```java
//ISalary.java: 抽象策略接口
package two;
public interface ISalary {
    public float calc(Context context, int n);
}
```

calc()是计算工资的抽象方法，形参 context 是上下文类对象，n 是每月统计上班的天数。

```java
//Teacher.java: 计算讲师的具体工资类
package two;
public class Teacher implements ISalary {
    private static int base = 30;
    public float calc(Context context, int n) {
        float ratio = context.getRatio();
        float money = base*n*ratio;
        return money;
    }
    public static void setBase(int value){
        base = value;
    }
}
```

由于讲师每天基本工资都是 30 元，因此定义了静态成员变量 base 与之对应。calc()方法中通过回调函数 context.getRatio()，即调用上文中的函数获得了工资系数，进而完成了讲师工资的计算。

```java
//Context.java: 上下文类
package two;
public class Context {
    private ISalary sal;                    //具体职称工资的引用
    private float ratio;                    //工资系数
    public Context(ISalary sal, float ratio){
        this.sal = sal;
        this.ratio = ratio;
    }
    public float calc(int n){
        return sal.calc(this, n);
    }
    public float getRatio(){                //用于下文对上文的回调函数
        return ratio;
    }
}
```

```java
//Test.java: 测试类
package two;
public class Test {
    public static void main(String[] args) {
        ISalary sal = new Teacher();            //定义讲师对象
        Context c = new Context(sal,1.1f);      //创建上下文对象，本月工资系数1.1
        float money = c.calc(20);
        System.out.println(money);
```

```
            Context c2 = new Context(sal,1.5f);     //创建上下文对象,本月工资系数1.5
            money = c2.calc(20);
            System.out.println(money);
        }
    }
```

14.4　应用示例

【例 14-1】简易记事本程序。

利用 Java 图形用户界面实现简易记事本功能,即打开文件功能。我们知道文件长度大小不一:对长度较小的文件,可以很快打开并显示在屏幕上;对长度较大的文件,将花费较长的时间打开文件。如果希望在长文件打开过程中还能完成其他功能,无疑将用到多线程技术。本示例利用策略模式完成了对较小、较大文件的打开功能,其界面如图 14-2 所示。

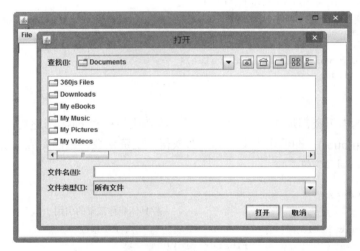

图 14-2　简易记事本界面

编制的各个接口及类代码如下所示。

(1) IRead.java:抽象读文件接口。

```
package three;
import javax.swing.*;
import java.io.*;
interface IRead{
    void read(File f, JTextArea ta);
}
```

该接口方法含义是将 File 对象 f 的文件内容显示在 JTextArea 对象 ta 中。

(2) MyRead.java:小文件读写处理。

```
package three;
import javax.swing.*;
import java.io.*;
class MyRead implements IRead{
    public void read(File f, JTextArea ta){
        try{
```

```java
        long len = f.length();
        byte buf[] = new byte[(int)len];
        FileInputStream in = new FileInputStream(f);
        in.read(buf);
        in.close();
        String s = new String(buf);
        ta.setText(s);
    }catch(Exception e){e.printStackTrace();}
    }
}
```

read()方法功能是:首先获得文件长度 len,再根据 len 值,创建相同大小的字节缓冲区 buf;然后打开文件,一次将文件内容读到缓冲区 buf 中;最后将字节缓冲区 buf 转化为字符串 s,并将 s 显示在 JTextArea 对象 ta 中。

(3) ThreadRead.java, ThreadReadProc.java:大文件读写处理,涉及两个类。

```java
package three;
import javax.swing.*;
import java.io.*;
class ThreadRead implements IRead{
    public void read(File f, JTextArea ta){
        Thread t=new ThreadReadProc(f,ta);
        t.start();
    }
}
class ThreadReadProc extends Thread{
    File f;
    JTextArea ta;
    public ThreadReadProc(File f, JTextArea ta){
        this.f = f;
        this.ta = ta;
    }
    public void run(){
        MyRead obj = new MyRead();
        obj.read(f, ta);
    }
}
```

ThreadRead 是处理大文件读写的主类。在 read()方法中,建立了线程类 ThreadReadProc 对象 t,并启动了该线程。

ThreadReadProc 线程类 run()方法中通过调用上文 MyRead 类,完成了大文件的读写处理。

(4) MyFrame.java:界面+上下文类。

```java
package three;
import javax.swing.*;
import java.awt.BorderLayout;
import java.awt.event.*;
import java.io.*;
class MyFrame extends JFrame implements ActionListener{
    JTextArea ta = new JTextArea();          //文本显示组件
    int LIMITSIZE = 1024*1024*5;             //大小文件阈值
    public MyFrame(){
        JMenuBar menubar=new JMenuBar();
        JMenu menu = new JMenu("File");
        JMenuItem openitem = new JMenuItem("Open");
        menu.add(openitem);
```

```
                menubar.add(menu);
                setJMenuBar(menubar);
                add(new JScrollPane(ta), BorderLayout.CENTER);
                ta.setLineWrap(true);              //激活自动换行功能
                ta.setWrapStyleWord(true);         //激活断行不断字功能
                openitem.addActionListener(this);

                this.setDefaultCloseOperation(JFrame.EXIT_ON_CLOSE);
                setSize(600,800);
                setVisible(true);
        }
        public void actionPerformed(ActionEvent e) {
                JFileChooser choose = new JFileChooser();
                choose.showOpenDialog(null);

                File file = choose.getSelectedFile();
                long len = file.length();
                IRead read = null;
                if(len < LIMITSIZE)
                    read = new MyRead();
                else
                    read = new ThreadRead();
                read.read(file, ta);
        }
}
```

该类中成员变量 ta 是文本显示组件；成员变量 LIMITSIZE 用于定义大小文件阈值，本示例中该值为 5M。当文件长度小于 5M 时定义为小文件，反之定义为大文件。

构造方法 MyFrame()首先生成了 GUI 界面，由于本例中 JTextArea 组件支持自动换行、断行不断字功能，因此要特别体会 setLineWrap()、setWrapStyleWord()系统方法的作用；然后对菜单项"open"增加了 ActionListener 动作响应消息处理，由代码"openitem.addActionListener(this);"可知：MyFrame 类必须实现 ActionListener 接口，并重写 actionPerformed()方法；最后对视窗大小、关闭属性进行了设置。

actionPerformed()方法中主要完成两个功能：第一个功能是通过"打开文件"对话框选择相应文件；第二个功能是根据文件大小选择文件打开策略：当小文件时选择普通打开文件策略；当大文件时选择多线程打开文件策略。

（5）Test.java：一个简单测试类。
```
public class MyNotepad {
    public static void main(String[] args) {
        new MyFrame();
    }
}
```

【例 14-2】Web 应用程序多国语言页面处理问题。

Web 应用程序中经常会遇到多国语言处理问题，例如很多网页既支持中文版，又支持英文版。利用策略模式是解决 Web 应用程序多语言支持的重要手段。从策略模式出发，本例实现了学生信息添加的中、英文页面。学生信息包括：学号、姓名、年龄、所在系四项。其对应的中、英文学生信息添加页面如图 14-3 所示。

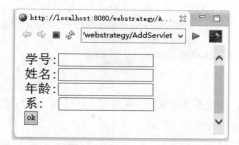

图 14-3　学生信息添加中、英文页面对比图

所编制的接口及类代码如下所示。

（1）IAddGui.java：抽象添加页面接口函数。
```java
package four;
import javax.servlet.http.*;
public interface IAddGui {
    void addGui(HttpServletRequest req,HttpServletResponse rep);
}
```
由于是 Web 编程，因此接口函数形参一般是 HttpServletRequest、HttpServletResponse 类型。

（2）StudEnAdd.java、StudChAdd.java：分别对应具体的中、英文页面形成类。
```java
package four;
import java.io.PrintWriter;
import javax.servlet.http.*;
class StudEnAdd implements IAddGui {           //英文页面类
    public void addGui(HttpServletRequest req, HttpServletResponse rep) {
        StringBuffer s = new StringBuffer();
        s.append("<form>");
            s.append("NO:    <input type='text' 
               /><br>");
            s.append("Name:  <input type='text' /><br>");
            s.append("Age:   <input type='text'
               /><br>");
            s.append("Depart:<input type='text' /><br>");
            s.append("<input type='submit' value='ok' />");
        s.append("</form>");
        try{
            PrintWriter out = rep.getWriter();
            out.print(s);
        }catch(Exception e){}
    }
}
public class StudEnAdd implements IAddGui {
    public void addGui(HttpServletRequest req, HttpServletResponse rep) {
        StringBuffer s = new StringBuffer();
        s.append("<form>");
        s.append("NO:    <input type='text' 
           /><br>");
        s.append("Name:  <input type='text' /><br>");
        s.append("Age:   <input type='text' />
           <br>");
        s.append("Depart:<input type='text' /><br>");
        s.append("<input type='submit' value='ok' />");
        s.append("</form>");
```

```java
        try{
            PrintWriter out = rep.getWriter();
            out.print(s);
        }catch(Exception e){}
    }
}
```

中、英文页面形成的规则是相似的，只不过页面的"提示"信息是不同的，要分别用中文信息或英文信息加以"提示"。

（3）AddServlet.java：上下文环境类，也是典型的 Servlet 类。

```java
package four;
import java.io.IOException;
import javax.servlet.ServletException;
import javax.servlet.annotation.WebServlet;
import javax.servlet.http.*;
@WebServlet("/AddServlet")
public class AddServlet extends HttpServlet {
    private static final long serialVersionUID = 1L;
public AddServlet() {}
    protected void service(HttpServletRequest req, HttpServletResponse rep) throws ServletException, IOException {
        rep.setContentType("text/html; charset=GBK");
        IAddGui obj = new StudEnAdd();
        obj.addGui(req, rep);
    }
}
```

该 Servlet 类目前是显示英文学生信息添加页面。读者也可自定义配置文件，配置文件中包含当前语言选项，应用程序可根据配置文件中的语言选项值，自动选择显示英文或中文页面。

模式实践练习

1. 利用策略模式编制读 gbk、unicode、utf8 编码文件的功能类。

2. 完善【例 14-2】，自定义配置文件，AddServlet 类通过读取配置文件，自动选择中文或英文页面显示。

15 模板方法模式

　　模板方法模式是指定义一个操作中算法的骨架,而将一些步骤延迟到子类中。模板方法使子类可以不改变一个算法的结构,即可重定义该算法的某些特定步骤。适合模版方法模式的情景如下:编制一个通用算法,将某些步骤的具体实现留给子类来实现;需要重构代码,将各个子类的公共行为提取到一个共同的父类中,避免代码重复。

15.1 问题的提出

考虑这样一个问题：学生基本信息类包括：姓名，语文、数学、外语成绩，现已有一个该学生信息数组，显示语文成绩最高的学生姓名及数学成绩最高的学生姓名（假设每门成绩无重复），可能有同学很快会写出如下代码。

```java
class Student{
    String name;
    int chinese;
    int math;
    int english;
    public Student(String na,int c, int m, int e){
        name = na;
        chinese = c;
        math = m;
        english = e;
    }
}
public class Test1 {
    public static void main(String[] args) {
        Student s[] = {new Student("li",60,70,80),     //已有学生数组
            new Student("li2",50,80,70),
            new Student("li3",80,65,55)};
        Student mid = s[0];                             //求语文最高成绩学生
        for(int i=1; i<s.length; i++){
            if(mid.chinese < s[i].chinese)
                mid = s[i];
        }
        System.out.println("max chinese is:"+mid.name);
        mid = s[0];                                     //求数学最高成绩学生
        for(int i=1; i<s.length; i++){
            if(mid.math < s[i].math)
                mid = s[i];
        }
        System.out.println("max math is:"+mid.name);
    }
}
```

读者会发现：求语文和数学最高成绩的算法是相似的，如果再增加求外语最高成绩的学生姓名，只不过再写一次相似的 for 循环罢了。其实可以得出结论：求任意对象数组的"XXX"信息最大值算法都是相似的，那么能否统一算法，适用于任何对象数组呢？模板方法模式给我们很好的启示。

15.2 方法模板

15.2.1 自定义方法模板

下面是编制求对象数组最大值的泛型类。

```java
//ILess.java:定义二元比较方法
public interface ILess<T> {
    boolean less(T x, T y);
```

```java
}
//Algo.java:泛型方法类
public class Algo<T> {
    public T getMax(T t[], ILess<T> cmp){
        T maxValue = t[0];
        for(int i=1; i<t.length; i++){
            if(cmp.less(maxValue, t[i]))          //这一行是理解的关键
                maxValue = t[i];
        }
        return maxValue;
    }
}
```

（1）求对象数组的最大值算法比较简单，在这里就不多言了。ILess 接口定义了二元比较方法，getMax()是求对象数组最大值的泛型方法。可以发现：根本勿需实现 ILess 的子类，上述框架程序即编译成功。

（2）框架程序若获得具体应用，则必须实现 ILess 的子类。下面以求整形数组最大值及学生成绩最大值加以说明，代码如下所示。

```java
//InteLess.java: 整形数比较器
public class InteLess implements ILess<Integer> {
    public boolean less(Integer x, Integer y) {
        return x<y;
    }
}
//Student.java: 学生基本类
public class Student {
    String name;              //姓名
    int grade;                //成绩
    public Student(String name, int grade){
        this.name = name;
        this.grade= grade;
    }
}
//StudLess.java: 学生成绩比较器
public class StudLess implements ILess<Student> {
    public boolean less(Student x, Student y) {
        return x.grade < y.grade;
    }
}

//Test1.java: 一个简单测试类
public class Test1 {
    public static void main(String[] args ) {
        Algo<Integer> obj = new Algo();
        ILess<Integer> cmp = new InteLess();
        Integer a[] = {3,9,2,8};
        Integer max = obj.getMax(a, cmp);
        System.out.println("Integer max=" +max);

        Algo<Student> obj2 = new Algo();
        ILess<Student> cmp2 = new StudLess();
        Student s[]={new Student("li",70),new Student("sun",90),new Student("zhao",80)};
        Student max2 = obj2.getMax(s, cmp2);
```

```
        System.out.println("Student max grade:" + max2.grade);
    }
}
```

（3）根据上文可以看出：若实现求某类对象数组的最大值，主要工作是编制具体的从 ILess 接口派生的子类代码，重写 less()方法，自定义比较规则即可。

15.2.2　JDK 方法模板

JDK 中有许多采用方法模板的实例，如 Arrays 类中的 sort（ ）排序方法、binarySearch()二分查找方法等等。以 sort()排序方法为例，Arrays 类中部分方法源码如下所示（为了方便说明，仅列出了关键代码）。

```
    public static <T> void sort(T[] a, Comparator<? super T> c) {
        T[] aux = (T[])a.clone();
            if (c==null)
                mergeSort(aux, a, 0, a.length, 0);
            else
                mergeSort(aux, a, 0, a.length, 0, c);
    }
    private static void mergeSort(Object[] src,
                    Object[] dest,
                    int low, int high, int off,
                    Comparator c) {
        int length = high - low;
        if (length < INSERTIONSORT_THRESHOLD) {
            for (int i=low; i<high; i++)
            for (int j=i; j>low && c.compare(dest[j-1], dest[j])>0; j--)
                swap(dest, j, j-1);
            return;
        }
        int destLow  = low;
        int destHigh = high;
        low  += off;
        high += off;
        int mid = (low + high) >>> 1;
        mergeSort(dest, src, low, mid, -off, c);
        mergeSort(dest, src, mid, high, -off, c);
        if (c.compare(src[mid-1], src[mid]) <= 0) {
          System.arraycopy(src, low, dest, destLow, length);
            return;
        }
    }
```

可以看出：排序算法的本质是归并排序。在这里不讨论算法本身，仅研究 Comparator 接口的功能（代码中多次用到形如 c.compare(dest[i],dest[j]) ）。它主要有两个作用：一是让算法完备，也就是说，没有多态接口的定义，算法就无法完成；二是告诉应用者若该算法起作用，你所做的工作仅是实现 Comparator 接口，重写 compare()函数，完成自定义比较规则的定制。

总之，经常看 JDK 源码是一个非常好的习惯，从中能明白很多"为什么"，而不是死记硬背。

考虑这样一个应用：对学生成绩排序，要得到每名学生每门课的排名及总成绩的排名，即要得到语文、数学、外语、总成绩排名，因此要定义四个比较器类，其相关代码如下所示。

（1）Student.java：学生基础信息类。
```java
package two;
public class Student {
    String name;         //姓名
    int chinese;         //语文成绩
    int math;            //数学成绩
    int english;         //外语成绩
    int cpos;            //语文名次
    int mpos;            //数学名次
    int epos;            //外语名次
    int tpos;            //总成绩名次
    Student(String name,int c,int m,int e){
        this.name = name;
        chinese = c;
        math = m;
        english = e;
    }
}
```
由于要计算语文、数学、外语，以及总成绩排名，因此要定义与之相关的成员变量，见代码注释。

（2）StudentManage.java：学生集合管理类。
```java
package two;
import java.util.*;
public class StudentManage {
    Vector<Student> vec = new Vector();
    void add(Student s){
        vec.add(s);
    }
    void sortByCh(){                                  //语文成绩排序
        Collections.sort(vec, new Comparator<Student>(){
            public int compare(Student o1, Student o2) {
                return o2.chinese - o1.chinese;
            }
        });
        for(int i=0; i<vec.size(); i++){         //填写语文名次
            Student cur = vec.get(i);
            cur.cpos = (i+1);
        }
    }
    void sortByMa(){/*与语文排序代码相似，略*/}
    void sortByEn(){/*与语文排序代码相似，略*/}
    void sortByToatl(){                               //总成绩排序
        Collections.sort(vec, new Comparator<Student>(){
            public int compare(Student o1, Student o2) {
                return o2.chinese+o2.math+o2.english -
                    (o1.chinese+o1.math+o1.english);
            }
        });
        for(int i=0; i<vec.size(); i++){         //填写总成绩排名
            Stud2ent cur2 = vec.get(i);
```

```
            cur.ltpos = (i+1);
        }
    }
}
```

由于四个排序规则比较器比较简单，因此在代码中以匿名类出现，代码显得简洁、美观；又由于所有排序必须降序排列，因此在比较函数内部要用"o2-o1"。读者可以自编测试类加以测试。

15.3 流程模板

流程模板就是指做一些任务的通用流程，如网上有许多自我介绍模板、推荐信模板，即开头和结尾可能都是差不多的内容，而中间需要客户去修改一下即可使用。设计模式源自生活，故流程模板就在类似的场景下诞生了。它是指写一个操作中的算法框架，而将一些步骤延迟到子类中去实现，这样就使得子类可以不改变一个算法的结构即可重定义该算法的某些特定步骤。

考虑这样一个示例：求圆和长方形的面积，要求输入不同形状的参数：圆需要输入半径 r；长方形需要输入长、宽值。

根据题意，求任意形状的面积流程包含两部分：输入参数过程、计算面积过程。据此编制的功能类如下所示。

（1）AbsShape.java：
```java
package three;
public abstract class AbsShape {
    public double process(){
        input();
        double value = getArea();
        return value;
    }
    public abstract void input();
    public abstract double getArea();
}
```

process()方法是流程模板处理方法，体现出了"输入"和"计算"两个子过程。input()、getArea()定义为抽象方法，表明不同形状的输入过程和计算面积公式是不一样的，必须在子类重写。

（2）两个具体的形状功能类。
```java
//Circle.java：圆
package three;
import java.util.*;
public class Circle extends AbsShape {
    double r;
    public double getArea() {
        double s = Math.PI*r*r;
        return s;
    }
    public void input() {
        System.out.println("请输入半径:");
        Scanner s = new Scanner(System.in);
        r = s.nextDouble();
    }
}
//Rect.java：长方形
```

```java
package three;
import java.util.*;
public class Rect extends AbsShape {
    double width,height;
    public double getArea() {
        double s = width*height;
        return s;
    }
    public void input() {
        System.out.println("请输入宽、高:");
        Scanner s = new Scanner(System.in);
        width = s.nextDouble();
        height = s.nextDouble();
    }
}
```

这两个类根据自身特点重写了input()和getArea()方法。

（3）Test、Java：一个简单的测试类。

```java
package three;
public class Test {
    public static void main(String[] args) {
        AbsShape obj = new Circle();
        obj.process();              //圆的输入及求面积处理
        AbsShape obj2 = new Rect();
        obj2.process();             //方形的输入及求面积处理
    }
}
```

本示例体现了流程模板方法的处理方式，进而可得流程模板模式类图如图 15-1 所示。

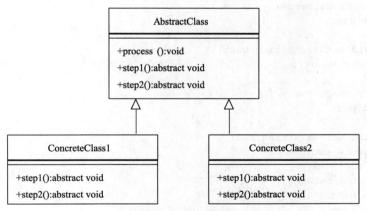

图 15-1 流程模板模式类图

流程模板模式各个角色具体描述如下所示。

- AstractClass：抽象类。用来定义算法骨架和原语操作，具体的子类通过重写这些原语操作来实现一个算法的各个步骤。
- ConcreteClass：具体类。用来实现算法骨架中的某些步骤，完成与特定子类相关的功能。

15.4 应用示例

【例 15-1】利用流程模板实现 Web 应用中的注册功能。

以用户注册功能为例,用户信息包括:用户名、密码、姓名,其界面如图 15-2 所示。

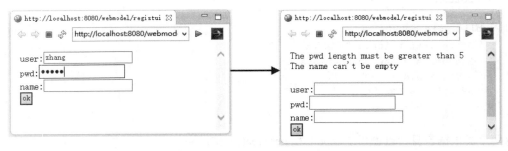

图 15-2 用户注册界面示例

本例要求用户名不能为空,密码长度必须大于 5,姓名不能为空。由于图 15-2 左侧图形中密码长度为 5,姓名是空的,因此当按 ok 按钮时会出现图 15-2 右侧界面。其中,上半部分显示错误信息,下半部分是输入界面。利用流程模板编制的功能类如下所示。

(1) User.java:用户基本信息类。

```java
package four;
public class User {
    private String user;
    private String pwd;
    String name;
    public String getUser() {
        return user;
    }
    public void setUser(String user) {
        this.user = user;
    }
    public String getPwd() {
        return pwd;
    }
    public void setPwd(String pwd) {
        this.pwd = pwd;
    }
    public String getName() {
        return name;
    }
    public void setName(String name) {
        this.name = name;
    }
}
```

(2) AbstractRegist.java:抽象流程类。

```java
package four;
import java.io.*;
import java.util.*;
import javax.servlet.ServletException;
import javax.servlet.http.*;
public abstract class AbstractRegist {
```

```java
    public static Map<String,String>map = new HashMap();
    protected HttpServletRequest req;
    protected HttpServletResponse rep;
    protected User user = new User();
    protected boolean mark = true;
    void process(HttpServletRequest req, HttpServletResponse rep) throws Servlet
Exception, IOException{
        this.req = req;
        this.rep = rep;
        mark = true;
        getDatas();           //获得数据
        checkDatas();         //数据基本校验
        if(mark==true)
            registProc();     //注册业务处理
        if(mark==true)        //注册成功则显示"Regist success"字符串
            rep.getWriter().print("Regist success");
        else                  //失败则重新转向注册页面
            rep.sendRedirect("registui");
    }
    public abstract void getDatas();
    public abstract void checkDatas();
    public abstract void registProc();
}
```

静态成员变量 map 用于仿真所有注册信息，其键-值映射对中，键是用户名，值是用户 User 对象。

process()方法包含了注册的各个关键步骤，即：①获取注册数据 getDatas 方法；②数据基本校验 checkDatas()方法；③注册业务处理 registProc()方法；④注册成功（失败）转向页面，并将 getDatas()、checkDatas()、registProc()定义为抽象方法，表明具体子类必须重写这些方法。

在 process()方法中将成员变量 mark 初始设置为 true，经过 getDatas()、checkDatas()、registProc()后 mark 仍为 true，表明注册成功，否则注册失败。换句话说，在子类重写的这三个函数都可能修改 mark 值为 false，表明获得的数据不满足注册条件。

（3）MyRegist.java：具体子类。

```java
package four;
import java.util.Vector;
import javax.servlet.http.HttpSession;
public class MyRegist extends AbstractRegist {
    public void getDatas() {
        String u=req.getParameter("user");        //获取用户名
        String p = req.getParameter("pwd");       //获取密码
        String na=req.getParameter("name");       //获取姓名
        u.trim(); p.trim(); na.trim();            //去空格
        user.setUser(u);                          //建立 User 对象
        user.setPwd(p);
        user.setName(na);
    }
    public void checkDatas() {
        HttpSession se = req.getSession();
        Vector<String> v = new Vector();
        if(user.getUser().equals(""))             //用户名为空
```

```
                v.add("The user can't be empty");
            if(user.getPwd().equals(""))                //密码为空
                v.add("The pwd can't be empty");
            if(user.getPwd().length()<6)                //密码长度<6
                v.add("The pwd length must be greater than 5");
            if(user.getName().equals(""))               //姓名不为空
                v.add("The name can't be empty");
            if(v.size()>0){
                se.setAttribute("error", v);            //添加错误
                mark = false;                           //设置mark标志
            }
        }
        public void registProc() {
            String key = user.getUser();
            if(map.get(key)==null){                     //若是新键
                map.put(key, user);                     //可注册
            }
            else{                                       //否则
                HttpSession se = req.getSession();
                Vector<String> v = new Vector();
                v.add("The user is duplicate!change another");
                se.setAttribute("error", v);            //添加错误信息
                mark = false;                           //设置mark标志
            }
        }
    }
```

getDatas()方法用于获取用户名、密码、姓名的值，然后去掉这些值的左右空格，建立 User 对象；checkDatas()用于检查用户名、密码、姓名是否为空，密码长度是否大于 5，并将错误信息添加到 Session 对象中，以备后用；registProc()首先判断该用户名在 map 中是否存在，若不存在则注册，否则添加错误信息，然后将其添加到 Session 对象中。

以上三个类 User、AbstractRegist、MyRegist 是流程模板的三个功能类。为了进行验证，还需要下述的 RegistUI.java、Regist.java 两个类文件。

（4）RegistUI.java：注册输入页面 Servlet 类。

```
package four;
import java.io.IOException;
import java.util.Vector;
import javax.servlet.ServletException;
import javax.servlet.annotation.WebServlet;
import javax.servlet.http.*;
@WebServlet("/registui")
public class RegistUI extends HttpServlet {
    private static final long serialVersionUID = 1L;
    public RegistUI() {super();}
    protected void service(HttpServletRequest req, HttpServletResponse rep) throws ServletException, IOException {
        HttpSession se = req.getSession();
        Object obj = se.getAttribute("error");
        if(obj != null){                                //添加错误信息
            Vector<String> v= (Vector)obj;
            for(int i=0; i<v.size(); i++){
```

```
                rep.getWriter().print(v.get(i)+"<br>");
            }
            se.removeAttribute("error");
        }
        //创建输入页面
        StringBuffer s = new StringBuffer();
        s.append("<form action='regist'>");
            s.append("user:<input type='text' name='user' /><br>");
            s.append("pwd:<input type='password' name='pwd' /><br>");
            s.append("name:<input type='text' name='name' /><br>");
            s.append("<input type='submit' value='ok' />");
        s.append("</form>");
        rep.getWriter().print(s);
    }
}
```

service()函数完成两部分功能：首先进行错误信息处理，然后创建注册输入页面。

（5）Regist.java：RegistUI Servlet 类的响应类，同样是 Servlet 类。

```
package four;
import java.io.IOException;
import javax.servlet.ServletException;
import javax.servlet.annotation.WebServlet;
import javax.servlet.http.*;
@WebServlet("/regist")
public class Regist extends HttpServlet {
    private static final long serialVersionUID = 1L;
public Regist() {super();}
    protected void service(HttpServletRequest req, HttpServletResponse rep) throws ServletException, IOException {
        AbstractRegist obj = new MyRegist();
        obj.process(req, rep);
    }
}
```

进行实验时，输入 http://……/registui 即可。

模式实践练习

1. 编制方法模板，对数组实现选择排序功能，并编制测试类加以测试。
2. 编制 Web 应用中的登陆流程模板，并编制测试类加以测试。

16 解释器模式

解释器模式是指给定一个语言，定义它的文法的一种表示，并定义一个解释器，这个解释器使用该表示来解释语言中的句子。适合解释器模式的情景如下：当有一个简单的语言需要解释执行，该语言元素符合文法规则和抽象语法树时。

16.1 问题的提出

生活中数学表达式有很重要的意义。例如在银行、证券类项目中，经常会有一些模型运算，通过对现有数据的统计、分析而预测不可知或未来可能发生的商业行为。一般的模型运算都有一个或多个运算公式，通常是加、减、乘、除四则运算，偶尔也有指数、开方等复杂运算。

利用模型运算的一般步骤是：①输入一个模型公式（如加减运算）；②输入模型中的参数；③运算出结果。

例如，我们要计算 a+b-c 三个整数的值，可能有读者认为这太简单了，很快就编写出如下关键代码。

```
Scanner sc = new Scanner(System.in);
int a = sc.nextInt();
int b = sc.nextInt();
int c = sc.nextInt();
int result = a+b-c;
```

仔细分析上述代码就会发现：该代码仅包含了模型运算的输入参数及获取运算结果过程，缺乏模型输入过程。假设运算模型用字符串"a+b+c"来描述，那么该字符串如何能转化成相应的功能类，进而计算出结果呢？解释器模式为我们提供了一个较好的策略。

16.2 解释器模式

16.2.1 文法规则和抽象语法树

解释器模式描述了如何为简单的语言定义一个文法，如何在该语言中表示一个句子，以及如何解释这些句子。在正式分析解释器模式结构之前，我们先来学习如何表示一个语言的文法规则以及如何构造一棵抽象语法树。

在整数加法/减法解释器中，每一个输入表达式都包含了三个语言单位，可以使用如下文法规则来定义。

```
expression ::=value | operation
operation  ::=expression+expression | expression-expression
value      ::=an integer
```

其中，expression 代表一个表达式；operation 代表一个操作；value 代表一个整数值。该文法规则包含三条语句，第一条表示表达式的组成方式。其中，value 和 operation 是后面两个语言单位的定义。每一条语句所定义的字符串如 operation 和 value 称为语言构造成分或语言单位，符号"::="表示"定义为"的意思，其左边的语言单位通过右边来进行说明和定义，语言单位对应终结符表达式和非终结符表达式，如本规则中的 operation 是非终结符表达式，它的组成元素仍然可以是表达式，即可以进一步分解，而 value 是终结符表达式，它的组成元素是最基本的语言单位，不能再进行分解。

除了使用文法规则来定义一个语言外，在解释器模式中还可以通过一种称之为抽象语法树的图形方式来直观地表示语言的构成。每一棵抽象语法树都对应一个语言实例，如加法/减法表达式语言中的语句"a+b-c"，可以通过如图 16-1 所示抽象语法树来表示。

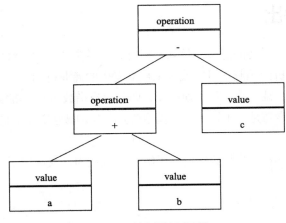

图 16-1 抽象语法树示例

在图 16-1 中树的叶子节点为终结符表达式，非叶子节点为非终结符表达式。

16.2.2 解释器模式

解释器模式是一种按照规定语法进行解析的方案，其定义如下：给定一个语言，定义它的文法的一种表示，并定义一个解释器，该解释器使用该表示来解释语言中的句子。其抽象 UML 类图如图 16-2 所示。

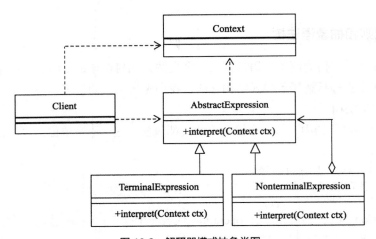

图 16-2 解释器模式抽象类图

解释器模式各个角色具体描述如下所示。

- AbstractExpression（抽象表达式）：在抽象表达式中声明了抽象的解释操作，它是所有终结符表达式和非终结符表达式的公共父类。
- TerminalExpression（终结符表达式）：终结符表达式是抽象表达式的子类，它实现了与文法中的终结符相关联的解释操作，在句子中的每一个终结符都是该类的一个实例。通常在一个解释器模式中只有少数几个终结符表达式类，它们的实例可以通过非终结符表达式组成较为复杂的句子。

- NonterminalExpression（非终结符表达式）：非终结符表达式也是抽象表达式的子类，它实现了文法中非终结符的解释操作。由于在非终结符表达式中可以包含终结符表达式，也可以继续包含非终结符表达式，因此其解释操作一般通过递归的方式来完成。
- Context（环境类）：环境类又称为上下文类，它用于存储解释器之外的一些全局信息，通常它临时存储了需要解释的语句。

让我们利用解释器模式来完成双精度数加法/减法器的设计，其代码如下所示。

（1）Context.java：上下文环境类。

```java
class Context{
    Map<String,Double> m = new HashMap();
    void assign(String key, double value){
        m.put(key, value);
    }
}
```

该类功能是保存模型公式的具体参数值，是用 map 映射成员变量 m 保存的。例如，若模型公式为"a+b"，其具体值为 a=1，b=2，则通过具体调用 assign("a",1)，assign("b",2)，将 a、b 的值保存在成员变量 m 中。

（2）Expression.java：抽象表达式接口定义。

```java
interface Expression{
    public double interpret(Context c);
}
```

（3）Number.java：终结符表达式类。

```java
class Number implements Expression{
    String s;
    Number(String s){
        this.s = s;
    }
    public double interpret(Context c){
        return c.m.get(s);
    }
}
```

即该类对象代表图 16-1 抽象语法树的叶子节点，表明能够获得具体值。在 interpret()方法中，形参 c 是上下文 Context 对象，c.m 代表 Context 对象映射成员变量，通过其 get()方法即可获得叶子节点的具体值。

（4）两个具体的非终结符表达式类。

```java
class Plus implements Expression{          //两个表达式相加
    Expression one;
    Expression two;
    Plus(Expression one, Expression two){
        this.one = one;
        this.two = two;
    }
    public double interpret(Context c){
        return one.interpret(c) + two.interpret(c);
    }
}
class Minus implements Expression{         //两个表达式相减
    Expression one;
```

```java
        Expression two;
        Minus(Expression one, Expression two){
            this.one = one;
            this.two = two;
        }
        public double interpret(Context c){
            return one.interpret(c) - two.interpret(c);
        }
    }
```

上述（1）~（4）是解释器模式的功能类，读者一定要清楚这些功能类的运行流程。为此，先编制一个最简单的测试类，如下所示。

```java
    public class Test {
        public static void main(String []args){
            Context c = new Context();                    //添加上下文变量
            c.assign("a", 10);                            //设置 a=10
            c.assign("b", 20);                            //设置 b=20
            c.assign("c", 30);                            //设置 c=30
            double r = new Number("a").interpret(c);      //求表达式 a 的值
            //求 a+b 的值
            double r2= new Plus(new Number("a"), new Number("b")).interpret(c);
            //求 a+b-c 的值
            double r3= new Minus(new Plus(new Number("a"),new Number("b")),new Number("c")).interpret(c);
            System.out.println("a="+r);
            System.out.println("a+b="+r2);
            System.out.println("a+b-c="+r3);
        }
    }
```

从代码中看出上下文环境类 Context 对象包含了模型公式需要的各具体值。**new** Number("a").interpret(c)语义是求字符串表达式"a"的值，是通过在 Number 类 interpret()方法中，以"a"为键，查询 Context 中对应的值即可，很明显该结果为 10。**new** Plus(**new** Number("a"), **new** Number("b")).interpret(c) 语义是求字符串表达式"a+b"的值，在 Plus 类的 interpret()方法中分解为 **new** Number("a").interpret(c)+ **new** Number("b").interpret(c)，前者结果为 10，后者总结果为 20，所以总结果为 30。同理可分析出测试类中"a+b+c"的运行流程。

在上述测试类 Test 中，仍然没有体现出输入模型公式过程，那么也就体会不出（1）~（4）功能类的作用，因此必须增加一个模型公式输入流程。改进后的 Test 类代码如下所示。

```java
    public class Test {
        public static void main(String []args){
            Scanner sc = new Scanner(System.in);
            System.out.println("Please input the calculater model:");
            String strModel = sc.nextLine();              //输入模型公式，形如 a+b-c+d
            System.out.println("Please input the value(a b c):");
            double a = sc.nextDouble();                   //输入模型具体参数值
            double b = sc.nextDouble();
            double c = sc.nextDouble();
            Context ctx = new Context();
            ctx.assign("a", a);
            ctx.assign("b", b);
            ctx.assign("c", c);
```

```java
        double result = 0;
        String op = "+";
        StringTokenizer st = new StringTokenizer(strModel, "+-",true);
        while(st.hasMoreTokens()){                    //计算结果过程
            String s = st.nextToken();
            double value = new Number(s).interpret(ctx);
            if(op.equals("+"))
                result += value;
            else
                result -= value;
            if(st.hasMoreTokens())
                op = st.nextToken();
        }
        System.out.println(result);                   //输出结果
    }
}
```

该测试类可输入任意的字符串加减法模型公式，然后输入模型参数的具体值，最后得出具体结果，但是我们发现：在计算结果过程的 while 循环中，只与 Number 类有关，与 Plus、Minus 类无关，仍然体会不出 Plus、Minus 类的作用。这是因为目前的表达式太简单了，都是顺序运算。若有带括号运算，如模型公式形如 a-(b+c)，上述计算结果的 while 循环就不正确了。

考虑更普遍的运算器情况，假设模型公式支持加、减、乘、除及括号运算。我们只需仿 Plus 类编制乘法类 Multiply、除法类 Divide 即可，那么如何编制运算器的通用算法呢？只需将字符串模型公式变为后序字符串输入即可。例如，若模型公式为"(a+b)×(c+d)"，则输入后序字符串"ab+cd+×"即可，采用后序表示模型公式的好处是去除了括号，同时谁先算，谁后算一目了然。进一步改进后的 Test 类代码如下所示。

```java
public class Test {
    public static void main(String []args){
        Scanner sc = new Scanner(System.in);
        System.out.println("Please input the model(postorder):");
        String strModel = sc.nextLine();              //参数间用空格隔开
        System.out.println("Please input the value(a b c):");
        double a = sc.nextDouble();
        double b = sc.nextDouble();
        double c = sc.nextDouble();
        Context ctx = new Context();
        ctx.assign("a", a);
        ctx.assign("b", b);
        ctx.assign("c", c);

        Stack<Expression> expressionStack = new Stack<Expression>();
for (String token : strModel.split(" ")) {
if (token.equals("+")) {
            Expression subExpression = new Plus(
                expressionStack.pop(), expressionStack.pop());
            expressionStack.push(subExpression);
        } else if (token.equals("-")) {
            Expression subExpression = new Minus(
                expressionStack.pop(), expressionStack.pop());
            expressionStack.push(subExpression);
        }else if (token.equals("*")) {
```

```java
                Expression subExpression = new Multiply(
                    expressionStack.pop(), expressionStack.pop());
                expressionStack.push(subExpression);
            }else if (token.equals("/")) {
                Expression subExpression = new Divide(
                    expressionStack.pop(), expressionStack.pop());
                expressionStack.push(subExpression);
            }else
                expressionStack.push(new Number(token));
        }
        Expression syntaxTree = expressionStack.pop();
        double result = syntaxTree.interpret(ctx);
        System.out.println("result="+result);
    }
}
```

要注意模型公式输入形式,若表达式为"a×(b+c)",则输入后序遍历串为"a b c + ×",各元素间利用一个空格进行分割。

16.3 应用示例

【例 16-1】设计一个解释器来处理 DOS copy 命令。copy 命令用来从一个或多个文件创建一个新文件。
- `copy a.txt c.txt`   //将 a.txt 文件内容拷贝到 c.txt 中
- `copy a.txt+b.txt c.txt`   //将 a.txt、b.txt 文件内容拷贝到 c.txt 中

根据解释器模式规则,编制相应的接口、类代码如下所示。

(1) Context.java:上下文环境类。
```java
class Context{
    Map<String,String> m = new HashMap();
    void assign(String in,String out){
        m.put(in, out);
    }
}
```
映射 Map<String,String>成员变量 m 用于保存拷贝的"源文件-目的文件"路径信息。

(2) ICommand.java:抽象命令解释器类。
```java
interface ICommand{
    boolean execute(Context ctx);
}
```

(3) 两个具体的命令解释器类。
```java
class CopySingle implements ICommand{
    String inPath;
    CopySingle(String inPath){
        this.inPath = inPath;
    }
    public boolean execute(Context ctx){
        try{
            File f = new File(inPath);                //读文件过程开始
            int len = (int)f.length();
            byte buf[] = new byte[len];
            FileInputStream in = new FileInputStream(inPath);
```

```
            in.read(buf);
            in.close();
            String strOutPath = ctx.m.get(inPath);        //写文件过程开始
            FileOutputStream out = new FileOutputStream(strOutPath, true);
            out.write(buf);
            out.close();
        }catch(Exception e){return false;}
        return true;
    }
}
```
该类实现了某单独文件的具体拷贝。
```
class CopyMulti implements ICommand{
    String inPath[];
    CopyMulti(String in[]){
        inPath = in;
    }
    public boolean execute(Context ctx){
        for(int i=0; i<inPath.length; i++){
            String in = inPath[i];
            boolean b = new CopySingle(in).execute(ctx);
            if(!b) return false;
        }
        return true;
    }
}
```
该类中成员变量 inPath[]字符串数组代表待拷贝的多个文件的具体路径，execute 方法利用循环，每次调用 CopySingle 对象，完成了多文件向目标文件的拷贝。

（4）Test.java：一个简单的测试类。
```
public class Test {
    public static void main(String []args){
        Scanner sc = new Scanner(System.in);
        System.out.println("Input the copy command:");
        String s = sc.nextLine();                    //输入拷贝命令串
        String unit[] = s.split(" ");                //按空格拆分
        String in[] = unit[1].split("\\+");
        String out = unit[2];
        Context c = new Context();                   //设置上下文参数
        for(int i=0; i<in.length; i++){
            c.assign(in[i], out);
        }
        new CopyMulti(in).execute(c);                //完成多文件拷贝（包括单文件拷贝）
    }
}
```
拷贝命令串形如"copy a.txt+b.txt c.txt"，当按空格拆分后，unit[0]为"copy"，unit[1]为"a.txt+b.txt"，unit[2]为"c.txt"。若想获得具体的待拷贝文件路径集合，必须对 unit[1]字符串按"+"拆分。

从 main()方法中看出：不论对单文件或多文件拷贝，都是按统一的多文件拷贝流程实现的。

【例 16-2】某软件公司开发了一套简单的基于字符界面的格式化指令，可以根据输入的指令在字符界面中输出一些格式化内容，例如输入"LOOP 2 PRINT zhang SPACE SPACE PRINT li BREAK END PRINT wang SPACE SPACE PRINT sun"，将输出如下结果。

```
zhang    li
zhang    li
wang     sun
```

其中，关键词 LOOP 表示"循环"，后面的数字表示循环次数；PRINT 表示"打印"，后面的字符串表示打印的内容；SPACE 表示"空格"；BREAK 表示"换行"；END 表示"循环结束"。每一个关键词都对应一条命令，计算机程序将根据关键词执行相应的处理操作。

现使用解释器模式设计并实现该格式化指令的解释，对指令进行分析并调用相应的操作执行指令中每一条命令。

分析：根据该格式化指令中句子的组成，定义了如下文法规则：

```
expression ::=command 集合
command ::= loop|primitive 语句命令
loop ::= loop number expression end
primitive ::= print string|space|break
```

从中可以得出：三条原语表达式 print、space、break 是终止命令结束符；loop 是非终止命令结束符，它是多个表达式的集合。编制的相关接口和类如下所示。

（1）Context.java：上下文环境类。

```java
class Context{  }
```

本例暂时没有用到此类，留待需求分析变化、二次开发时使用。

（2）Expression.java：抽象表达式解释器接口。

```java
interface Expression{
    void execute(Context ctx);
}
```

（3）三个具体终止表达式解释器类。

```java
class SpaceExpression implements Expression{//space 原语
    public void execute(Context ctx){
        System.out.print(" ");
    }
}
class PrintExpression implements Expression{//print 原语
    String s;
    PrintExpression(String s){
        this.s = s;
    }
    public void execute(Context ctx){
        System.out.print(s);
    }
}
class BreakExpression implements Expression{//break 原语
    public void execute(Context ctx){
        System.out.println();
    }
}
```

（4）LoopExpression.java：具体非终止表达式解释器类。

```java
class LoopExpression implements Expression{
    int n;
    Vector<Expression> vec = new Vector();
    LoopExpression(String s){
        this.n = Integer.parseInt(s);
```

```
    }
    public void addExpression(Expression e){
        vec.add(e);
    }
    public void execute(Context ctx){
        for(int i=0; i<n; i++){
            for(int j=0; j<vec.size(); j++){
                Expression exp = vec.get(j);
                exp.execute(ctx);
            }
        }
    }
}
```

成员变量 n 代表循环次数；成员变量 vec 是表达式 Expression 的向量集合，是通过成员方法 addExpression()添加完成的。成员方法 execute()完成双重循环功能：外循环控制循环次数；内循环遍历 vec 向量元素，依次运行相应功能。

（5）Test.java：测试类。

```
public class Test {
    public static void main(String[] args) {
        System.out.println("Please input the expression string:");
        Scanner sc = new Scanner(System.in);
        String s = sc.nextLine();
        Queue<Expression> qu = new LinkedList();          //初始化表达式队列
        StringTokenizer st = new StringTokenizer(s);
        while(st.hasMoreTokens()){
            String u = st.nextToken();
            if(u.equals("print")){                        //若是 print 原语
                String str = st.nextToken();              //则产生 Print 对象
                Expression e = new PrintExpression(str);
                qu.offer(e);                              //加入队列
            }
            if(u.equals("space")){                        //若是 space 原语
                Expression e = new SpaceExpression();
                qu.offer(e);                              //加入队列
            }
            if(u.equals("break")){                        //若是 break 原语
                Expression e = new BreakExpression();
                qu.offer(e);                              //加入队列
            }
            if(u.equals("loop")){                         //若是 loop 原语
                String str = st.nextToken();
                Expression e = new LoopExpression(str);
                LoopExpression le = (LoopExpression)e;
                str = st.nextToken();
                while(!str.equals("end")){
                    if(str.equals("print")){
                        String v = st.nextToken();
                        Expression ee = new PrintExpression(v);
                        le.addExpression(ee);
                    }
                    if(str.equals("space")){
                        Expression ee = new SpaceExpression();
```

```
                le.addExpression(ee);
            }
            if(str.equals("break")){
                Expression ee = new BreakExpression();
                le.addExpression(ee);
            }
            str = st.nextToken();
        }
        qu.offer(e);                            //加入队列
        }
    }
    while(!qu.isEmpty()){                       //队列不为空
        Expression e = qu.poll();               //表达式出队
        e.execute(null);                        //运行
    }
  }
}
```

该测试类核心思想是先形成原语运行队列，再一一出队依次运行即可，详细说明见注释。

模式实践练习

1. 利用解释器模式，编制分数加法/减法运算器。

2. 完善【例 16-2】功能：①若 print a 原语中 a 是字符串变量，则如何打印出变量的内容；②应如何修改程序相关类，使之支持 loop 嵌套。

17 享元模式

　　享元模式定义如下：运用共享技术有效地支持大量细粒度的对象。适合享元模式的情景如下：对大量对象而言，许多属性是相同的，一旦创建则不能修改；对象的多数状态都可变为外部状态。

17.1 问题的提出

假设我们正在编制一个学生信息管理类，学生的基本属性包括：学号、姓名、年龄、所在大学、所在市，以及邮编等信息。前三个属性与个体有关，后三个属性一般来说属于共性信息，即对一所具体大学的所有学生而言，后三个属性的值是不变的。可能有的学生编制了如下 Student 类。

```java
public class Student {
    String no;              //学号
    String name;            //姓名
    int age;                //年龄
    String university;      //大学
    String city;            //市
    String zip;             //邮编
    Student(String n,String na,int a,String u,String c,String z){
        no=n;name=na;age=a;
        university=u;
        city = c;
        zip = z;
    }
    //其他代码
}
```

很明显，上述代码不是最优的。这是因为类中定义的成员变量层次是一致的，形式上都属于实例变量，根本没有体现出共享变量的特点来。如果我们创建了许多的学生对象，内存将会受到极大的消耗。如何更好地解决"个体+共享"变量的特点呢？享元模式是一个较好的选择。

17.2 享元模式

享元模式（Flyweight Pattern）是一种软件设计模式。它使用共享对象技术，用来尽可能减少内存使用量，适合用于当大量对象只是重复，因而导致无法令人接受的、使用大量内存的情况。通常对象中的部分状态是可以共享的，常见做法是把它们放在外部数据结构，当需要使用时再将它们传递给享元。图 17-1 为享元模式的 UML 结构图。

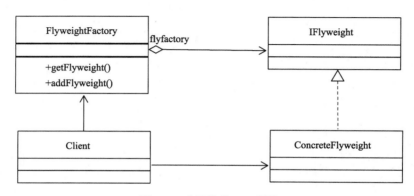

图 17-1　享元模式 UML 类图

各种角色描述如下所示。
- 抽象享元角色（IFlyweight）：此角色是所有的具体享元类的超类，为这些类规定出需要实现的公共接口(或抽象类)方法。如 setor-getor 方法等。
- 具体享元（ConcreteFlyweight）角色：实现抽象享元角色所定义的接口方法。如果有内部状态的话，必须负责为内部状态提供存储空间。享元对象的内部状态必须与对象所处的周围环境无关，从而使得享元对象可以在系统内共享。
- 享元工厂（FlyweightFactory）角色：本角色负责创建和管理享元角色。本角色必须保证享元对象可以被系统适当地共享。当一个客户端对象请求一个享元对象的时候，享元工厂角色需要检查系统中是否已经有一个符合要求的享元对象。如果已经有了，享元工厂角色就应当提供这个已有的享元对象；如果系统中没有一个适当的享元对象的话，享元工厂角色就应当创建一个新的合适的享元对象。

【例 17-1】利用享元模式编写 17.1 描述的学生信息基本类。

（1）定义抽象享元角色 IFlyweight。
```java
public interface IFlyweight {
    String getUniversity();
    String getCity();
    String getProvince();
}
```
由于对每个学生信息而言，所在大学、城市、省份是共享信息，因此定义了获得这三个信息的抽象方法。

（2）具体享元类 Flyweight。
```java
public class Flyweight implements IFlyweight {
    private String university;
    private String city;
    private String province;
    public Flyweight(String u,String c,String p){
        university = u;
        city = c;
        province = p;
    }
    public String getUniversity() {return university;}
    public String getCity() {return city;}
    public String getProvince() {return province;}
}
```
通过构造方法 Flyweight()创建了享元对象，并重写了三个 getor 方法。

（3）享元工厂类 FlyweightFactory。
```java
public class FlyweightFactory {
    private FlyweightFactory(){ }
    private static FlyweightFactory fact=new FlyweightFactory();
    private Map<String, IFlyweight> map = new HashMap();
    public synchronized static FlyweightFactory getInstance(){
        return fact;
    }
    public void addFlyweight(String key,IFlyweight fly){
        map.put(key, fly);
    }
    public synchronized IFlyweight getFlyWeight(String key){
```

```java
        IFlyweight obj = map.get(key);
        return obj;
    }
}
```

很明显，该类采用了单例模式。成员变量容器 map 定义了"键-享元对象"的映射，"键"值不允许有重复。addFlyweight()方法用于向 map 容器中添加享元对象；getFlyWeight()方法用于从 map 容器中获得享元对象。

该类在享元模式中占有重要的地位，是享元对象的维护类，功能可包含享元对象的增、删、改、查等，同学们可在实际应用中加以拓展、完善。

（4）学生基本信息类 StudInfo。

```java
public class StudInfo {
    private String name;              //个体变量
    private int age;                  //个体变量
    private IFlyweight fly;           //享元对象
    public StudInfo(String n,int a,IFlyweight f){
        name = n;
        age = a;
        fly = f;
    }
    public void display(){
        System.out.println("name=" +name);
        System.out.println("age=" +age);
        System.out.println("university="+fly.getUniversity());
        System.out.println("city="+fly.getCity());
        System.out.println("province="+fly.getProvince());
    }
}
```

从成员变量上可看出：姓名 name、年龄 age 是个体变量，每个学生对象都是不同的；fly 是共享变量，多个学生可共享相同的数据。

（5）一个简单的测试类 Test。

```java
public class Test {
    public static void main(String []args){
        FlyweightFactory fact = FlyweightFactory.getInstance();      //获得享元工厂对象
        IFlyweight fly = new Flyweight("LNNU","DALIAN","LIAONING");//定义享元对象1
        IFlyweight fly2= new Flyweight("JIDA","CHANGCHUN","JILIN");//定义享元对象2
        fact.addFlyweight("one", fly);                    //向享元工厂中添加一个享元对象
        fact.addFlyweight("two", fly2);                   //向享元工厂中再添加一个享元对象

        IFlyweight obj= null;
        obj = fact.getFlyWeight("one");                   //从享元工厂中获得享元对象
        StudInfo s = new StudInfo("zhang",20,obj);        //定义学生对象1
        obj = fact.getFlyWeight("two");                   //从享元工厂中获得享元对象
        StudInfo s2= new StudInfo("li",21,obj);           //定义学生对象2

        s.display();                                      //显示第1个学生对象信息
        s2.display();                                     //显示第2个学生对象信息
    }
}
```

从测试类可知：初始时享元工厂 fact 是空的，将所需要的享元对象 fly、fly2 添加到享元工厂中。在建立学生对象前，要先从享元工厂中获取所需的享元对象，之后才能建立学生对象。

【例 17-2】实现数据库连接池功能。

数据库连接是一个比较耗时的操作，它能实现数据库增、删、改、查等功能的基础，那么如何才能提高数据库操作的效率呢？数据库连接池是一项重要的技术，它本质上采用了享元设计模式，即初始时创建指定数目的数据库连接对象，为所有客户端所共享。当应用时，从连接池中找出一个自由连接，返回给调用方，同时置该连接为忙状态；当利用获得的连接操作完具体的数据库操作后，再置该连接为空闲状态，以备其他数据库连接请求所用。Java 中获得数据库连接的关键代码如下：

```
Connection con = DriverManager.getConnection(url,user,pwd)
```

参数 url 代表数据库连接 url；user 代表连接数据库用户名；pwd 代表连接数据库密码。与享元模式结构图比较，Connection 接口相当于定义的抽象享元角色，具体享元对象是由 DriverManager.getConnection()方法返回的，因此，我们无法重写 Connection 的子类。也就是说，抽象享元及具体享元均无需定义，主要编制的是享元工厂类，在本例中是数据库连接池类 DbPool，代码如下所示。

```java
public class DbPool {
    private String driver = "com.mysql.jdbc.Driver";         //驱动程序串
    private String url=                                       //数据库连接串
"jdbc:mysql://localhost:3306/test?characterEncoding=utf-8";
    private String user="root";                              //数据库连接用户名
    private String pwd ="123456";                            //数据库连接密码
    private int size = 50;                                    //连接池数据库连接个数
    private int timeout=3000;                                 //数据库连接超时时间
    private DbConnect con[];
    private static DbPool dbp = new DbPool();
    private DbPool(){
        con= new DbConnect[size];
        for(int i=0; i<size; i++){
            con[i] = new DbConnect();
            con[i].createConnection(driver,url,user,pwd);
        }
    }
    public synchronized DbConnect getFreeConnect(){
        for(int i=0; i<timeout/100; i++){
            for(int j=0; j<size; j++){
                if(con[j].isFlag())
                    return con[j];
            }
            try{
                Thread.sleep(100);
            }catch(Exception e){e.printStackTrace();}
        }
        return null;
    }
    public void close(){
        for(int i=0; i<size; i++){
            con[i].close();
        }
    }
```

```java
    public static DbPool getInstance(){
        return dbp;
    }
}
```

为了简化说明,将数据库连接驱动程序串、连接串、用户名和密码的值直接初始化在成员变量 driver、url、user 和 pwd 中。本例将连接池大小 size 定义为 50,表明连接池中有 50 个数据库连接可备选;将连接池连接超时时间定义为 3000ms。其实,上述这些基本信息均可放在配置文件中,这样动态性更强,同学们可进一步完善。

定义了 DbConnect 类型的成员变量 con[],表明连接池容器是由数组实现的,当然同学们可用 Vector、ArrayList 等集合类实现,DbConnect 是对 Connection 接口的封装类。

本例中,当创建 DbTool 对象时,在 DbPool 构造方法中,直接创建了 con[size]个具体的连接。

方法 getFreeConnect()返回连接池中某一个空闲连接对象,在此方法中要进行连接超时判定。可能有同学要问,既然连接池 con[i]连接对象数组已经建立,遍历此数组就是很快的事情,为什么还要定义超时时间呢?(本例 timeout 定义为 3000ms)这是因为虽然遍历 con[i]数组很快,但若此时每个 con[i]都处于忙状态,我们也不能选出空闲连接,所以必须在超时时间内不停地遍历该数组。若有空闲连接,则返回;若已超出超时时间仍没有空闲连接,则返回 null。"不停地"遍历 con[i]数组也是有技巧的,本例中巧妙地运用了 sleep()方法,每隔 100ms 遍历 1 次该数组,在超时时间 3000ms 内,最多可遍历 30 次该数组。

方法 close()用来关闭连接池中 con[i]数组所有物理连接。

在 DbPool 类中调用了 Connect 的封装类 DbConnect,其代码如下所示。

```java
public class DbConnect {
    private Connection con;
    private boolean flag=true;
    public void createConnection(String driver,String url,String user,String pwd){
        try{
            Class.forName(driver);
            con = DriverManager.getConnection(url,user,pwd);
        }catch(Exception e){e.printStackTrace();}
    }
    public boolean isFlag() {
        return flag;
    }
    public void setFlag(boolean flag) {
        this.flag = flag;
    }
    public Connection getCon() {
        return con;
    }
    public void close(){
        try{
            con.close();
        }catch(Exception e){e.printStackTrace();}
    }
}
```

该类主要封装了 Connection 类型成员变量 con 及连接是否可用标志变量 flag,其初始值为 true。当 flag 值为 true 时,表明该连接处于空闲连接,是可用的;当 flag 值为 false 时,表明该连接处于忙状态,是不能用的。

为了更好地说明问题，我们可建立一个 Web 工程作为测试用。前提条件如下：数据库采用 mysql，数据库名 test，用户名 root，密码 123456，数据库表 stud(no，学号，字符串类型；name，姓名，字符串类型)。同时将 mysql 驱动程序导入 Web 工程中。

在 Web 工程中，要编制一个自启动 servlet 类 LoadServlet，随着 tomcat 的启动而启动，它的功能是完成数据库连接池的建立与销毁，其代码如下所示。

```java
@WebServlet("/LoadServlet")
public class LoadServlet extends HttpServlet {
    private static final long serialVersionUID = 1L;
    public LoadServlet() {super();}
    public void init(ServletConfig config) throws ServletException {
        DbPool.getInstance();
    }
    protected void service(HttpServletRequest arg0, HttpServletResponse arg1) throws ServletException, IOException {}
    public void destroy() {
        DbPool db = DbPool.getInstance();
        db.close();
    }
}
```

在 init()方法中通过第一次调用 DbPool.getInstance()方法完成了数据库连接池的建立。当停止 tomcat 服务器应用程序的时候，destroy()方法自动响应，在其中完成对连接池中所有物理连接的关闭。

测试 1：正常测试。

正常应用我们自编的连接池步骤如何呢？我们简要地编制了一个 servlet 类 StudServlet，向 Stud 表插入了一条记录，其代码如下所示。

```java
@WebServlet("/StudServlet")
public class StudServlet extends HttpServlet {
    private static final long serialVersionUID = 1L;
public StudServlet() {super();}
    protected void service(HttpServletRequest request, HttpServletResponse response)
throws ServletException, IOException {
        try{
            DbPool db = DbPool.getInstance();           //获得连接池对象
            DbConnect dbcn = db.getFreeConnect();       //获得空闲连接对象
            dbcn.setFlag(false);                        //设置忙标志
            Connection con = dbcn.getCon();             //获得物理连接对象
            Statement stm = con.createStatement();      //数据库操作
            stm.executeUpdate("insert into stud values('1000','lisi')");
            stm.close();
            dbcn.setFlag(true);                         //将连接返还连接池，设置空闲标志。
        }
        catch(Exception e){e.printStackTrace();}
    }
}
```

从中可看出应用自定义连接池的一般步骤为：①获得连接池对象 db；②获得空闲连接对象 dbcn；③将该连接设置为"忙"状态；④由 dbcn 获得真实物理连接 con；⑤由 con 开始完成各种数据库操作；⑥连接用完后要返还给连接池，设置空闲标志。

测试 2：超时测试。

为了简化测试，将连接池大小 DbPool 类中的成员变量 size 设置为 1，编制两个 servlet 类

OneServlet、TwoServlet，代码如下所示。

```java
@WebServlet("/OneServlet")
public class OneServlet extends HttpServlet {
    private static final long serialVersionUID = 1L;
public OneServlet() {super();}
    protected void service(HttpServletRequest request, HttpServletResponse response)
throws ServletException, IOException {
        DbPool db = DbPool.getInstance();
        DbConnect dbcn = db.getFreeConnect();
        dbcn.setFlag(false);
        //try 块没有用真实数据库操作代码，仅假设数据库操作时间 40s
        try{
            Thread.sleep(40000);
        }catch(Exception e){e.printStackTrace();}
        dbcn.setFlag(true);
        System.out.println("This is ONE");
        }
}

@WebServlet("/TwoServlet")
public class TwoServlet extends HttpServlet {
    private static final long serialVersionUID = 1L;
public TwoServlet() {super();}
    protected void service(HttpServletRequest request, HttpServletResponse response)
throws ServletException, IOException {
        DbPool db = DbPool.getInstance();
        DbConnect dbcn = db.getFreeConnect();
        if(dbcn == null){
            System.out.println("This connect can't be used!");
        }
        else{
            System.out.println("This connect is OK!");
            dbcn.setFlag(false);
            //数据库操作代码
            dbcn.setFlag(true);
        }
    }
}
```

由于我们设置了连接池大小为 1，当运行 OneServlet 后，OneServlet 就获得了连接池中唯一的一个数据库连接的使用权，而且它的运行时间是 40s，远远大于数据库连接超时 3s，因此，若马上运行 TwoServlet，则运行 3s 后只能返回空连接，控制台屏幕上会出现"This connect can't be used!"。

17.3 系统中的享元模式

同学们都有 Web 编程的经历，都用过 session、application 这两个内置对象：session 保存的内容为一次会话所共享；application 保存的内容为所有客户所共享。由于这两个内置对象的存在，减少了对象的创建次数，因此提高了页面间的通信效率。其实，这两个对象对应的实现类与享元模式是相当的，用我们学过的基础知识是可以仿真实现的，下面进行具体论述。

【例 17-3】 application、session 技术仿真。

（1）application 仿真类如下所示。
```java
public class MyApp {
    public static Map<String,Object> m = new HashMap();
    public static void setAttribute(String key, Object obj){
        m.put(key, obj);
    }
    public static Object getAttribute(String key){
        return m.get(key);
    }
}
```
该类非常简单，定义了一个静态的 HashMap 成员变量 m，两个常用的静态方法 setAttribute()、getAttribute()。该类也是对应的享元工厂类：抽象享元是 Object 类；具体享元是 Object 的子类。

（2）session 仿真类如下所示。
```java
public class MySession {
    public static Map<String,Map<String,Object>> m = new HashMap();
    public static void setAttribute(String client,String key, Object obj){
        Map<String,Object> climap = m.get(client);
        if(climap==null){
            climap = new HashMap();
            climap.put(key, obj);
            m.put(client, climap);
        }
        else
            climap.put(key, obj);
    }
    public static Object getAttribute(String client,String key){
        Map<String,Object> climap = m.get(client);
        if(climap == null)
            return null;
        return climap.get(key);
    }
}
```

由于 Web 工程允许多个 session 同时存在，每个 session 又可有多个对象，因此在 MySession 类中定义了一个静态的双级联 HashMap 成员变量 m。由于 session 与客户会话相关，因此与 MyApp 类中的 setAttribute()、getAttribute()方法相比，多了一个方法参数 String client，表明要设置或读取哪一个客户的对象。

下面用实际示例来验证 MyApp、MySession 类的功能。定义三个页面：e17_1.jsp 用于输入表单输入；e17_2 用于表单响应并按作用域保存变量；e17_3.jsp 用于读取作用域变量并保存。具体代码如下所示。

（1）表单输入 e17_1.jsp。
```jsp
<%@ page language="java" contentType="text/html; charset=utf-8"
    pageEncoding="utf-8"%>
<html>
<body>
<form action=e4_8_2.jsp>
    设置session:<input type="text" name="sess" /><br>
    设置application:<input type="text" name="app" /><br>
    <input type="submit" value="ok" />
```

```
        </form>
    </body>
</html>
```

页面表明我们将要保存一个 session 及 application 作用域的共享变量。

（2）作用域变量保存页面 e17_2.jsp。

```
<%@ page import="c4.MySession,c4.MyApp" %>
<%
    String strsess = request.getParameter("sess");
    String strapp  = request.getParameter("app");
    String strclient = session.getId();
    MySession.setAttribute(strclient, "mysess", strsess);
    MyApp.setAttribute("myapp", strapp);
%>
```

该页面用自定义的 MyApp、MySession 类保存了相应的共享变量。比较来说，MyApp 类应用较简单，MySession 类应用复杂，因为 MySession 类需要一个标识不同客户的字符串，本例是直接借用了 session 对象中 getID()返回的字符串作为标识串的。

（3）作用域变量读取页面 e17_3.jsp。

```
<%@ page language="java" contentType="text/html; charset=utf-8"
    pageEncoding="utf-8"%>
<%@ page import="c4.MySession,c4.MyApp" %>
<%
    String strclient = session.getId();
    out.print("session 值:" +MySession.getAttribute(strclient, "mysess"));
    out.print("application 值:" +MyApp.getAttribute("myapp"));
%>
```

有了上述三个页面，就可以做实验了。启动 eclipse 内嵌浏览器及外置浏览器(模仿两个客户)；在两个浏览器内分别启动 e17_1.jsp，输入一个 session 及 application 代表的字符串值（保证在两个浏览器中输入的 session 及 application 值是不同的），按 OK 按钮，进入响应页面 e17_2.jsp，完成数据的保存；在两个浏览器内分别启动 e17_3.jsp，可以看出显示的 session 变量值是不同的，而 application 变量值是相同的。

模式实践练习

1. 创建若干辆奥迪 A6 和奥迪 A4 车。对奥迪 A6 来说，它们的长、宽、高是相同的，仅颜色和功率不同；对奥迪 A4 来说，它们的长、宽、高也是相同的，仅颜色和功率不同。利用享元模式编制功能类和测试类。

2. 利用享元模式编制五子棋游戏。

18 适配器模式

适配器模式定义如下：将一个类的接口转换成客户希望的另外一个接口，使得原本由于接口不兼容而不能一起工作的那些类可以一起工作。适合适配器模式的情景如下：一个程序想使用已存在的类，但该类实现的接口与当前程序所使用的接口不一致。

18.1　问题的提出

生活中我们经常会遇到这样的问题：例如在日本，电器的电压为110V，而在我国，电压是220V，你从日本买一个电视机很可能在中国用不了。为了解决电器之间的通用性，有人设计了变压器来调节电压，使得不能正常工作的电视可以工作。由此可见：变压器如此之重要。新的电脑鼠标一般都是 USB 接口，而旧的电脑机箱上根本就没有 USB 接口，只有一个 PS2 接口，这时就必须有一个 PS2 转 USB 的适配器，将 PS2 接口适配为 USB 接口。一般家庭中电源插座有的是两个孔（两项式）的，也有三个孔（三项式）的。很多时候我们可能更多地使用三个引脚的插头，这样两孔插座就不能满足我们的需求。此时，我们一般会买一个插线板，该拖线板的插头是两脚插头，这样就可以插入原先的两孔插座，同时插线板上带有很多两孔、三孔的插座！这样不仅可以扩容，更主要的是可以将两孔的插座转变为三孔的插座。

也就是说，当"旧系统"与"新系统"发生矛盾时，我们还想保留"旧系统"功能，这在生活中是通过增加一层"转换器"来实现的，那么在计算机程序设计中也应该有这种"转换器"，这也即是适配器模式的一个重要思想。

生活中还有这样的情况：例如我们组装一台电脑，需要主板、硬盘、电源等，这些分立的组件我们无需重新开发，只需用市场上已有的各种常用分立组件即可。

也就是说，当我们开发新系统时，生活中采用已有子组件基础上的再开发。在计算机程序设计中也应该考虑这种"子组件"，即是第三方已开发的软件，那么如何更好地应用第三方软件呢？适配器模式是一个较好的开发思路。

18.2　适配器模式

抽象来说，将一个类的接口转换成客户希望的另外一个接口。适配器模式使得原本由于接口不兼容而不能一起工作的那些类可以一起工作。适配器模式的宗旨就是，基于现有类所提供的服务，向客户端提供接口，以满足客户的期望。适配器主要分为两类：对象适配器、类适配器。

18.2.1　对象适配器

让我们利用示例来说明什么是对象适配器。例如：要开发一个加法功能，定义了最初的接口，如下所示。

```
package two;
public interface IMath {
    int add(int a, int b);          //求两个数的加法
}
```

当正要进行具体开发的时候，突然发现一个第三方软件，它已经实现了我们所需的加法功能，具体代码如下所示。

```
package two;
public class ThirdCompany {
    public int addCalc(int a, int b){
        return a+b;
    }
}
```

因此，我们想：能否在开发中既能用上第三方软件，又能用上所定义的 IMath 接口呢？没有问题，具体代码如下所示。

```
package two;
public class MyMath implements IMath {
    ThirdCompany third;
    public MyMath(ThirdCompany third){
        this.third = third;
    }
    public int add(int a, int b){
        return third.addCalc(a, b);
    }
}
```

将第三方软件对象 third 定义为成员变量，add()方法内直接调用 third.addCalc()方法完成了两个数的加法运算。可以看出：add()方法仅是起到一个转换器的作用，具体功能是由第三方软件完成的。

本类即是对象适配器类，对象是指第三方软件对象成员变量 third，那么适配谁呢？适配我们所定义的接口 IMath。我们希望用我们定义 IMath 接口中的 add（）方法形式完成所需的加法运算，这是编制 MyMath 类的前提条件。

一个简单的测试类如下所示。

```
package two;
public class Test {
    public static void main(String []args){
        ThirdCompany third = new ThirdCompany();      //定义第三方对象
        IMath obj = new MyMath(third);                //传入适配对象
        int v = obj.add(1, 2);                        //以我们希望的调用形式完成加法运算
        System.out.println(v);
    }
}
```

由此，我们得出对象适配器的抽象类图如图 18-1 所示。

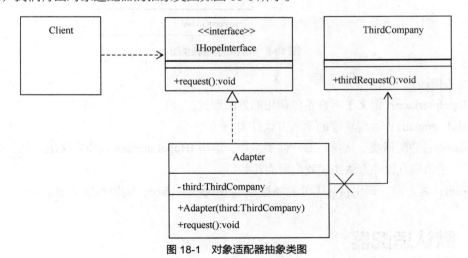

图 18-1 对象适配器抽象类图

各个角色描述如下所示。

- IHopeInterface：定义了客户希望调用的方法形式。
- ThirdCompany：实现功能的第三方软件类。

- Adapter：适配器类，内部包含第三方软件成员变量，重写 IHopeInterface 接口定义的方法，在内部直接调用第三方软件方法实现我们所需功能。
- Client：客户端，调用自己需要的领域接口 IHopeInterface，实现相应功能。

18.2.2 类适配器

利用类适配器实现所需功能（以 IHopeInterface 接口形式调用第三方软件）编制的适配器类 MyMath2 代码如下所示。

```
package two;
public class MyMath2 extends ThirdCompany implements IMath {
    public int add(int a, int b) {
        return addCalc(a,b);
    }
}
```

可以看出类适配器与对象适配器的主要区别：对象适配器是在适配器类中包含第三方软件类对象；类适配器中适配器类是从第三方软件类派生的，是继承关系。

由此，我们得出对象适配器的抽象类图如图 18-2 所示。

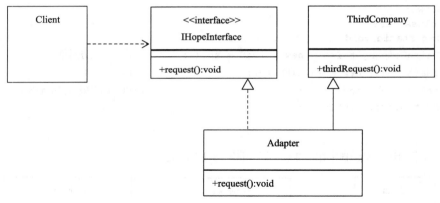

图 18-2　类适配器抽象类图

各个角色描述如下所示。
- IHopeInterface：定义了客户希望调用的方法形式。
- ThirdCompany：实现功能的第三方软件类。
- Adapter：适配器类，从第三方软件类派生，重写 IHopeInterface 接口定义的方法，在内部直接调用第三方软件方法实现我们所需功能。
- Client：客户端，调用自己需要的领域接口 IHopeInterface，实现相应功能。

18.3　默认适配器

默认适配器是怎样产生的呢？有时，我们定义的接口中包含多个方法，如果直接实现此接口，那么需要在子类中实现所有的方法。然而根据不同的需要，可能只用到接口中一个或几个方法，不必要重写接口中定义的所有方法，那么如何解决此问题呢？它就需要定义默认适配器类。其核心思想是：为原接口类实现一个默认的抽象类，在抽象类中编写每一个接口方法的默认实现。当我们需要编写一个具体类时，只要继承该抽象类，实现需要的重写方法即可。

例如：在 Java 图形用户界面中，窗口侦听 WindowListener 接口定义了 7 个接口方法，其源码如下所示。

```java
public interface WindowListener extends EventListener{
    public void windowActivated(WindowEvent e);
    public void windowClosed(WindowEvent e);
    public void windowClosing(WindowEvent e);
    public void windowDeactivated(WindowEvent e);
    public void windowDeiconified(WindowEvent e);
    public void windowIconified(WindowEvent e);
    public void windowOpened(WindowEvent e);
}
```

要实现这个接口，我们就必须实现它所定义的所有方法，但是实际上，我们很少需要同时用到所有的方法，要的只是其中的几个。为了不使我们实现多余的方法，jdk WindowListener 提供了一个 WindowListener 的默认实现类：WindowAdapter 类，这是一个抽象类，其源码如下所示。

```java
public abstract class WindowAdapter implements WindowListener{
    public void windowActivated(WindowEvent e){}
    public void windowClosed(WindowEvent e){}
    public void windowClosing(WindowEvent e){}
    public void windowDeactivated(WindowEvent e){}
    public void windowDeiconified(WindowEvent e){}
    public void windowIconified(WindowEvent e){}
    public void windowOpened(WindowEvent e){}
}
```

WindowAdapter 类对 WindowListener 接口的所有方法都提供了空实现。有了 WindowAdapter 类，我们只需要去继承 WindowAdapter，然后选择我们所关心的方法来实现就行了，这样就避免了直接去实现 WindowListener 接口。

一个利用系统适配器类 WindowAdapter 的示例如下所示。

```java
package one;
import javax.swing.*;
import java.awt.event.*;
public class Test2 {
    public static void main(String[] args) {
        JFrame frm = new JFrame("Window");
        frm.addWindowListener(new WindowAdapter(){
            public void windowClosing(WindowEvent e) { //仅重写一个方法即可
                System.exit(0);                         //退出应用程序
            }
        });
        frm.setSize(200, 200);
        frm.setVisible(true);
    }
}
```

18.4　应用示例

【例 18-1】 利用 JTable 显示学生数据。

我们知道 JTable 是通过表格模型 TableModel 来完成数据显示的。TableModel 是一个接口，其源码定义如下所示。

```java
public interface TableModel
{
    public int getRowCount();                                       //返回表格行数
    public int getColumnCount();                                    //返回表格列数据
    public String getColumnName(int columnIndex);                   //获得列标题名称
    public Class<?> getColumnClass(int columnIndex);                //返回字段数据类型的类名称
    public boolean isCellEditable(int rowIndex, int columnIndex);   //是否编辑
    public Object getValueAt(int rowIndex, int columnIndex);        //获得单元格值
                                                                    //设置单元格值
    public void setValueAt(Object aValue, int rowIndex, int columnIndex);
    public void addTableModelListener(TableModelListener l);        //加消息侦听
    public void removeTableModelListener(TableModelListener l);     //去消息侦听
}
```

也就是说，如果要完成表格显示，必须定义 TableModel 接口的实现类，重写接口定义的所有方法。很明显，这是较麻烦的，因为在我们的应用中，可能只与几个方法相关。例如仅是想利用 JTable 显示数据，那么就仅需重写 getRowCount()、getColumnCount()、getValueAt()即可，其他方法是勿需重写的。如何实现呢？系统利用默认适配器原理，编制了 AbstractTableModel 类，实现了 TableModel 接口定义的所有方法的默认实现。我们只需编制自定义类，从 AbstractTableModel 派生，重写所需要的方法就行了。

需要编制的类包括：学生基础类 Student、学生表格模型类 StudentTableModel、测试类 Test，具体描述如下所示。

```java
//学生基础类 Student
package one;
public class Student {
    String no;                  //学号
    String name;                //姓名
    int age;
    Student(String no,String name,int age){
        this.no = no;
        this.name = name;
        this.age = age;
    }
}


//学生表格模型类 StudentTableModel
package one;
import javax.swing.table.AbstractTableModel;
public class StudentTableModel extends AbstractTableModel {
    Student s[];                //学生数据数组
    String title[];             //表格列标题
```

```
    StudentTableModel(Student s[], String title[]){
        this.s = s;
        this.title = title;
    }
    public int getRowCount() {                    //返回表格行数
        return s.length;
    }
    public int getColumnCount() {                 //返回表格列数
        return title.length;
    }
    //获得表格待填数据
    public Object getValueAt(int rowIndex, int columnIndex) {
        if(columnIndex == 0)
            return s[rowIndex].no;                //第1列返回学号数据
        if(columnIndex == 1)
            return s[rowIndex].name;              //第2列返回姓名数据
        return new Integer(s[rowIndex].age);      // 第3列返回年龄数据
    }
}

//测试类 Test
import java.awt.*;
import javax.swing.*;
public class Test {
    private static StudentTableModel getStudTableModel() {
        //创建模拟数据
        Student s1 = new Student("1000","zhang",18);
        Student s2 = new Student("1001", "li", 20);
return new StudentTableModel(new Student[]{s1, s2}, new String[]{"学号", "姓名 ", "年龄"});
    }
    private static void display(Component component, String title) {
        JFrame frame = new JFrame(tittle);
        frame.getContentPane().add(component);
        frame.setDefaultCloseOperation(JFrame.EXIT_ON_CLOSE);
        frame.pack();
        frame.setVisible(true);
    }
    public static void main(String[] args) {
        JTable jTable = new JTable(getStudTableModel());
        jTable.setRowHeight(36);
        JScrollPane pane = new JScrollPane(jTable);
        pane.setPreferredSize(new Dimension(300, 100));
        display(pane, "学生数据");
    }
}
```

【例 18-2】 将 Scanner 类作用于自定义对象类。

Scanner 是 Java 中重要的一个类，主要功能是完成键盘的输入。它有一个重要的遍历框架，表意形式描述如下所示。

```
    while(scanner.hasNextXXX()){
        scanner.nextXXX();
    }
```

假设已编制好一个自定义的随机整数类 MyRandom，如下所示。

```java
package three;
import java.util.*;
public class MyRandom {
    private Random rand = new Random();
    public int next(){
        return rand.nextInt(100);
    }
}
```

如果就想利用 MyRandom 产生 10 个随机整数，编制的测试类如下所示。

```java
package three;
import java.util.*;
public class MyRandom {
    private Random rand = new Random();
    public int next(){
        return rand.nextInt(100);
    }
}
```

那么，我们能否通过改进技术，应用上述的 Scanner 扫描框架产生随机整数呢？没有问题。Scanner 类中有一个构造方法是 Scanner(Readable obj)，其中的 Readable 是一个接口。也就是说，实现 Readable 接口的任何子类都可以封装成 Scanner 对象，从而可以应用 Scanner 类中的方法。现在的问题是：我们不想修改已编好的 MyRandom 类，还想应用 Scanner 扫描框架，怎么办呢？适配器模式是一个很好的解决方案。编制的适配器类 AdaptedMyRandom 代码如下所示。

```java
package three;
import java.io.IOException;
import java.nio.CharBuffer;
public class AdaptedMyRandom extends MyRandom implements Readable {
    private int c;
    public AdaptedMyRandom(int c){
        this.c = c;
    }
    public int read(CharBuffer cb) throws IOException {
        c --;                          //随机数量减 1
        if(c==-1)
            return -1;                 //随机数总数已到，则结束，返回标志-1
        //调用 MyRandom 类中 next()方法产生随机数→转化成字符串
        //最后一定要加一个空格字符串，这是系统默认要求的
        String s = String.valueOf(next()) + " ";
        cb.append(s);                  //将结果串添加到形参变量 cb 中
        return s.length();             //返回结果字符串长度
    }
}
```

该类是从 MyRandom 派生的，保证继承了父类中的公有方法；该类又实现了 Readable 接口，保证了其对象可以封装为 Scanner 对象。

成员变量 c 代表要产生的随机数个数，是通过构造方法传进去的。

Readable 接口仅定义了一个方法 read()，理解该方法是很重要的：它不是我们编程主动调用的，而是 Scanner 类对象调用的。一般说来，当运行 hasNextXXX()方法时，就产生了 XXX 类型相应的值，

结果转化为 CharBuffer 类型变量中，本例就保存在 read(CharBuffer cb)定义的形参变量 cb 中；当运行 nextXXX()方法时，通过解析 cb 的值，得到 XXX 类型的结果值。具体解释见上述代码注释。

一个简单的测试类如下所示。

```java
package three;
import java.util.*;
public class Test {
    public static void main(String[] args) {
        Scanner obj = new Scanner(new AdaptedMyRandom(10));
        while(obj.hasNextInt()){
            int v = obj.nextInt();
            System.out.println("v===="+v);
        }
    }
}
```

【例 18-3】利用适配器处理手机更新问题。

假设我们已经开发一款老式手机，其有普通打电话、发短信功能，其仿真代码如下。

```java
package four;
public class OldCell {
    public void cell(){           //打电话功能
        System.out.println("oldcell can cell!");
    }
    public void msg(){            //发短信功能
        System.out.println("oldcell can message!");
    }
}
```

现在我们准备开发一款新手机，包含：打电话、发短信及新增加的上网功能，从定义接口 IFunc 开始研发，其内容如下所示。

```java
package four;
public interface IFunc {
    void phone();             //打电话
    void message();           //短信息
    void net();               //上网
}
```

我们的想法是：保持旧式手机类 OldCell 代码不变，还要支持新定义的 IFunc 接口。很明显，采用适配器模式可以较好地解决功能调用方法形式不匹配的问题，需编制抽象类 AbstractNewCell，适配器类 OldApadtCell。

```java
//AbstractNewCell: 抽象类
package four;
public abstract class AbstractNewCell implements IFunc {
    public void phone() {      //默认实现}
    public void message() {    //默认实现}
    public void net() {        //默认实现}
}

//OldAdaptCell: 老式手机适配器类
package four;
public class OldAdaptCell extends AbstractNewCell {
    OldCell old;
```

```
    OldAdaptCell(OldCell old){
        this.old = old;
    }
    public void phone() {
        old.cell();
    }
    public void message() {
        old.msg();
    }
}
```

很明显，该类是一个对象适配器类，是从 AbstractNewCell 派生的，我们只需重写老手机有的方法，也就是 phone()及 message()即可，无需重写上网功能方法 net()。

若开发新手机，则直接从 IFunc 派生即可，代码如下所示。

```
package four;
public class NewCell implements IFunc {
    public void phone() {
        System.out.println("newcell can phone");
    }
    public void message() {
        System.out.println("newcell can message");}
    public void net() {
        System.out.println("newcell can net");
    }
}
```

一个简单的测试类如下所示。

```
package four;
import java.util.*;
public class Test {
    public static void main(String[] args) {
        Scanner s = new Scanner(System.in);
        int type=s.nextInt();
        IFunc obj = null;
        if(type==1){    //老手机
            OldCell old = new OldCell();
            obj = new OldAdaptCell(old);
            obj.phone(); obj.message();
        }
        if(type==2){    //新手机
            obj = new NewCell();
            obj.phone();
            obj.message();
            obj.net();
        }
    }
}
```

模式实践练习

1. 现需要设计一个可以模拟各种动物行为的机器人，在机器人中定义了一系列方法，如机器人叫喊方法 cry()、机器人移动方法 move()等。如果希望在不修改已有代码的基础上使得机器人能够像狗一样叫、像狗一样跑，使用适配器模式进行系统设计。

2. JDBC 给出一个客户端通用的抽象接口，每一个具体数据库引擎（如 SQL Server、Oracle、MySQL 等）的 JDBC 驱动软件都是一个介于 JDBC 接口和数据库引擎接口之间的适配器软件。抽象的 JDBC 接口和各个数据库引擎 API 之间都需要相应的适配器软件，这就是为各个不同数据库引擎准备的驱动程序。仿真实现上述功能。

19 组合模式

组合模式的定义如下：将对象组合成树形结构以表示"部分–整体"的层次结构，让用户对单个对象和组合对象的使用具有一致性。适合组合模式的情景如下：希望表示对象的"部分–整体"层次结构；希望用户用一致的方式处理个体和组合对象。

19.1 问题的提出

我们研究的问题有许多树型结构的问题，例如文件结构，如图 19-1 所示。

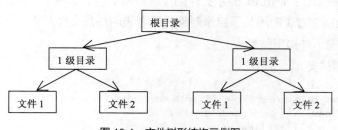

图 19-1 文件树形结构示例图

例如，要用程序创建文件结构，为了验证正确与否，还要在控制台上输出从某目录开始的所有文件信息。

很明显，文件树形结构节点可分为两类：一类是文件叶子节点，无后继节点；另一类是中间目录节点，有后继节点。具体代码如下所示。

1. 文件节点类 FileLeaf

```
class FileLeaf{
    String fileName;
    public FileLeaf(String fileName){
        this.fileName = fileName;
    }
    public void display(){
        System.out.println(fileName);
    }
}
```

2. 中间目录节点类 DirectNode

```
class DirectNode{
    String nodeName;
    public DirectNode(String nodeName){
        this.nodeName = nodeName;
    }
    ArrayList<DirectNode> nodeList = new ArrayList();        //后继子目录集合
    ArrayList<FileLeaf> leafList = new ArrayList();          //当前目录文件集合
    public void addNode(DirectNode node){                    //添加下一级子目录
        nodeList.add(node);
    }
    public void addLeaf(FileLeaf leaf){                      //添加本级文件
        leafList.add(leaf);
    }
    public void display(){                                   //从本级目录开始显示
        for(int i=0; i<leafList.size(); i++){                //先显示文件
            leafList.get(i).display();
        }
        for(int i=0; i<nodeList.size(); i++){                //再显示子目录
            System.out.println(nodeList.get(i).nodeName);
            nodeList.get(i).display();
```

            }
        }
    }

该节点类表明本级目录一定有子目录,可能有文件,因此定义了两个 ArrayList 类型的成员变量:nodeList 表示子目录的集合;leafList 表示文件的集合。由于有了这两个集合,因此有两个添加方法 addNode()、addLeaf():前者表明添加子目录对象;后者表明添加文件对象。同理在 display()方法中要分别对这两个集合遍历并输出结果。

3. 一个简单的测试类

```java
public class Test {
    public static void createTree(DirectNode node){
        File f = new File(node.nodeName);
        File f2[] = f.listFiles();
        for(int i=0; i<f2.length; i++){
            if(f2[i].isFile()){
                FileLeaf l = new FileLeaf(f2[i].getAbsolutePath());
                node.addLeaf(l);
            }
            if(f2[i].isDirectory()){
                DirectNode node2 = new DirectNode(f2[i].getAbsolutePath());
                node.addNode(node2);
                createTree(node2);                          //递归调用生成树形结构
            }
        }
    }
    public static void main(String[] args) {
        DirectNode start = new DirectNode("d://data");      //创建该目录的树形结构集合
        createTree(start);                                  //创建过程
        start.display();                                    //显示过程,验证创建是否正确
    }
}
```

由于是树形结构,因此 createTree()方法一定是递归调用的,那么有没有更好的方式完成上述功能,使其结构更优雅呢?组合模式就是解决树形结构问题强有力的设计工具。

19.2 组合模式

由图 19-1 可知:根目录是由两个子目录组成的:第一个子目录由两个文件组成;第二个子目录也由两个文件组成,因此树形形式也可以叫作组合形式。在图 19-1 中,把节点分为叶子节点和目录节点,它们是孤立的。其实,只要思维再前进一步,就会发生质的变化。那就是把叶子节点与目录节点都看成相同性质的节点,只不过目录节点的后继节点不为空,而叶子节点的后继节点为 null。这样就能够对树形结构的所有节点执行相同的操作,这也即是组合模式的最大特点。采用组合模式修改图 19-1 中的功能,具体代码如下所示。

1. 定义抽象节点类 Node

```java
abstract class Node{
    protected String name;
    public Node(String name){
        this.name = name;
```

```
    }
    public void addNode(Node node)throws Exception{
        throw new Exception("Invalid exception");
    }
    abstract void display();
}
```

该类是叶子节点与目录节点的父类，节点名称是 name。其主要包括两类方法：一类方法是所有节点具有相同形式、不同内容的方法，这类方法要定义成抽象方法，如 display()；另一类方法是目录节点必须重写，而叶子节点勿需重写的方法，相当于为叶子节点提供了默认实现，如 addNode()方法。因为叶子对象没有该功能，所以可以通过抛出异常防止叶子节点无效调用该方法。

2. 文件叶子结点类 FileNode

```
class FileNode extends Node{
    public FileNode(String name){
        super(name);
    }
    public void display(){
        System.out.println(name);
    }
}
```

该类是 Node 的派生类，仅重写 display()方法即可。

3. 目录节点类 DirectNode

```
class DirectNode extends Node{
    private ArrayList<Node> nodeList = new ArrayList();
    public DirectNode(String name){
        super(name);
    }
    public void addNode(Node node)throws Exception{
        nodeList.add(node);
    }
    public void display(){
        System.out.println(name);
        for(int i=0; i<nodeList.size(); i++){
            nodeList.get(i).display();
        }
    }
}
```

该类从 Node 抽象类派生后，与原 DirectNode 类相比，主要有以下不同：①由定义两个集合类成员变量转为定义一个集合类成员变量 nodeList；②由定义两个添加方法转为定义一个添加方法 addNode()；③display()方法中，由两个不同元素的循环转为一个对相同性质节点 Node 的循环。也就是说，原 DirectNode 中不论定义成员变量、成员方法，还是方法内部的功能，都要实时考虑叶子节点、目录节点的不同性，因此它的各种定义一定是双份的。组合模式中认为叶子节点、目录节点是同一性质的节点，因此与原 DirectNode 类对比，它的各种定义工作量一定是减半的，也易于扩充。

4. 一个简单的测试类

```
public class Test2 {
    public static void createTree(Node node)throws Exception{
        File f = new File(node.name);
        File f2[] = f.listFiles();
        for(int i=0; i<f2.length; i++){
            if(f2[i].isFile()){
```

```java
                Node node2 = new FileNode(f2[i].getAbsolutePath());
                node.addNode(node2);
            }
            if(f2[i].isDirectory()){
                Node node2 = new DirectNode(f2[i].getAbsolutePath());
                node.addNode(node2);
                createTree(node2);
            }
        }
    }
    public static void main(String[] args)throws Exception {
        Node start = new DirectNode("d://data");
        createTree(start);
        start.display();
    }
}
```

该类与原测试类相比是相近的。可以看出：不论对文件节点还是目录节点，都是通过添加 Node 对象节点形成树形结构的。

通过该示例，可得组合模式更普遍的 UML 类图，如图 19-2 所示，共包括以下三种角色。

- 抽象节点：Node，是一个抽象类（或接口），定义了个体对象和组合对象需要实现的关于操作其子节点的方法，如 add()、remove()、display()等。
- 叶结点：Leaf，从抽象节点 Node 派生，由于本身无后继节点，其 add()等方法利用 Node 抽象类中相应的默认实现，只需实现与自身相关的 remove()、display()等方法即可。
- 组合结点：Composite，从抽象节点 Node 派生，包含其他 Composite 节点或 Leaf 节点的引用。

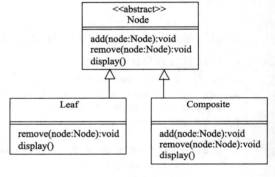

图 19-2 组合模式 UML 类图

总之，若某应用可形成树形结构，而且形成树形结构后可对叶节点及中间节点进行统一的操作，则采用组合模式构建应用功能是一个比较好的选择。

19.3 深入理解组合模式

19.3.1 其他常用操作

当形成树形结构后，数据结构中一些常用操作都可以进行编制了。例如在 19.2 中示例的基础上要求实现以下功能：返回父节点、返回子女节点、返回兄弟节点。其具体代码如下所示。

1. 定义抽象节点 Node

```java
abstract class Node{
    protected Node parent=null;           //定义父节点
    public void setParent(Node parent){
        this.parent = parent;
```

```java
    }
    public Node getParent(){
        return parent;
    }
    public Node[] getBrothers(){                    //获得兄弟节点
        DirectNode parent = (DirectNode)getParent();
        if(parent == null)
            return null;
        int size = parent.nodeList.size();
        if(size==1)
            return null;
        Node nodes[] = new Node[size-1];
        for(int i=0; i<size; i++){
            if(parent.nodeList.get(i)==this)
                continue;
            nodes[i] = parent.nodeList.get(i);
        }
        return nodes;
    }
    public abstract Node[] getChilds();
    //其他所有代码同 19.2 中代码
}
```

该类定义了父节点 Node 变量 parent，如何为其赋值并不在本类中，而是在子类中实现的。获得子类对象 getChilds()是抽象方法，表明要在子类具体实现。获得兄弟节点 getBrothers()是普通方法为子类所共享，子类无需实现。其主要思路是：获得该节点的父类节点，对于叶子及目录节点，其父节点均是目录节点，因此有强制转换语句 "DirectNode parent=(DirectNode)getParent"。根据 parent 对象，我们可知它有哪些子对象，再去除当前节点对象，就可得出兄弟对象数组了。

2. 文件叶子节点类 FileNode

```java
class FileNode extends Node{
    //其他所有代码同 19.2 中代码
    public Node[] getChilds(){
        return null;
    }
}
```

文件节点没有子节点，因此返回 null 值。

3. 目录节点类 DirectNode

```java
class DirectNode extends Node{
    //其他所有代码同 19.2 中代码
    public void addNode(Node node)throws Exception{
        nodeList.add(node);
        node.setParent(this);                       //node 的父节点是 this 节点
    }
    public Node[] getChilds(){
        if(nodeList.size()==0)
            return null;
        Node nodes[] = new Node[nodeList.size()];
        for(int i=0; i<nodeList.size(); i++){
            nodes[i] = nodeList.get(i);
        }
        return nodes;
```

```
            }
        }
```
在 addNode()方法中添加节点的同时，还设置父节点对象。获得子对象 getChilds()算法简单，在此就不再论述了。

19.3.2 节点排序

我们知道有效树形结构数据比较方便查询，那么什么是有效树形数据结构呢？按每一层节点关键字排好序的树就是一种有效的树形数据结构。例如英文字典树，若第一层按"a、b、……、z"排序，那么查"about"单词只需按第一个分支"a"开始向下查，其他的分支根本无需进行查找。我们仍以 19.2 中目录树为例，按节点字符串名称升序排列，其代码如下所示。

```java
abstract class Node{ /*同19.2*/ }
class FileNode extends Node{ /*同19.2*/ }
class DirectNode extends Node{
    Set<Node> nodeList = new TreeSet(new Comparator(){
        public int compare(Object obj, Object obj2) {
            Node one = (Node)obj;
            Node two = (Node)obj2;
            return one.name.compareTo(two.name);
        }
    });
    public DirectNode(String name){
        super(name);
    }
    public void addNode(Node node) throws Exception{
        nodeList.add(node);
    }
    public void display(){
        System.out.println(name);
        Iterator<Node> it = nodeList.iterator();
        while(it.hasNext()){
            Node node = it.next();
            node.display();
        }
    }
}
public class Test2 { /*测试类同19.2*/ }
```

成员变量类型利用 Set 替代了 ArrayList，而且用的是 TreeSet，TreeSet 要求必须定义插入 Node 对象规则：该规则是由实现 Comparator 接口的具体类决定的，本例中是用匿名类 new Comparator() 实现的。可知：遍历 TreeSet 时，是按节点名称升序输出节点内容的。

19.4 应用示例

【例 19-1】英汉字典查询。

功能是根据英文查询出对应的汉语意思。毫无疑问，利用字典树能提高查询速度。以图 19-3 加以说明。

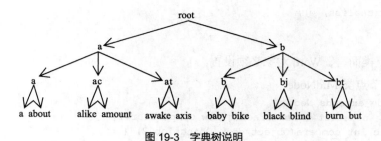

图 19-3 字典树说明

该字典树的特点是：每层的节点值都是递增的，子节点的值都大于或等于父节点的值，但是小于父节点右侧最近的兄弟节点的值。例如，用表意形式讲，[a, about]≥[a]，[a,about]<[b]；另一个特点是所有英文单词都是叶子节点，中间节点都是分支节点。采用组合模式的具体代码如下所示。

1. 单词类 Word

```
class Word{
    String english;
    String chinese;
    public Word(String english, String chinese){
        this.english=english; this.chinese=chinese;
    }
}
```

这是关于单词的基础类，现在比较简单，仅有英文单词及一个汉语解释。当然，你可以增加功能，如多种解释、短语、例句等，只要保证对应一个英文单词即可。

2. 组合模式抽象节点类 Node

```
abstract class Node{
    String key;                    //节点关键值
    Word w = null;
    Node parent = null;            //父节点
    public Node(String key, Word w){
        this.key = key;
        this.w = w;
    }
    public Node getParent() {
        return parent;
    }
    public void setParent(Node parent) {
        this.parent = parent;
    }
    public void addNode(Node node)throws Exception{
        throw new Exception("Invalid exception");
    }
}
```

组合模式把叶子节点和中间节点都看作同一性质的节点。一般来说，所有节点都有一个关键字符串作为标识，因此该类定义了字符串成员变量 key；又由于叶子节点是 Word 对象，由于又定义了 Word 类型成员变量 w。当然，对叶子及中间节点 w 值的处理方法一定是不同的，不同在哪里？希望读者带着这样的问题往下看。

3. 单词叶子节点类 WordNode

```
class WordNode extends Node{
    public WordNode(String english, Word w){
```

```
        super(english, w);
    }
}
```

对于单词节点类而言，Word 对象必须设置。

4. 中间比较节点类 MidNode

```
class MidNode extends Node{
    Set<Node> nodeList = new TreeSet(new Comparator(){
        public int compare(Object obj, Object obj2) {
            Node one = (Node)obj;
            Node two = (Node)obj2;
            return one.key.compareTo(two.key);
        }
    });
    public MidNode(String key){
        super(key,null);              //Word 对象设置为 null
    }
    public void addNode(Node node) throws Exception{
        nodeList.add(node);
        node.setParent(this);
    }
    public Node get(int pos){         //返回该节点的第 pos 个子节点，从 0 开始
        Node node = null;
        Iterator<Node> it = nodeList.iterator();
        for(int i=0; i<=pos; i++){
            node = it.next();
        }
        return node;
    }
}
```

由于中间节点只需要一个键值，无需 Word 对象，因此在构造方法中利用 "**super(key,null)**" 将 Word 对象置为 null 即可。

到此为止，组合模式的功能类编制完毕了，应用这些类如何编制英汉翻译呢？笔者认为还要编制一个字典管理类 Dictionary，里面至少要包含创建字典树及查询两个方法，其代码如下所示。

```
class Dictionary{
    Node root = new MidNode("root");
    public void create() throws Exception{       /*代码描述见下文*/ }
    void search(String english){                 /*代码描述见下文*/ }
    public static void main(String[] args) throws Exception {
        Dictionary dt = new Dictionary();
        dt.create();
        dt.search("axis");dt.search("axis"); dt.search("blind");
    }
}
```

对于字典类来说，根节点对象是重要的，因此把它定义为成员变量 root，有了它就可以遍历字典树了。create()、search()方法代码较长，下面分别加以叙述。

```
public void create() throws Exception{
    String one[] = {"a","b"};
    String two[][] = {{"a","ac","at"},{"b","bj","bt"}};
    String three[][][]={{{"a","about"},{"alike","amount"},{"awake","axis"}},
        {{"baby","bike"},{"black","blind"},{"burn","but"}}};
```

```
String china[][][]={{{"一个","关于"},{"像","数量"},{"醒","轴"}},
    {{"婴儿","自行车"},{"黑","瞎"},{"燃烧","但是"}}};
Node parent = null, parent2=null, child=null;
for(int i=0; i<one.length; i++){
    child = new MidNode(one[i]);
    root.addNode(child);                        //添加第 1 层子节点
}
for(int i=0; i<one.length; i++){
    parent = ((MidNode)root).get(i);            //获得第 1 层结点
    for(int j=0; j<two[i].length; j++){
        child = new MidNode(two[i][j]);
        parent.addNode(child);                  //第 1 层节点添加第 2 层节点
    }
}
for(int i=0; i<one.length; i++){
    parent = ((MidNode)root).get(i);            //获得第 1 层节点
    for(int j=0; j<two[i].length; j++){
        parent2 = ((MidNode)parent).get(j);     //获得第 2 层节点
        for(int k=0; k<three[i][j].length; k++){
            Word w = new Word(three[i][j][k],china[i][j][k]);
            WordNode wn = new WordNode(three[i][j][k],w);
            parent2.addNode(wn);                //添加第 3 层节点
        }
    }
}
```

为了方便，此方法内创建的树形结构与图 19-3 一致，one、two、three 数组分别对应第 1、2、3 层节点，three 数组也是英语单词节点。china 数组与 three 数组一一对应，是英文单词的汉语解释。本方法就是将 one、two、three 和 china 数组转化成树形节点信息，且由三个独立的循环完成的。当然，更普遍的形式是从文件导入，或从界面以某种输入方式导入等，方法多种多样。总之，利用程序创建完备的树形结构非常有挑战性，读者要多加思考，从中也更能体会出编程的乐趣。

根据英文查询汉语解释的方法 search() 如下所示。

```
void search(String english){
    Node parent = root;                         //从根节点向下开始查询
    Set<Node> s;
    Node cur=null, next=null;
    Iterator<Node> it;
    while(true){
        s = ((MidNode)parent).nodeList;         //获得节点的子节点集合
        it = s.iterator();
        cur = it.next();                        //设置当前节点
        while(it.hasNext()){
            next = it.next();                   //获得下一个节点
            if(english.compareTo(next.key)<0)   //若英语单词小于 next 节点关键字，则退出
                break;
            cur = next;
        }
        s = ((MidNode)cur).nodeList;            //所查英文单词一定在 cur 节点子列表中
        it = s.iterator();
```

```java
            if(it.next() instanceof WordNode)        //若已查到单词节点,则退出
                break;
            parent = cur;
        }
        s = ((MidNode)cur).nodeList;                 //所查单词一定在 cur 节点的下一级节点上
        it = s.iterator();                           //该下一级节点是单词节点
        boolean bmark = false;
        while(it.hasNext()){
            Node tmp = it.next();
            if(tmp.key.equals(english)){
                System.out.println(english+"--->"+tmp.w.chinese);
                bmark = true;
                break;
            }
        }
        if(bmark==false)
            System.out.println(english+"没有恰当的翻译");
    }
```

先用实例来说明查询算法,例如在图 19-3 中查询单词 amount。遍历 root 子节点,第 1 个节点 a<amount,第 2 个节点 b>amount,所以 amount 单词一定在 a 节点下。遍历 a 子节点,第 1 个节点 a<amount,第 2 个节点 ac<amount,第 3 个节点 at>amount,所以 amount 单词一定在 ac 节点下。因易判定 ac 子结点已是单词节点,故所查单词就在 ac 的下一级节点上,遍历下一级节点,即可查到翻译结果。综合上述,得查询算法文字描述如表 19-1 所示。

表 19–1　英文单词查询算法

search(english)
1　　parent ← 字典根节点 root
2　　while(true)
3　　　　s ← parent 节点的子结点集和
4　　　　cur ← s 中第一个元素
5　　　　遍历 s 中其余节点
6　　　　　　next ← 当前遍历值
7　　　　　　若 english<next 节点关键字则转 9
8　　　　　　cur←next, 转 5
9　　　　s ← cur 节点的子结点集和
10　若 s 已是单词节点, 则转 13
11　　　parent ← cur, 转 2
12　end while
13　遍历 cur 子节点集合, 若某节点关键值等于 English, 则输出对应的汉语解释

可能有读者有疑问:实现本题功能根本勿需树形结构,只要形成 ArrayList<Node>升序集合,再利用 BinarySearch()方法就能实现单词翻译功能。诚然,单纯从功能角度来说,是没有问题的。从拓展角度来说,有以下不足:①若在已排好序的 ArrayList 中新增加一个单词,将会涉及到数组元素的移动,而树形结构则方便添加元素,只不过目前我们树形结构的基础代码还有待完善;②ArrayList 无法形成一个有效的电子书,而树形结构就相当于电子书的目录,易于形成电子书。当然,还有例如某区间元素特征统计等,树形结构都显示出了它的优越性。

【例 19-2】XML 文件解析程序。

XML 可扩展标注语言正被迅速地运用于各个领域,它已作为与平台、语言和协议无关的格式描

述和交换数据的广泛应用标准。操纵 XML 的 API 有很多种，如 DOM、SAX、JDOM 等。本示例抛开这些专业的解析工具，自定义算法解析 XML 文件。先看一个 XML 文件示例，如表 19-2 所示。

表 19–2　　XML 文件示例

```
<root>
    <a name=a prop1=a2>
    <b name=b1 prop1=b11>bvalue</b>
    <b name=b2>bvalue2</b>
    <c>cvalue</c>
    </a>
    <a2>avalue2</a2>
</root>
```

很明显，XML 各标签间关系符合树形节点的特点，因此组合模式是解析 XML 文件的有力工具。为了解析方便，做以下三点约束。

- 叶节点和中间节点的形式固定，这是最重要的一点。对于叶节点而言，标签在一行中一定是封闭的，即若有<>,则一定有</>,如示例中的两个<b>标签和<a2>标签；对于中间节点而言，标签一定是不封闭的，一定是多行后才封闭的，如示例中的<root>标签和<a>标签。
- 对于叶节点，有三个重要域：名字、属性集、值，如示例中第 1 个<b>标签，名字是 b，值是 bvalue,有两个属性：属性 name 对应值是 b1；属性 prop1 对应的值是 b11。对于中间节点，有两个重要域：名字、属性集，如示例中<a>标签，名字是 a，有两个属性：name 属性对应值 a；prop1 对应属性 a2
- 若同路径下多个叶节点（或中间节点）标签名相同，则可通过设置 name 属性加以区分，如示例中两个<b>标签，一个名字为 b1，一个名字为 b2，这样就区分开了。

我们的目的是将 XML 文件转化成内存中的树形结构，相应功能类如下所示。

1. 定义抽象节点类 Node

```java
abstract class Node{
    public static final int START_NODE = 0;      //中间节点起点标识
    public static final int END_NODE = 1;        //中间节点终点标识
    public static final int LEAF_NODE = 2;       //叶节点标识
    protected String name;                       //名字
    protected Map<String, String> propMap;       //属性集
    protected String value;                      //值
    public static int getNodeType(String s){     //判断节点类型
        int num = 0;
        for(int i=0; i<s.length(); i++){
            if(s.charAt(i) == '<')
                num ++;
        }
        if(num == 1){
            if(s.charAt(1)=='/')
                return END_NODE;
            else
                return START_NODE;
        }
        return LEAF_NODE;
    }
    public void addNode(Node node) throws Exception{
```

```java
            throw new Exception("Invalid operation");
        }
        public abstract void display();              //显示
}
```

经前文分析，所有节点都有三个基本域成员变量：名字 name、值 value、属性集 map 类型变量 propMap。只不过对于中间节点，由于没有值域，故 value 为 null。

getNodeType()用于判断节点的类型。由于上文对节点做了两点约定，因此文件中每行数据只能有三种情况：①读的内容是"<……>"，表明是中间结点的起点；②读的内容是"</……>"，表明是中间节点的终点；③读的内容是"<……>……</……>"，表明是叶节点。getNodetType()方法根据"〈""〉""/"这三个字符，可判定读的字符串内容 s 究竟是哪一种节点。

2. 叶子节点类 LeafNode

```java
class LeafNode extends Node{
    public LeafNode(String s){                      //s 形如<b name=b2>bvalue2</b2>
        int start = 1;
        int end = s.indexOf('>');
        String mid = s.substring(start,end);        //拆分结果为：[b name=b2]
        String mid2[] = mid.split(" ");
        name = mid2[0];                             //姓名，mid2[0]="b" mid2[1]="name=b2"
        if(mid2.length>=2)
            propMap = new HashMap();
        for(int i=1; i<mid2.length; i++){           //属性
            String mid3[] = mid2[i].split("=");
            propMap.put(mid3[0], mid3[1]);          //mid3[0]=name, mid3[1]=b2
        }
        start = end+1;
        end = s.indexOf('<',start);
        value = s.substring(start, end);            //值, bvalue2
    }
    public void display(){
        System.out.println(name);
    }
}
```

由于是叶子节点，那么在构造方法 LeafNode()中，其形参 s 一定是形如"<b name=b2>bvalue2</b>"形式，因此思考好如何拆分该字符串，就能方便地得出叶子节点的名字、值、属性值 map 映射。

3. 中间节点类 MidNode

```java
class MidNode extends Node{
    ArrayList<Node> nodeList = new ArrayList();
    public MidNode(String s){                       //s 形如<a name=a prop1=a2>
        String mid = s.substring(1,s.length()-1);
        String mid2[] = mid.split(" ");
        name = mid2[0];                             //姓名
        if(mid2.length>=2)
            propMap = new HashMap();
        for(int i=1; i<mid2.length; i++){           //属性
            String mid3[] = mid2[i].split("=");
            propMap.put(mid3[0], mid3[1]);
        }
    }
```

```
    public void addNode(Node node){
        nodeList.add(node);
    }
    public void display(){
        System.out.println(name);
        for(int i=0; i<nodeList.size(); i++){
            nodeList.get(i).display();
        }
    }
}
```

由于是中间节点，那么在构造方法 LeafNode()中，其形参 s 一定是形如 "<a name=a prop1=a2>" 形式，因此思考好如何拆分该字符串，就能方便地得出中间节点的名字、属性值 map 映射。

4. XML 文件解析类 XMLManage

```
class XMLManage{
    Node root;
    public boolean create(String strFile)throws Exception{/*根据 XML 文件创建树*/}
    Node getLayer(String s[]){/**/}
    String getValue(String strPath,String strPropValue) {/*确定该路径节点对应的值*/}
    String getValue(String strPath, String strProperty) {/*根据路径及属性值确定对应值*/}
    String getProperty(String strPath, String strProp) {  /*根据路径及属性名确定属性值*/}
}
```

该类主要包含一个创建树方法 create()，四个解析树的 getXXX()方法，下面先讲解 create()。

```
    public boolean create(String strFile)throws Exception{
        FileReader in = new FileReader(strFile);
        BufferedReader in2 = new BufferedReader(in);
        String s = in2.readLine();
        s = s.trim();
        root = new MidNode(s);
        Stack<Node> st = new Stack();
        st.push(root);
        while((s=in2.readLine())!=null){
            s = s.trim();
            if(s.equals("")) continue;
            int mark = Node.getNodeType(s);
            if(mark == Node.START_NODE){                //起始节点
                Node node = new MidNode(s);
                Node top = st.peek();
                top.addNode(node);
                st.push(node);
            }
            else if(mark == Node.END_NODE){             //终止节点
                st.pop();
            }
            else{                                       //叶子节点
                Node node = new LeafNode(s);
                Node top = st.peek();
                top.addNode(node);
            }
        }
        in2.close();
        in.close();
```

```
        return true;
    }
```

本示例主要是采用堆栈对"起始结点、叶子节点、终止节点"进行处理。总体原则是：当遇到起始节点时进行入栈处理。由于它一定是当前栈顶元素的子节点，因此入栈前把它添加到栈顶元素的子集向量列表中；当遇到终止节点时进行出栈处理；当遇到叶子节点时既不入栈也不出栈，只是把它添加到当前栈顶元素的子节点中。

创建树结束后，主要就是解析树，根据路径获得所需的属性值或值了。如何定义路径呢？例如，示例中的<b>标签路径可以定义为"root/a/b"，<a2>标签可以定义为"root/a2"。也就是说，利用形如".../.../.../..."定义某标签路径。类 XMLManage 中，两个 getValue()方法是用来获取标签值的；getProperty()方法是用来获取属性值的。在某路径中若标签唯一，则用 getValue(String strPath)获得值。例如，若想获得示例中<c>标签的值，则用 getValue("root/a/c")表示；在某路径中若标签不唯一，则用 getValue(String strPath,String strPropValue)获得值。这时，多个标签中应通过设置 name 属性值加以区分，例如若获得示例中两个<b>标签对应的值，可分别用 getValue("root/a/b"，"b1")、getValue("root/a/b", b2 表示)。

有两种 getValue()方法：一是根据路径确定值；二是根据"路径+属性"值确定值。不同点一定是发生在路径倒数第二层节点的遍历上，伪码比较如表 19-3 所示。

表 19-3 后两层遍历情况伪码比较

根据路径确定值	根据路径+属性值确定值
遍历倒数第二层节点 若子节点路径等于最终路径，则输出值。	遍历倒数第二层节点 若子节点路径等于最终路径，且 name 属性值等于所给值，则输出值。

对于倒数第二层之上的路径遍历都是相同的，因此，定义了 getLayer 方法，用以获得倒数第二层的节点对象，如下所示。

```
Node getLayer(String s[]){
    Node result = root;
    try{
        if(!root.name.equals(s[0]))
            return null;
        ArrayList<Node> mid = ((MidNode)root).nodeList;
        int i, j;
        for(i=1; i<s.length-1; i++){
            boolean bmark=false;
            for(j=0; j<mid.size(); j++){
                String name = mid.get(j).name;
                if(name.equals(s[i])){
                    bmark = true; break;
                }
            }
            if(!bmark)
                return null;
            result = mid.get(j);
            mid = ((MidNode)result).nodeList;
        }
    }
    catch(Exception e){
        return null;
```

            }
            return null;
    }

方法 getLay()形参 s[]是全路径数组，若长度为 n，由于是遍历到倒数第二层，则从树跟节点开始层层遍历，依次与 s[0] ~ s[n-2]匹配，即获得所需节点对象。

XMLManage 中 getValue()、getProperty()方法均调用了 getLayer()方法，具体代码如下所示。

```
    String getValue(String strPath){                    //根据路径获得值
        String s[] = strPath.split("/");                //拆分获得路径数组
        Node result = getResult(s);                     //获得倒数第二层节点对象
        if(result==null)
            return null;
        boolean bmark = false;
        ArrayList<Node> mid = ((MidNode)result).nodeList;
        for(int i=0; i<mid.size(); i++){                //遍历第 2 层节点数组
            result = mid.get(i);
            if(result.name.equals(s[s.length-1])){      //若路径匹配
                bmark = true;break;
            }
        }
        if(bmark)                                       //若有结果
            return result.value;                        //则返回
        return null;
    }
    String getValue(String strPath, String strPropValue){//根据路径+属性获得值
        String s[] = strPath.split("/");                //拆分获得路径数组
        Node result = getResult(s);                     //获得倒数第 2 层节点对象
        if(result==null)
            return null;
        boolean bmark = false;
        ArrayList<Node> mid = ((MidNode)result).nodeList;
        for(int i=0; i<mid.size(); i++){                //遍历第 2 层节点数组
            result = mid.get(i);
            Map<String, String> map = result.propMap;   //若路径+属性值匹配
            if(result.name.equals(s[s.length-1]) && strPropValue.equals(map.get("name"))){
                bmark = true;    break;
            }
        }
        if(bmark)                                       //若有结果
            return result.value;                        //则返回
        return null;
    }
    String getProperty(String strPath, String strProp){ //根据路径，获得其 strProp 对应的属性值
        String s[] = strPath.split("/");
        Node result = getResult(s);
        if(result==null)
            return null;
        boolean bmark = false;
        ArrayList<Node> mid = ((MidNode)result).nodeList;
        for(int i=0; i<mid.size(); i++){
```

```
            result = mid.get(i);
            if(result.name.equals(s[s.length-1])){
                bmark = true;    break;
            }
        }
        if(bmark){
            Map<String, String> map = result.propMap;
            return map.get(strProp);
        }
        return null;
    }
}
```

本示例中的解析功能稍显简单，每次只能返回一个值。其实，只要稍加思考，就能很容易地进行功能拓展，下面只列出功能描述，代码就不列举了，读者可自行完成，如表 19-4 所示。

表 19-4 解析功能拓展列表

方法名	说明
Node getNode(String path)	返回 path 路径对应的节点对象。
String[] getValue(String prePath, String path[])	一次返回多个标签的值，标签路径分别由 prePath+path[0],…,prePath+path[n]组成。
Map<String,String>getAllProperty(String path)	返回标签的所有属性值，返回 map 类型。
Map<String,String> getAllProperty(String path, String propValue)	在同名标签中返回 name 属性值等于变量 propValue 值对应标签的所有属性。

一个简单的测试类如下所示。
```
public class Test6 {
    public static void main(String[] args) throws Exception {
        XMLManage obj = new XMLManage();
        obj.create("C:/config.xml");
        System.out.println(obj.getValue("root/a2"));
        System.out.println(obj.getValue("root/a/b","b1"));
        System.out.println(obj.getValue("root/a/b","b2"));
        System.out.println(obj.getProperty("root/a","prop1"));
    }
}
```

总之，通过编制自定义解析 XML 类，过程并不是太难。笔者认为虽然众多的 XML 解析器最大的特点是通用性，但一般来说是以牺牲时间为代价的，而我们的应用程序不论大小或多或少都有它的特殊性，对配置文件来说也一样，因此编制适合我们应用的自定义 XML 文件解析器也是非常有价值的。更主要的是：在编程过程中，你的思路会不断涌现，错误的、正确的交替出现，因此非常锻炼思维能力，增加编程的乐趣。

【例 19-3】考虑 HTML 的<frameset>标签。<frameset>用于把 Web 页面划分成不同的部分，每一个部分都可以显示一个独立的 Web 页面。使用<frame>标签可以让一个实际的 Web 页面在一个部分中显示出来。此外，<frameset>标签可以是嵌套的，示例如下所示。
```
<frameset rows="20%,80%">
    <frameset rows="100,200">
        <frame src="frame1.html">
        <frame src="frame2.html">
    </frameset>
    <frame src="frame3.html">
</frameset>
```

可以看出：<frameset>、<frame>可以看作树中的节点。前者是中间节点；后者是叶子节点。要求：设计两个类 FrameSet 和 Frame 来分别表示<frameset>和<frame>标签；在类中定义一个操作 getResourceFiles()，用于返回 FrameSet 或者 Frame 对象特定的 HTML 文件；通过合成模式设计并且实现该操作，使客户程序可以没有区别地使用 FrameSet 和 Frame 类。

1. 定义界面抽象节点类 UINode

```
abstrac tclass UINode{
    String s;
    public UINode(String s){
        this.s = s;
    }
    public void addNode(UINode node) throws Exception{
        thrownew Exception("Invalid exception");
    }
    abstract void display();
}
```

成员变量 s 对 Frame 叶子子对象而言，代表 HTML 文件；对 FrameSet 中间节点子对象而言，代表普通的名字。

2. 定义叶子类 Frame

```
class Frame extends UINode{
    public Frame(String strPath){  //strPath 表示 html 文件路径
        super(strPath);
    }
    public void display(){
        System.out.println(s);
    }
}
```

3. 定义中间节点类 FrameSet

```
class FrameSet extends UINode{
    private ArrayList<UINode> nodeList = new ArrayList();
    public FrameSet(String name){
        super(name);
    }
    public void addNode(UINode node) throws Exception{
        nodeList.add(node);
    }
    public void display(){
        for(int i=0; i<nodeList.size(); i++){
            nodeList.get(i).display();
        }
    }
}
```

在 display()方法中不要在循环前添加"System.out.println(s)"语句，题意要求仅显示叶节点的 HTML 文件名称即可。

一个简单的测试类如下所示（与题中所给示例一致）。

```
public class Test7 {
    public static void main(String[] args) throws Exception{
        FrameSet root = new FrameSet("1");           //中间节点名称
        FrameSet child = new FrameSet("2");
        Frame frm1 = new Frame("frame1.html");       //必须是 html 文件
        Frame frm2 = new Frame("frame2.html");
```

```
            Frame frm3 = new Frame("frame3.html");
            child.addNode(frm1); child.addNode(frm2);
            root.addNode(child); root.addNode(frm3);
            root.display();      //中间节点调用display()显示所需html文件
            frm1.display();      //叶节点也调用display()显示所需html文件，形式一致
    }
}
```

模式实践练习

1. 一个连队由若干个排组成，每个排由若干个班组成，每个班由若干战士组成。每个人的工资是不同的，利用组合模式编制功能类，并计算该连队总工资。

2. 文件有不同类型，不同文件类型浏览方式也不同，如文本文件和图像文件浏览方式就不同。对文件夹浏览实际上就是对其所包含文件的浏览。使用组合模式来模拟文件的浏览操作。

20 代理模式

代理模式定义如下:为其他对象提供一组代理以控制对这个对象的访问。适合代理模式的情景如下:不希望用户直接访问该对象,而是提供一个特殊的对象以控制对当前对象的访问;如果一个对象需要很长时间才能加载完成;如果对象位于远程主机上,需要为用户提供远程访问能力。

20.1 模式简介

在生活中常遇到如下的事情：长虹电视的原产地在四川，如果你在大连工作，准备买电视，那么你一定会在大连的商店或相关部门购买，而不会去四川购买；你去北京求职，一定会先到求职中心；你准备买车，一定会先去 4S 店等等。可能你会说这类问题太司空见惯了。仔细分析，我们会发现这类事件的一个重大特点，那就是客户都没有和"原产地"直接接触，而是通过一个称之为"代理"的第三者来实现间接引用的。代理对象可以在客户端和目标对象之间起到中介的作用，并且可以通过代理对象去掉客户不能看到的内容和服务或者添加客户需要的额外服务。

代理模式的定义如下：给某一个对象提供一个代理，并由代理对象控制对原对象的引用。代理模式的英文叫作 Proxy 或 Surrogate，它是一种对象结构型模式。其抽象 UML 如图 20-1 所示。

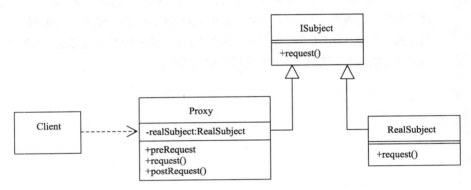

图 20-1 代理模式抽象 UML 类图

代理模式包含如下角色。
- ISubject：抽象主题角色，是一个接口，该接口是对象和它的代理所共用的接口。
- RealSubject：真实主题角色，是实现抽象主题接口的类。
- Proxy：代理角色，内部含有对真实对象 RealSubject 的引用，从而可以操作真实对象。代理对象提供与真实对象相同的接口，以便在任何时刻都能代替真实对象，同时，代理对象可以在执行真实对象操作时，附加其他的操作，相当于对真实对象进行封装。

以买电视为例，其代码如下所示。

（1）定义抽象主题——买电视
```
interface ITV{
    public void buyTV();
}
```

（2）定义实际主题——买电视过程
```
class Buyer implements ITV{
    public void buyTV(){
        System.out.println("I have bought the TV by buyer proxy");
    }
}
```
真正的付费买电视是由购买者完成的。

（3）定义代理
```
class BuyerProxy implements ITV{
```

```
    private Buyer buyer;
    public BuyerProxy(Buyer buyer){
        this.buyer = buyer;
    }
    public void buyTV(){
        preProcess();
        buyer.buyTV();
        postProcess();
    }
    public void preProcess(){
        //询问客户需要的电视类型、价位等信息
    }
    public void postProcess(){
        //负责把电视送到客户家
    }
}
```

电视代理商 BuyerProxy 与购买者 Buyer 都实现了相同的接口 ITV，是对 Buyer 对象的进一步封装。着重理解 buyTV()方法：首先，代理商要通过 preProcess()询问客户买电视的类型、价位等信息；然后，购买者通过 buyer.buyTV()自己付费完成电视购买；最后，代理商通过 postProcess()协商具体的送货服务、产品三包等。

代理模式最突出的特点是：代理角色与实际主题角色有相同的父类接口。常用的代理方式有四类：虚拟代理、远程代理、计数代理、动态代理，下面一一加以说明。

20.2 虚拟代理

虚拟代理的关键思想是：如果需要创建一个资源消耗较大的对象，就先创建一个消耗相对较小的对象来表示，真实对象只在需要时才会被真正创建。当用户请求一个"大"对象时，虚拟代理在该对象真正被创建出来之前扮演着替身的角色；当该对象被创建出来之后，虚拟代理就将用户的请求直接委托给该对象。

【例 20-1】高校本科生科研信息查询功能。

为了提高学生实践能力，高校教师每年都可向学校申请"开放实验室"项目，申报书包含的主要内容如表 20-1 所示。

表 20-1 开放实验室数据库表字段说明

序 号	字 段 名	关 键 字	说 明
1	account	√	账号
2	Name		主持人姓名
3	Project		项目名称
4	Content		项目主要内容
5	Plan		计划安排

可以看出，第 4、第 5 个字段均是大段的文字描述。如果直接列出申请的所有项目信息，一方面花费的时间会较长，另一方面界面也不好设计，这是因为前 3 个字段长度较短，后两个字段长度较长。毫无疑问，这样的查询是不适合应用的。良好的查询策略应该分为二级查询。例如：第一级查询用表格形式显示"账号、项目名称、主持人姓名"3 个字段。这相当于查询数据库表中的部分字段、

而且字段短小，因此速度是较快的；第二级查询是当用鼠标选中表中某一个具体的项目时，再进行一次数据库查询，得到该项目的完整信息，在界面上显示第 4、第 5 个字段的内容。

初始界面如图 20-2（完成了第 1 级查询）所示。

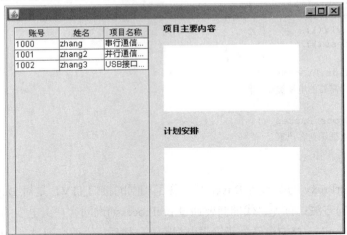

图 20-2　初始界面示意图

当用鼠标选中某一具体项目时，例如选中账号"1000"对应的项目时，则在界面右侧显示"项目主要内容"及"计划安排"，如图 20-3 所示。

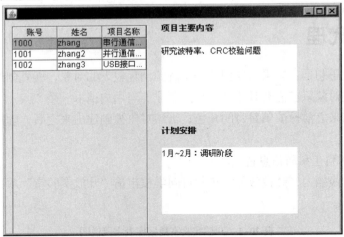

图 20-3　鼠标响应界面示意图

很明显，该示例可用代理模式完成，具体代码如下所示。

（1）定义抽象主题接口 IItem

```
public interface IItem {
    String getAccount();  void setAccount(String s);
    String getName();     void setName(String s);
    String getProject();  void setProject(String s);
    String getContent();
    String getPlan();
    void itemFill() throws Exception;
}
```

该接口表明主题是以一个项目的所有项信息为单位的。前三个字段 account、name、project 有 setter、getter 方法，表明这三个字段的信息是初始化时直接从数据库表得到的，而 content、plan 字段只有 getter 方法，表明这两个字段的信息仅当执行第二级查询时才填充完毕，由 itemFill() 方法完成。

（2）具体实现主题类 RealItem

```java
public class RealItem implements IItem {
    private String account;
    private String name;
    private String project;
    private String content;
    private String plan;

    public String getAccount() {return account;}
    public void setAccount(String account) {this.account = account;}
    public String getName() {return name;}
    public void setName(String name) {this.name = name;}
    public String getProject() {return project;}
    public void setProject(String project) {this.project = project;}
    publicString getContent() {return content;}
    public String getPlan() {return plan;}
    public void itemFill() throws Exception{         //填充本项目content及plan字段
        //第2级查询SQL语句
        String strSQL = "select content,plan from project where account='" +account+ "'";
        DbProc dbobj = new DbProc();
        Connection conn = dbobj.connect();
        Statement stm = conn.createStatement();
        ResultSet rst = stm.executeQuery(strSQL);
        rst.next();
        content = rst.getString("content");   //填充content字段内容
        plan = rst.getString("plan");         //填充plan字段
        rst.close(); stm.close(); conn.close();
    }
}
```

itemFill() 方法描述了第二级查询时如何获得 content、plan 字段具体内容的过程，但是何时调用、怎样调用该方法在本类中并没有体现，是由代理类完成的。

（3）代理主题类 ProxyItem

```java
public class ProxyItem implements IItem {
    private RealItem item;
    boolean bFill;        //标识content、plan字段是否填充
    public ProxyItem(RealItem item){
        this.item = item;
    }
    public String getAccount() {
        return item.getAccount();
    }
    public void setAccount(String s) {
        item.setAccount(s);
    }
    public String getName() {
        return item.getName();
    }
    public void setName(String s) {
```

```java
            item.setName(s);
        }
        public String getProject() {
            return item.getProject();
        }
        public void setProject(String s) {
            item.setProject(s);
        }
        public String getContent() {
            return item.getContent();
        }
        public String getPlan() {
            return item.getPlan();
        }
        public void itemFill() throws Exception {
            if(!bFill)
                item.itemFill();
            bFill = true;
        }
    }
```

成员变量 bFill 是布尔变量,当执行 itemFill()时,由于初始 bFill 是 false,因此调用一次具体主题类的 item.itemFill()方法,完成对 content、plan 字段的数据填充,最后把 bFill 置成 true。也就是说,无论调用代理对象 itemFill()多少次,由于 bFill 布尔变量的作用,都只执行具体主题类对象的 itemFill()方法一次。

由于第一级是一个"大"范围的查询,因此一定是 ProxyItem 的集合,这就是下面描述的 ManageItems 类。

(4) 代理项目集合类 ManageItems

```java
public class ManageItems {
    Vector<ProxyItem> v = new Vector();                          //代理项目集合
    public void firstSearch() throws Exception{
        String strSQL = "select account,name,project from project";//第1级查询SQL语句
        DbProc dbobj = new DbProc();
        Connection conn = dbobj.connect();
        Statement stm = conn.createStatement();
        ResultSet rst = stm.executeQuery(strSQL);                //获得第1级查询记录集合
        while(rst.next()){
            ProxyItem obj = new ProxyItem(new RealItem());
            obj.setAccount(rst.getString("account"));
            obj.setName(rst.getString("name"));
            obj.setProject(rst.getString("project"));
            v.add(obj);
        }
        rst.close(); stm.close(); conn.close();
    }
}
```

对于数据库应用程序来说,往往是对记录的集合进行操作的,因此若用到代理模式,则一般有一个代理基本类,如 ProxyItem,代理集合管理类,如 ManageItems。

(5) 界面显示及消息映射类 UFrame

```java
public class UFrame extends JFrame implements MouseListener{
    ManageItems manage = new ManageItems();
```

```java
        JTable table;
        JTextArea t = new JTextArea();
        JTextArea t2= new JTextArea();
        public void init()throws Exception{
            setLayout(null);
            manage.firstSearch();                                //进行第1级查询

            String title[] = {"账号","姓名","项目名称"};
            String data[][] = null;
            Vector<ProxyItem> v = manage.v;
            data = new String[v.size()][title.length];
            for(int i=0; i<v.size(); i++){
                ProxyItem proxy = v.get(i);
                data[i][0] = proxy.getAccount();
                data[i][1] = proxy.getName();
                data[i][2] = proxy.getProject();
            }

            table = new JTable(data, title);
            JScrollPane pane = new JScrollPane(table);
            pane.setBounds(10, 10, 200, 340);

            JLabel label = new JLabel("项目主要内容");
            JLabel label2= new JLabel("计划安排");
            label.setBounds(230,5,100,20);  t.setBounds(230, 40, 200, 100);
            label2.setBounds(230,160,100,20); t2.setBounds(230, 195, 200, 100);

            add(pane);
            add(label); add(t);
            add(label2);add(t2);

            table.addMouseListener(this);

            this.setDefaultCloseOperation(JFrame.EXIT_ON_CLOSE);
            setSize(500,350);
            setVisible(true);
        }
        public void mouseClicked(MouseEvent event) {             //进行第2级查询
            try{
                int n = table.getSelectedRow();
                if(n>=0){
                    ProxyItem item = manage.v.get(n);
                    item.itemFill();
                    t.setText(item.getContent());
                    t2.setText(item.getPlan());
                }
            }
            catch(Exception e){}
        }
        public static void main(String[] args)throws Exception {
            new UFrame().init();
        }
    }
```

20.3 远程代理

远程代理的含义是：为一个位于不同地址空间的对象提供一个本地的代理对象，这个不同的地址空间可以是在同一台主机中，也可是在另一台主机中，即远程对象驻留于服务器上，当客户机请求调用远程对象时调用相应方法，执行完毕后，结果由服务器返回给客户端。远程代理的基本框图如图 20-4 所示。

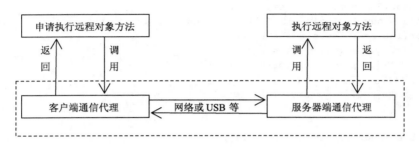

图 20-4　远程代理基本框图

框图中虚线部分即远程代理。虚拟代理一般有一个代理，而远程代理包括两个代理：客户端通信代理与服务器端通信代理，因此编程中必须考虑这两部分因素，但是实际上 JDK 已经提供了远程代理的通信框架，如 RMI(Remote method invocation)远程方法调用、CORBA(Common object request broker architecture)公用对象请求代理体系结构技术等。这意味着编程时勿需考虑远程代理的编码了，只编制所需的普通代码即可，甚至比虚拟代理编码都要简单许多。可能有读者疑问：远程代理部分负责信息的编码、传递、解码等功能，应该是非常复杂的，怎么可能被屏蔽掉，在编程时不考虑呢？其实，联系生活实际，就能有很好的感性认识。例如：你从大连邮寄包裹到北京，你只需到大连邮局申请并登记一下就可以了，无需考虑北京到大连是如何邮寄的，那是"大连邮局代理"与"北京邮局代理"负责的事，因此，远程代理也一定能做到像生活实例一样，客户端申请远程调用，而无需考虑如何调用的过程。至于更细致的理论说明，后文还有论述。

20.3.1　RMI 通信

考虑一个简单的示例，客户端输入字符串数学表达式，仅含+、-运算。服务器端计算该表达式值，从前向后依次运行。

1. 创建服务器工程 RmiServer，具体代码如下所示。

（1）定义抽象主题远程接口 ICalc
```
public interface ICalc extends Remote {
    float calc(String s)throws RemoteException;
}
```
RMI 远程接口必须从 Remote 接口派生,而且定义的接口方法中必须抛弃 RemoteException 异常。

（2）定义具体远程主题实现 ServerCalc
```
public class ServerCalc extends UnicastRemoteObject implements ICalc {
    public ServerCalc()throws RemoteException{
        super();
    }
```

```java
    public float calc(String s) throws RemoteException {
        s += "+0";
        float result = 0;                   //最终结果变量
        float value = 0;                    //拆分字符串对应的浮点变量
        char opcur = '+';                   //当前操作符
        char opnext;
        int start = 0;                      //字符串遍历起始位置
        if(s.charAt(0)=='-'){               //若是负数开始,则
            opcur = '-';                    //修改当前操作符
            start = 1;                      //修改字符串遍历起始位置
        }
        //遍历字符串
        for(int i=start; i<s.length(); i++){
            if(s.charAt(i)=='+' || s.charAt(i)=='-'){
                opnext = s.charAt(i);
                value = Float.parseFloat(s.substring(start, i));//按操作符拆分字符串对应数值
                switch(opcur){
                case '+': result += value; break;
                case '-': result -= value; break;
                }
                start = i+1; opcur = opnext;
                i = start;
            }
        }
        return result;
    }
}
```

RMI 远程实现类必须从 UnicastRemoteObject 派生,对本题而言还要实现 ICalc 接口;类中方法必须抛弃 RemoteException 异常,而且必须定义无参构造方法。

calc()完成字符串表达式的具体计算,主要理解第 1 行语句 "s+= '+0'"。假设 s 初始为 "1+2",则变为 "1+2+0",主要是为了简化方法中 for 循环的边界条件处理,这也算是一个小的技巧,希望读者加以体会。

(3)远程具体实现对象注册类 RmiServer

```java
public class RmiServer {
    public static void main(String[] args) {
        if(System.getSecurityManager()==null)
            System.setSecurityManager(new RMISecurityManager());
        try{
            ServerCalc obj = new ServerCalc();
            Naming.rebind("calc", obj);
            System.out.println("server bind success!!!!!");
        }
        catch(Exception e){e.printStackTrace(); }
    }
}
```

main()中只是完成了远程对象的注册过程,它是由 Naming 类中的静态方法 rebind()完成的,表明 ServerCalc 是一个远程对象类,obj 是一个远程对象,注册名是字符串 "obj"。这些只是完成 RMI 远程通信必要的准备工作,而且 main()方法执行后很快就结束了,并不是读者们所想到的无限循环结构。

其实，rebind()方法是用于完成向 RMI 应用服务器的注册。真正的 RMI 应用服务器执行后一定是无限循环结构，也一定是在该服务器运行后，才能完成远程对象的真实注册。JDK 中 RMI 应用服务器指 rmiregistry.exe，它位于 JDK 安装目录下面的 bin 子目录里，其默认端口号是 1099。

另外，RMI 通信必须进行安全管理，防止任意用户随意进行远程调用。基本方法是采用安全策略文件，它是一个文本文件，定义了远程访问的 IP 相关信息。本示例中服务器端用到的安全策略文件 server.policy 描述如表 20-2 所示。

表 20-2　服务器端安全策略文件 server.policy

内　　容	说　　明

`grant{`
　`permission java.net.SocketPermission`
　　`"localhost:1099","connect,accept,listen,resolve";`
　`permission java.net.SocketPermission`
　　`"200.47.223.8:80","connect,accept,listen,resolve";`
`};`
	本机 RMI 应用服务器允许本机 1099 端口访问。
	本机 RMI 应用服务器允许指定 IP 端口访问。

（4）执行服务器端注册功能

为了方便，在 cmd 窗口下运行。前提条件是：path、classpath 环境变量都已设置完毕。

第 1 步，新开一个 cmd 窗口，若运行: start rmiregistry，则出现图 20-5 界面。

图 20-5　RMI 注册服务器启动界面

第 2 步，新开一个 cmd 窗口，输入下述命令行（必须有安全策略文件选项）即可。
```
java -Djava.sevurity.policy=server.policy RmiServer
```

2．创建客户端工程 RmiClient，具体代码如下所示。

（1）定义抽象主题远程接口 ICalc
```java
public interface ICalc extends Remote {
    float calc(String s) throws RemoteException;
}
```
必须与服务器端定义的 ICalc 接口一致，特别注意包目录必须完全相同。

（2）远程调用测试类
```java
public class RmiClient {
    public static void main(String[] args) {
        if(System.getSecurityManager()==null)
            System.setSecurityManager(new RMISecurityManager());
        try{
            ICalc obj = (ICalc)Naming.lookup("rmi://localhost:1099/calc");   //查询远程对象
            System.out.println(obj.calc("1+2+3"));            //输出远程对象结果
        }
        catch(Exception e){e.printStackTrace();}
    }
}
```

客户端通过 Naming 类中的静态方法 lookup()查询远程对象，方法字符串参数定义为："rmi://IP:Port/" + 远程对象注册字符串名称。

当然 RMI 客户端也采用安全策略文件，与表 20-2 中内容相仿。若假设策略文件名为 client.policy，则客户端执行命令行如下所示。

```
Java -Djava.security.policy=client.policy RmiClient
```

20.3.2　RMI 代理模拟

在 20.3.1 节中，我们编制的 RMI 程序均没有显示的代理程序存在，因为 JDK 把代理程序给屏蔽掉了。为了更好地理解远程代理程序的作用，仍以上节远程运算为例，编写一个简单的 RMI 代理模拟程序。

1. 创建服务器工程 RmiServerSimu，具体代码如下所示。

（1）定义抽象主题远程接口 ICalc

```java
public interface ICalc{
    float calc(String s)throws Exception;
}
```

ICalc 勿需从 Remote 派生。

（2）定义具体远程主题实现 ServerCalc

```java
public class ServerCalc implements ICalc {
    public float calc(String s) throws Exception {
        //代码同 20.3.1 节
        }
        return result;
    }
}
```

ServerCalc 类勿需从 UnicastRemoteObject 派生。

（3）定义服务器端远程代理类 ServerProxy

```java
public class ServerProxy extends Thread {
    ServerCalc obj;
    public ServerProxy(ServerCalc obj){
        this.obj = obj;
    }
    public void run(){
        try{
            ServerSocket s = new ServerSocket(4000);
            Socket socket = s.accept();
            while(socket != null){
                ObjectInputStream in = new ObjectInputStream(socket.getInputStream());
                ObjectOutputStream out = new ObjectOutputStream(socket.getOutputStream());
                String method = (String)in.readObject();      //读取方法字符串
                if(method.equals("calc")){
                    String para = (String)in.readObject();    //读取方法参数
                    float f = obj.calc(para);                 //计算出表达式值
                    out.writeObject(new Float(f));            //返回给客户端
                    out.flush();
                }
            }
        }
        catch(Exception e){e.printStackTrace();}
```

            }
        }

　　一般的应用服务器一定是支持多线程的，故定义 ServerProxy 从 Thread 派生。RMI 服务器端程序是通过网络通信的，所以用到了 Socket 接口。run()中封装了远程代理的功能，即主要是通过 ObjectInputStream、ObjectOutputStream 对象 in、out 读写网络的。当客户端申请远程执行 calc(String expression)方法时，in 首先读取方法名 method，若 method 为字符串"calc"，则 in 继续读取网络，获得表达式字符串 expression；然后调用 ServerCalc 类中的 calc()方法，计算出表达式 expression 的值 value；最后再通过 out 对象传送回客户端。

（4）一个简单的测试类 RmiServerSimu

```java
public class Test {
    public static void main(String[] args) {
        ServerCalc obj = new ServerCalc();                //定义具体实现类
        ServerProxy spobj = new ServerProxy(obj);         //定义服务器远程代理类
        spobj.start();                                    //启动线程
    }
}
```

2. 创建客户端工程 RmiClientSimu，具体代码如下所示。

（1）定义抽象主题远程接口 ICalc

```java
public interface ICalc{
    float calc(String s) throws Exception;
}
```

（2）定义服务器端远程代理类 ClientProxy

```java
public class ClientProxy implements ICalc {
    Socket socket ;
    public ClientProxy() throws Exception{
        socket = new Socket("localhost",4000);
    }
    public float calc(String expression) throws Exception {
        ObjectOutputStream out = new ObjectOutputStream(socket.getOutputStream());
        ObjectInputStream in = new ObjectInputStream(socket.getInputStream());
        out.writeObject("calc");
        out.writeObject(expression);
        Float value = (Float)in.readObject();
        return value.floatValue();
    }
}
```

　　ClientProxy 是从远程接口 ICalc 派生的（注意:ServerProxy 不从 ICalc 派生）。RMI 客户端程序是通过网络通信的，所以用到了 Socket 接口。calc()中体现了远程代理的功能，即主要是通过 ObjectInputStream、ObjectOutputStream 对象 in、out 读写网络的。首先，通过 out 对象向服务器端写申请执行的函数名"calc"；然后，再写表达式 expression；最后，通过 in 对象从服务器端取得计算结果，并返回给调用端。

（3）一个简单的测试类 RmiClientSimu

```java
public class ClientTest {
    public static void main(String[] args) throws Exception{
        ICalc obj = new ClientProxy();              //客户端代理对象初始化
        float value = obj.calc("23+2+3");           //通过远程代理计算表达式的值
        System.out.println("value=" +value);
```

        }
   }

我们发现：ClientProxy、ServerProxy 类中的功能是相似的。理解了这两个类的含义，再编制其他的远程方法，代码也是大同小异的。因此，JDK 专家人员再进一步抽象，编制了系统的 RMI 通信代码。

20.4 计数代理

当客户程序需要在调用服务提供者对象的方法之前或之后执行日志或计数的额外功能时，就可以使用计数代理模式。计数代理模式并不是把这些额外操作的代码直接添加到源服务中，而是把它们封装成一个单独的对象，这就是计数代理。

考虑这样一个应用：用计数代理统计图书馆中每天借阅书籍的具体次数。具体代码如下所示。

1. 定义书籍基本类 Book

```
class Book{
    private String NO;                    //书号，假设仅有书号、书名两个属性
    private String name;                  //书名
    public Book(String NO, String name){
        this.NO = NO;
        this.name = name;
    }
    public String getNO() {
        return NO;
    }
    public void setNO(String NO) {
        NO = NO;
    }
    public String getName() {
        return name;
    }
    public void setName(String name) {
        this.name = name;
    }
}
```

2. 定义抽象主题接口 IBorrow

```
interface IBorrow{
    boolean borrow();                     //借阅过程
}
```

3. 定义借阅实现类 Borrow

```
class Borrow implements IBorrow{
    private Book book;
    public void setBook(Book book) {
        this.book = book;
    }
    public Book getBook(){
        return book;
    }
    public boolean borrow(){
        //保存信息到数据库等功能，代码略
```

```
        return true;
    }
}
```

4. 定义借阅代理类 BorrowProxy

```java
class BorrowProxy implements IBorrow{
    private Borrow obj;
    private Map<String, Integer> map;
    public BorrowProxy(Borrow obj){
        this.obj = obj;
        map = new HashMap();
    }
    public boolean borrow(){
        if(!obj.borrow())                                    //若借阅失败则
            return false;                                    //返回
        Book book = obj.getBook();
        Integer i = map.get(book.getNO());
        i=(i==null)?1:i+1;
        map.put(book.getNO(), i);                            //保存"书号-次数"键-值对
        return true;
    }
    public void log()throws Exception{
        Set<String> set = map.keySet();
        String key = "";
        String result = "";
        Iterator<String> it = set.iterator();
        while(it.hasNext()){
            key = it.next();
            result += key +"\t"+ map.get(key) +"\r\n";
        }
        Calendar c = Calendar.getInstance();
        RandomAccessFile fa = new RandomAccessFile("d:/log.txt","rw");
        fa.seek(fa.length());
        fa.writeBytes(+c.get(Calendar.YEAR)+"-"+(c.get(Calendar.MONTH)+1)+"-"+
                c.get(Calendar.DAY_OF_MONTH)+"\r\n");        //记录日志时间
        fa.writeBytes(result);                               //记录每本书对应的借阅次数
        fa.close();
    }
}
```

该代理类定义了 Map 成员变量 map，键是书号，每天借阅次数是值。日志文件中首先保存当前时间，然后保存"书号\t借阅次数信息"，一行一条记录。

5. 一个简单测试类

```java
public class Test {
    public static void main(String[] args)throws Exception {
        Borrow br = new Borrow();
        BorrowProxy bp = new BorrowProxy(br);
        
        Book book = new Book("1000", "计算机应用");
        br.setBook(book);
        bp.borrow();                                         //借阅一本书
        
        book = new Book("1001", "计算机应用2");
        br.setBook(book);
```

```
        bp.borrow();                    //借阅另一本书
        bp.log();                       //调用记录日志功能
    }
}
```

可以看出：本示例并没有实现每天都记录日志一次，因为从设计思想角度来说，时间控制应该在主框架实现，到约定时间，调用代理类的 log()方法即可。如果硬要在代理类添加时间控制，也是可行的，只要控制好 JDK 中的 Timer 定时器就可以了，在此就不做论述了。

20.4.1 动态代理的成因

一般来说，对代理模式而言，一个主题类与一个代理类一一对应，这也即是静态代理模式的特点，其程序模型如图 20-6 所示（假设有 *n* 个主题类）。

图 20-6　静态代理模式简图

也常存在这样的情况，有 *n* 个主题类，但是代理类中的"前处理、后处理"都是一样的，仅调用主题不同，我们需要编制图 20-7 所示的程序框架。

图 20-7　动态代理模式简图

也就是说，多个主题类对应一个代理类，共享"前处理、后处理"功能，动态调用所需主题，大大减小了程序规模，这就是动态代理模式的特点。

实现动态代理的关键技术是反射，而反射知识在第 1 章已有详细介绍，下面主要讲述反射是在代理模式中的具体应用方法。

20.4.2 自定义动态代理

重新考虑 20.3.2 "RMI 远程代理模拟"一节描述内容，该功能完全可由动态代理模式实现，其具体过程如下所示。

1. 创建服务器工程 URmiServer，具体代码如下所示。

（1）定义抽象主题远程接口 ICalc

```java
public interface ICalc{
    float calc(String s)throws Exception;
}
```

（2）定义具体远程主题实现 ServerCalc
```java
public class ServerCalc implements ICalc {
    //同 20.3.2
}
```
（3）定义服务器端远程代理类 ServerProxy
```java
public class ServerProxy{
    public static Map<String, Object> map = new HashMap();
    public void registry(String key, Object value){        //远程对象注册功能
        map.put(key, value);                               //注册到 HashMap 映射中
    }
    public void process(int socketNO) throws Exception{
        ServerSocket s = new ServerSocket(socketNO);
        while(true){
            Socket socket = s.accept();
            if(socket != null){
                MySocket ms = new MySocket(socket);
                ms.start();
            }
        }
    }
}
```
该类是远程代理通信功能的核心类。通过 registry()方法，把主题对象注册到成员变量 map 映射中，方便将来获得该对象，并利用反射机制执行该对象中的方法。process()方法表明 ServerProxy 是一个多线程类，常规线程负责侦听客户端的连接。若有连接，则获得该连接，并创建 MySocket 线程对象，然后启动该线程。

MySocket 是 Socket 的派生类，具体代码如下所示。
```java
public class MySocket extends Thread {
    Socket socket;
    public MySocket(Socket socket){
        this.socket = socket;
    }
    public Object invoke(String registname, String methodname, Object para[]) throws Exception{
        Object obj = ServerProxy.map.get(registname);      //获得注册对象
        //形成函数参数序列
        Class classType = Class.forName(obj.getClass().getName());
        Class c[] = new Class[para.length];
        for(int i=0; i<para.length; i++){
            c[i] = para[i].getClass();
        }
        //利用反射机制调用主题对象方法
        Method mt = classType.getMethod(methodname, c);
        return mt.invoke(obj, para);
    }
    public void run() {
        while(true){
            try{
                InputStream ins = socket.getInputStream();
                if(ins==null || ins.available()==0)
                    continue;
                //前处理
```

```
            ObjectInputStream in = new ObjectInputStream(ins);
            ObjectOutputStream out = new ObjectOutputStream(socket.getOutputStream());
            String registname = (String)in.readObject();       //获得远程对象注册名称
            String methodname = (String)in.readObject();       //获得远程调用方法名称
            Object[] para = (Object[])in.readObject();         //获得远程对象方法参数数组
            //动态调用主题对象
            Object result = invoke(registname,methodname,para);
            //后处理
            out.writeObject(result);                           //将结果写回客户端
            out.flush();
        }
        catch(Exception e){e.printStackTrace();}
    }
}
```

线程运行 run()方法中包含了远程代理服务端的主要功能:"前处理"主要是三次读网络,第 1 次获取远程对象注册名称 registname,第 2 次获取远程调用方法名称 methodname,第 3 次获得远程方法实参数组 para。根据获得的三个值,再利用反射机制完成"动态主题调用",主要体现在 invoke() 方法中;"后处理"负责把结果写回客户端。

对某功能来说,若它能用动态代理完成,则"前处理、后处理"功能的划分是最为关键的,希望读者借助本例仔细体会。

(4) 一个简单的测试类

```
public class URmiServer {
    public static void main(String[] args) throws Exception{
        ServerCalc obj = new ServerCalc();              //定义实现类
        ServerProxy spobj = new ServerProxy();          //定义代理类
        spobj.registry("calc", obj);                    //注册实现类
        spobj.process();                                //进行处理过程循环
    }
}
```

可知:具体主题 ServerCalc 对象 spobj 的注册名称为"calc",表明若客户端相应传过来的字符串为"calc",则表示要调用 spobj 中的方法。

2. 创建客户端工程 URmiClient,具体代码如下所示。

(1) 定义抽象主题远程接口 ICalc

```
public interface ICalc{
    float calc(String s) throws Exception;
}
```

(2) 定义客户端计算代理 CalcProxy

```
public class CalcProxy implements ICalc{
    ClientComm comm;
    public CalcProxy(String IP, int socketNO) throws Exception{
        comm = new ClientComm(IP,socketNO);
    }
    public float calc(String s) throws Exception {
        Float result = (Float)comm.invoke("calc", "calc", new Object[]{s});
        return result.floatValue();
    }
}
```

该类从接口 ICalc 派生，但 calc()方法中并没有真正实现求表达式的具体过程，只是把相关参数负责向远程服务器端传送，由 ClientComm 类对象具体完成。也就是说，发送任意远程方法所需相关参数都由该类完成，是共享的，其具体代码如下所示。

```java
public class ClientComm {
    Socket socket;
    public ClientComm(String IP,int socketNO)throws Exception{
        socket= new Socket(IP, socketNO);
    }
    Object invoke(String registname, String methodname, Object[] para) throws Exception
    {
        //前处理
        ObjectOutputStream out = new ObjectOutputStream(socket.getOutputStream());
        ObjectInputStream in = new ObjectInputStream(socket.getInputStream());
        out.writeObject(registname);
        out.writeObject(methodname);
        out.writeObject(para);
        return in.readObject();              //后处理
    }
}
```

invoke()方法参数有三个：第 1 个是远程对象注册名称，第 2 个是远程方法名称，第 3 个是远程方法执行所需参数值序列。因此要向网络写 3 次，然后读网络，等待返回结果即可。

（3）一个简单测试类

```java
public class URmiClient {
    public static void main(String[] args) throws Exception{
        ICalc obj = new ClientProxy(4000);
        System.out.println(obj.calc("1+5+10"));
        System.out.println(obj.calc("1+5+20"));
    }
}
```

通过本示例，可对动态代理有一个初步的理解，也可进一步懂得为什么 JDK 能对 RMI 采用动态代理封装的原因。

当然，本示例还有一些缺陷：如客户端执行完毕后，没有通知服务器端断开 socket 通信；服务器端多线程同步问题、结束线程问题等还需要进一步完善。

20.4.3　JDK 动态代理

动态代理工具是 java.lang.reflect 包的一部分，在 JDK 1.3 版本中添加到 JDK，它允许程序创建代理对象。它能实现一个或多个已知接口，并用反射机制动态执行相应主题对象。

在 1.5 版本以前的 JDK 中，RMI 远程代理相当于静态代理，相关代码是在编译时由 RMI 编译器 rmic 生成的。对于每个远程接口，都会生成一个 stub（代理）类，它代表远程对象，还生成一个 skeleton 对象，叫作骨架类，它在远程 JVM 中做与 stub 相反的工作 —— 解析传送参数并调用实际的对象。在 1.5 版本（包括 1.5 版本）之后的 JDK 中，RMI 通信采用了动态代理，勿需生成 stub 及 skeleton 对象，结果 RMI 编程就像本地编程一样，不必编制代理类，从而获得了极大的简化。

由于 RMI 通信已经有成熟的动态代理，因此从应用角度来说，动态代理更适于在虚拟代理、计数代理等中获得应用。

考虑这样一个应用：你有两种渠道接收信件：一种是通过 E-mail 方式；一种是通过传统的邮寄

方式。对接收的信件都要进行登记，现在要求利用代理模式增加功能，对不同方式的来信进行记数统计。利用 JDK 动态代理相关类仿真此功能的代码如下所示。

1. 定义抽象主题 IRegist

```
interface IRegist{
    void regist(String msg);                //对来信进行登记
}
```

2. 定义两个具体主题

```
class fromEmail implements IRegist{         //Email 信件登记类
    public void regist(String msg){
        System.out.println("from Email");
    }
}
class fromPost implements IRegist{          //传统邮寄信件登记类
    public void regist(String msg){
        System.out.println("from post");
    }
}
```

3. 定义动态代理相关类及接口

上文已经定义了两个具体的主题类 fromEmail，fromPost。如果是静态代理，那么一定定义两个代理类。由于功能是相同的，如果采用 JDK 动态代理，则只需要一个代理类，但必须严格按规范编程，具体步骤如下所示。

（1）定义计数实现类 CountInvoke

```
class CountInvoke implements InvocationHandler{
    private int count = 0;                  //计数变量
    private Object obj;                     //具体主题对象
    public CountInvoke(Object obj){
        this.obj = obj;
    }

    public Object invoke(Object proxy, Method method, Object[] args)
        throws Throwable {
        count ++;
        method.invoke(obj, args);           //对主题对象 obj 应用反射技术调用相应方法
        return null;
    }
    int getCount(){                         //返回计数值
        return count;
    }
}
```

注意　该类并不是动态代理类，它是动态代理类所调用的接口实现类，因此接口不能随意，必须由系统指定，此接口名称为 InvocationHandler。

成员变量 obj 代表具体主题对象，它是 Object 类型，可泛指任意主题对象，因此，从广义来说，CountInvoke 可推广到对任意主题对象计数，不过前提条件是这些主题的"前处理、后处理"功能是相同的。

invoke()是接口 InvocationHandler 定义的方法，必须实现。该方法完成了代理所需要的功能，包括：前处理、利用反射技术调用主题方法、后处理等。一般来说，实现动态代理，主要是完成接口方法 invoke()的编制。

（2）创建代理类 GenericProxy

```java
class GenericProxy{
    public static Object createProxy(Object obj, InvocationHandler invokeObj){
        Object proxy = Proxy.newProxyInstance(obj.getClass().getClassLoader(),
                    obj.getClass().getInterfaces(), invokeObj);
        return proxy;
    }
}
```

主要是通过 createProxy()产生代理对象，其方法参数有两个：第 1 个参数 obj 表示具体主题对象；第 2 个参数 invokeObj 表示代理调用的接口实现类对象。说得更通俗一些就是：为主题对象 Obj 创建代理对象，并与调用接口 invokeObj 对象建立关联，以便将来代理对象能调用接口方法。

由 createProxy() 可知：真正产生动态代理对象的是 JDK 中 Proxy 类的静态方法 newProxyInstance()。由于其第 2 个参数要求主题对象的父类必须是接口，因此目前 JDK 动态代理前提条件是抽象主题必须是接口。

（3）一个简单测试类 Test

```java
public class Test {
    public static void main(String[] args) {
        IRegist email = new fromEmail();                    //产生邮件主题对象
        IRegist post = new fromPost();                      //产生邮寄主题对象
        CountInvoke emailinvoke = new CountInvoke(email);   //邮件代理对象调用的接口对象
        CountInvoke postinvoke = new CountInvoke(post);     //邮寄代理对象调用的接口对象

        IRegist emailproxy = (IRegist)GenericProxy.createProxy(email, emailinvoke);
                                                            //email 代理对象
        IRegist postproxy = (IRegist)GenericProxy.createProxy(post, postinvoke);;
                                                            //邮寄代理对象

        emailproxy.regist("email1");                        //登记从 email 接收的信件
        postproxy.regist("post1");                          //登记邮寄来的信件
        System.out.println(emailinvoke.getCount());         //显示 email 登记的信件数目
        System.out.println(postinvoke.getCount());          //显示邮寄登记的信件数目
    }
}
```

模式实践练习

1. 显示 CD 封面的代码，我们加载网络上的图片，但网络下载需要时间，不能让用户等得不耐烦，所以在下载时显示一些东西。一旦下载完毕，就显示下载的图片。

2. 在一个论坛中已注册用户和游客的权限不同：已注册的用户拥有发帖、修改自己的注册信息、修改自己的帖子等功能；游客只能看到别人发的帖子，没有其他权限。使用代理模式来设计该权限管理模块。

21 桥接模式

桥接模式定义如下：将抽象部分与它的实现部分分离，使它们都可以独立地变化。适合桥接模式的情景如下：不希望抽象和某些重要的实现代码是绑定关系，可运行时动态决定；抽象和实现者都可以继承的方式独立地扩充，程序在运行时可能需要动态地将一个抽象子类的实例与一个实现者的子类实例进行组合；希望对实现者层次代码的修改对抽象层不产生影响，反之亦然。

21.1 问题的提出

有一类事物集合，设为 A_1、A_2、……、A_m，每个事物都有功能 F_1、F_2、……、F_n。生活中有许多类似的现象。如邮局业务，如图 21-1 所示。

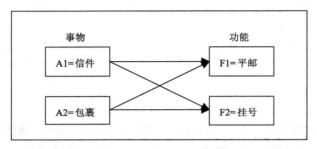

图 21-1　邮局业务示意图

图 21-1 描述的是邮局的发送业务。有两类事物：信件和包裹，它们均有平邮和挂号邮寄功能，那么用计算机如何来描述这些功能呢？

方法 1：
```
class A1F1{                //信件平邮
}
class A1F2{                //信件挂号
}
class A2F1{                //包裹平邮
}
class A2F2{                //包裹挂号
}
```
若有 m 个事物，n 个功能，按此方法，共要编制 $m×n=mn$ 个类，很明显这是不科学的，故一定是不可取的。

方法 2：
```
class A1{
    void F1(){}            //信件平邮
    void F2(){}            //信件挂号
}
class A2{
    void F1(){}            //包裹平邮
    void F2(){}            //包裹挂号
}
```
若有 m 个事物，n 个功能，按此方法，共要编制 m 个类。与方法 1 相比，编制类的数目减少了，但本质没有变，功能方法累积起来仍有 $m×n=mn$ 个。很明显，这同样是不科学的，也同样是不可取的。

那么，如何更好地解决图 21-1 所述的问题呢？桥接模式是重要的解决方法之一。

21.2　桥接模式

桥接模式是关于怎样将抽象部分与它的实现部分分离，使它们都可以独立地变化成熟。

21.1 节中方法 1、方法 2 的根本缺陷是：在具体类中都封装了 F1()或 F2()方法，因此，一定有许多重复的代码。解决该问题的一个重要策略仍是利用语义，进一步抽象图 21-1 中所述功能，可描述为：邮局有发送功能；发送有两种方式：平邮和挂号；均可为信件和包裹，因此，我们主要把上述关键字转译成程序代码即可，如下所示。

（1）定义邮寄接口 IPost

```java
public interface IPost{                    //邮局
    public void post();                    //发送功能
}
```

在 21.1 节中，一直用的是 F1()、F2()方法，没有把它抽象化。其实，F1()、F2()都是邮寄方法，所以是可进一步抽象的。IPost 相当于语义"邮局"；post()相当于语义"发送"。也许仍有许多读者认为："你写出来，我就理解了，你没写出来，我就想不到"。造成这种情况的根本原因是把程序与生活实际割裂开来。其实，只要你一想到"邮局有邮寄功能"，把它转译一下，不就是接口 IPost 吗？

（2）两个具体邮寄类 SimplePost、MarkPost

```java
//平信邮寄类 SimplePost
class SimplePost implements IPost{         //平信
    public void post(){                    //发送
        System.out.println("This is Simple post");
    }
}
//挂号邮寄类
class MarkPost implements IPost{           //挂号
    public void post(){                    //发送
        System.out.println("This is Mark post");
    }
}
```

经过（1）、（2）的论述，完成了语义的前半部分定义：邮局有发送功能；发送有两种方式：平邮和挂号。

（3）抽象事物类 AbstractThing

```java
abstract class AbstractThing{              //抽象事物
    private IPost obj;                     //有抽象发送功能
    public AbstractThing(IPost obj){
        this.obj = obj;
    }
    public void post(){
        obj.post();
    }
}
```

该类是桥接模式的核心。分析语义"信件和包裹共享平邮与挂号功能"：信件、包裹是两个不同的事物，它们有共享的功能，也一定有相异的功能。共享的功能一定能封装到一个类中，又由于该类不能代表一个具体的事物，因此把它定义成 abstract 类是恰当的。

该类共享的是多态成员 obj，是 IPost 类型的，即是抽象的、泛指的，用一条语句表明了事物共享平邮和发送功能。

（4）具体事物类 Letter、Parcel

```java
//信件类 Letter
class Letter extends AbstractThing{
```

```java
        public Letter(IPost obj){
            super(obj);
        }
        //其他独有变量和方法
}
//包裹类 Parcel
class Parcel extends AbstractThing{
        public Parcel(IPost obj){
            super(obj);
        }
        //其他独有变量和方法
}
```

经过（1）～（4）步骤，我们完成了桥接模式的编程过程，其 UML 如图 21-2 所示。

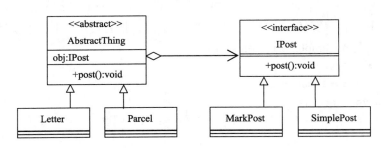

图 21-2　邮局过程桥接模式类图

通过 AbstractThing 类中的成员变量 obj，它就像桥梁一样，使得事物类与功能类巧妙地联系起来，这也是叫作桥接模式的一个重要原因。

现在，再编制一个简单的测试类，如下所示。

```java
public class Test {
        public static void main(String[] args) {
            IPost p = new SimplePost();
            Letter letter = new Letter(p);
            letter.post();
        }
}
```

结合图 21-2 得出该过程如下：先在右侧的功能类中选择一个具体的发送功能，然后再选择一个事物类，最后完成真正的发送过程。总结来说，桥接模式完成的是一个多条件选择问题。假设有二维条件，分别有 N1、N2 个选择，桥接模式要求在第一维 N1 个条件中选择一个，在第二维 N2 个条件中选择一个，最后完成有效组合。这其实与生活中的实例是相似的。例如有 10 件上衣，10 条裤子，一般来说，你会分别在上衣中选一件，在裤子中选一条，而不会把上衣、裤子交叉在一起进行选择；再比如，你要从大连坐火车去西安，并在北京中转。一般来说，你一定会在大连到北京的 N 次火车中选一个，再在北京到西安的 M 次火车中选一个。生活中，这些人们下意识的处理这类问题的方法其实与桥接模式算法是相似的。说到这里，或许你对桥接模式又有了更深刻的认识。

那么，现在思考一下：桥接模式结构是怎样满足需求分析的变化呢？前提是不论需求分析如何变化，都要满足图 21-1 所述功能图。主要有两种情况，如下所示。

第一种情况，若增加了新的事物，则只需从 Abstract 派生一个类即可，其他无需改变。

```java
class NewThing extends AbstractThing{
        public NewThing(IPost obj){
```

```java
            super(obj);
        }
        //其他独有变量和方法
    }
```
第二种情况，若增加了新的邮寄事物，比如特快专递，则只需从 IPost 接口派生一个类即可，其他无需改变。
```java
class UrgencyPost implements IPost{                    //特快专递
        public void post(){                            //发送
                System.out.println("This is Mark post");
        }
}
```

21.3 深入理解桥接模式

（1）桥接模式强调"包含"代替"继承"

日志是非常重要的一类文件，要求实现两种功能：①将信息字符串直接保存到日志中；②将加密后的字符串保存到文件中。

方法 1：
```java
class LogFile{                                         //将信息直接保存到日志文件
        public void save(String msg){
        }
}
class Encrypt extends LogFile{                         //加密信息保存到文件
        public void save(String msg){
                msg = encrypt(msg);
                super.save(msg);
        }
        public String encrypt(String msg){
                String s = "";
                //s 是加密后的字符串,略
                return s;
        }
}
```
方法 2：
```java
class LogFile{                                         //将信息直接保存到日志文件
        public void save(String msg){
        }
}
class Encrypt{                                         //加密信息保存到文件
        LogFile lf;
        public Encrypt1(LogFile lf){
                this.lf = lf;
        }
        public void save(String msg){
                msg = encrypt(msg);
                lf.save(msg);
        }
        public String encrypt(String msg){
                String s = "";
```

```
            //s 是加密后的字符串，由于仅是论述程序架构，勿需代码
            return s;
        }
    }
```

方法 1 中 LogFile，Encrypt 类是派生关系，它的缺点是当 LogFile 父类改变时，可能会影响到 Encrypt 子类；方法 2 中 LogFile，Encrypt 类是包含关系，Encrypt 类中包含 LogFile 类型的成员变量，当 LogFile 类改变时，只要接口方法不改变，就不会影响到 Encrypt 类。方法 2 体现了桥接模式最基本的思想。虽然本例简单，没有定义任意的接口和抽象类，但对于理解桥接模式的本质是有帮助的，希望读者灵活运用。

（2）透过 JDK 理解桥接模式

JDK 中有许多应用桥接模式的地方，例如 Collections 类中的 sort()方法，源码如下所示

```
public static <T extends Comparable<? super T>> void sort(List<T> list) {
    Object[] a = list.toArray();
    Arrays.sort(a);
    ListIterator<T> i = list.listIterator();
    for (int j=0; j<a.length; j++) {
        i.next();
        i.set((T)a[j]);
    }
}
```

可以看出：集合对象排序是借助 Arrays 中的 sort()方法完成的。从中我们也能分析出 JDK 设计人员的设计思想，即数组和集合类都有排序功能，必须实现数组排序算法；集合对象要先转换成数组，排序后，再填充集合对象即可，因此可知：集合排序结构类似桥接模式结构。同理，集合随机序列产生方法 shuffle()等的实现也体现了桥接模式的思想。

其实，稍加改造，运用桥接思想，可以形成更高效的自定义集合类 MyList，包含：排序、二分查找、随机序列生成等方法，读者也可在此基础之上进行扩充。代码如下所示。

```
class MyList<T>{
    List<T> list;
    Object[] arr;
    public MyList(List<T> vec){
        list = vec; arr = vec.toArray();            //在构造方法中直接将集合对象转为数组
    }
    public void sort(){
        Arrays.sort(arr);                           //直接对数组派序
    }
    public int binarySearch(T key){
        int pos = Arrays.binarySearch(arr, key);    //直接对排序后的数组二分查找
        return pos;
    }
    public void show(){                             //当前数组显示
        for(int i=0; i<arr.length; i++){
            System.out.print(arr[i] + "\t");
        }
    }
    public void fill(){                             //将数组填充回集合
        ListIterator<T> i = list.listIterator();
        for (int j=0; j<a.length; j++) {
            i.next();
```

```
                    i.set((T)a[j]);
            }
        }
    }
```

(3)反射与桥接模式

利用反射机制将 21.2 节邮局功能桥接模式代码进行修改,代码如下所示。

```
interface IPost{
    public void post();
}
abstract class AbstractThing{
    IPost obj;
    public AbstractThing(String reflectName)throws Exception{
        //利用反射机制加载功能类
        obj = (IPost)Class.forName(reflectName).newInstance();
    }
    public void post(){
        obj.post();
    }
}
class Letter extends AbstractThing{
    public Letter(String reflectName)throws Exception{
        super(reflectName);
    }
    //其他独有变量和方法
}
//包裹类 Parcel
class Parcel extends AbstractThing{
    public Parcel(String reflectName)throws Exception{
        super(reflectName);
    }
    //其他独有变量和方法
}
```

可以看出:对功能类利用了反射技术,事物类中构造方法参数由 IPost 类型转化为字符串类型,表明反射机制要加载的功能类的类名。

进一步,如果我们想对事物类、功能类均利用反射机制,那么该如何实现呢?其实,只要传入事物类名、功能类名两个字符串就可以了,代码如下所示。

```
interface IPost{
    public void post();
}
abstract class AbstractThing{
    IPost obj;
    public void createPost(String funcName)throws Exception{
        obj = (IPost)Class.forName(funcName).newInstance();  //利用反射机制加载功能类对象
    }
    public void post(){
        obj.post();
    }
}
class ThingManage{                                              //事物管理类
    AbstractThing thing;
    AbstractThing createThing(String thingName)throws Exception{
```

```
        thing = (AbstractThing)Class.forName("test21.Letter").newInstance(); //利用反射机制加载事物类对象
        return thing;
    }
}
```

与之前的代码相比较，增加了事物管理类 ThingManage，用以封装 AbstractThing。本部分代码核心思想是利用反射机制产生 AbstractThing 对象，在此基础之上，利用反射机制再产生 IPost 功能类对象，最后完成实际的事物发送功能。

一个简单的测试类代码如下所示。

```java
public class Test {
    public static void main(String[] args)throws Exception{
        ThingManage obj = new ThingManage();
        AbstractThing thing = obj.createThing("Letter");        //创建事物类对象
        thing.createPost("test21.SimplePost");                  //创建功能类对象
        thing.post();                                           //事物执行功能
    }
}
```

21.4 应用示例

【例 21-1】编制功能类，要求能读本地或远程 URL 文件，文件类型是文本文件或图像文件。

分析：很明显该功能可由桥接模式完成。事物类指本地文件及 URL 文件类，功能类指读文本文件、读图像文件。本示例列举了两种实现方法，如下所示。

方法 1：

本方法仅列出了功能类框架，读者应着重理解该方法的缺陷性，加深对桥接模式的理解。

（1）抽象功能类 AbstractRead

```java
abstract class AbstractRead<T>{
    public abstract T read(String strPath)throws Exception;
}
```

抽象方法 read()返回值是泛型类型，这是因为读文本文件应该返回字符串，而读图像文件一般来说只能返回二进制字节缓冲区。

（2）具体功能实现类

```java
//读文本文件类
class TextRead extends AbstractRead<String>{
    public String read(String strPath)throws Exception{
    }
}
//读图像文件类
class ImgRead extends AbstractRead<byte[]>{
    publicbyte[] read(String strPath)throws Exception{
    }
}
```

（3）抽象事物类

```java
class AbstractThing{                                    //抽象事物类
    AbstractRead read;                                  //有抽象读功能
    public AbstractThing(AbstractRead read){
```

```
            this.read = read;
        }
        Object read()throws Exception{
            return read.read();
        }
    }
```

为什么 read()方法返回值是 Object 类型呢？因为读文本文件要求返回 String 类型，读图像文件要求返回 byte[]，为了屏蔽这种差异，返回值采用了 Object 类型。

（4）具体事物类

包括两种事物类：本地文件及 URL 文件类，如下所示。

```
class NativeFile extends AbstractThing{
    public NativeFile(AbstractRead read){
        super(read);
    }
}
class URLFile extends AbstractThing{
    public URLFile(AbstractRead read){
        super(read);
    }
}
```

很明显，上述代码是按照桥接模式模型（与图 21-2UML 相似）直接转译过去的。其实仔细分析就会发现主要问题：在具体实现类 TextRead、ImgRead 中无法写代码了。以 TextRead 为例，多态方法 read()参数是文件路径 strPath。常规思路是：必须根据 strPath 获得字节输入流 InputStream 对象，但是对于本地文件、URL 文件获得 InputStream 对象方法是不同的。对本地文件方法是：InputStream in=new FileInputStream(strPath)；对 URL 文件方法如下所示：

```
URL u=new URL(strPath); InputStream in=u.openStream()
```

可能有读者说，直接在多态方法 read()中再加上一个标志位就可以了，如下所示。

```
class TextRead extends AbstractRead<String>{
    public String read(String strPath, int type)throws Exception{
        InputStream in = null;
        switch(type){
            case 1:
                In = new FileInputStream(strPath);break;
            case 2:
                URL u = new URL(strPath);
                in = u.openStream();
        }
        //其他代码
    }
}
```

如果这样修改的话，那么也需要在 ImageRead 类中重写一遍同样的代码。夸张来说，如果有 N 个 XXXRead 类，就要重写 N 次，很明显，这是不科学的。

可能有读者说，本地读写文本、图像文件与 URL 读取文本、图像文件是不同的，那直接用四个类封装不就可以了吗？如下所示。

```
class TextRead extends AbstractRead<String>{…}        //本地读文本文件
class ImgRead extends AbstractRead<String>{…}         //本地读图像文件
class URLTextRead extends AbstractRead<String>{…}     //URL 读文本文件
class URLImgRead extends AbstractRead<String>{…}      //URL 读图像文件
```

这就更不对了，理由见 21.1 节描述。

造成上述编码的根本原因在于对桥接模式的理解不深，主要有如下三点。

- 图 21-2 邮局功能示例只能使读者明晓桥接模式的大致功能，缺乏对细节的理解。若想弄清楚细节，则必须在非常具体的程序中亲自实践。
- 桥接模式 UML 类图中若具体事物类有 M 个，具体功能类有 N 个，则最终编制的程序中一般来说要有 M 个事物类，N 个功能类。对功能类一定要特别小心，如本例中已经明确说功能类是读文本文件、图像文件，那么意味着有两个功能类。表明的含义是：不论有多少个事物类读文本文件都是一致的，读图像文件也都是一致的。如果你编出了上文所说的 TextRead、ImgRead、URLTextRead、URLImgRead 四个类，那一定是不恰当的。
- 功能类的抽取至关重要，我们必须把多个事物类完成某个功能类的共性部分抽取出来，才能作为桥接模式的功能类,这也是理解桥接模式最重要的地方。上文图 21-2 描述的邮局业务"平邮和挂号"对多数人来说并不熟知，他们不知道信件和挂号平邮、挂号有哪些异同，这就造成了我们无法确定功能类多态所需的参数序列，因此是一定体会不到桥接模式的精华的。

方法 2：

关键思路是一定要弄清楚本地读文件、URL 读文件功能类有哪些异同点。我们知道读文件一般主要有三步：打开文件、读文件、关闭文件。打开文件是为了获得 InputStream 对象 in，只有这一步对本地文件和 URL 文件是不同的，有了 in 对象，后续的读文件、关闭文件都是相同的。

另外,希望缓冲区大小与文件大小是一致的,这样读文件的效率高，因此必须获得文件长度值，这对本地、URL 文件的获取方法也是不一致的。

有了上述关键两点，编制的具体代码如下所示。

（1）抽象功能类

```java
interface IRead<T>{
     T read()throws Exception;
}
```

（2）具体功能实现类

```java
//读文本文件
class TextRead implements IRead<String>{
     AbstractStream stream;
     public TextRead(AbstractStream  stream){
          this.stream = stream;
     }
     public String read()throws Exception{
          byte buf[] = stream.readBytes();
          String s = new String(buf);
          return s;
     }
}
//读图像文件
class ImgRead implements IRead<byte[]>{
     AbstractStream stream;
     public ImgRead(AbstractStream  stream){
          this.stream = stream;
     }
```

```java
        public byte[] read() throws Exception{
            return stream.readBytes();
        }
}
```

可以看出：内部封装了一个自定义流类 AbstractStream，它是动态变化的，可能指向本地文件，也可能指向 URL 文件。其相关具体代码如下所示。

```java
//抽象基类流
abstract class AbstractStream{
    protected InputStream in;
    protectedint size;
    protected byte[] readBytes() throws Exception{
        byte buf[] = newbyte[size];
        in.read(buf);
        return buf;
    }
    public void close() throws Exception{
        in.close();
    }
}
//指向本地文件流
class NativeStream extends AbstractStream{          //指向本地文件流
    public NativeStream(String strFile) throws Exception{
        File f = new File(strFile);
        size = (int)f.length();
        in = new FileInputStream(f);
    }
    //其他代码
}
//指向 URL 文件流
class URLStream extends AbstractStream{
    public URLStream(String strFile) throws Exception{
        URL url = new URL(strFile);
        in = url.openStream();
        HttpURLConnection urlcon = (HttpURLConnection)url.openConnection();
        size = urlcon.getContentLength();
    }
    //其他代码
}
```

关键思想是：将流的共性封装在抽象类中，如读文件、关闭文件；将差异封装在子类中，如打开文件获得 InputStream 对象 in 及获得的文件长度 size。

（3）抽象事物类

```java
class AbstractThing{
    IRead read;
    public AbstractThing(IRead read){
        this.read = read;
    }
    Object read() throws Exception{
        return read.read();
    }
}
```

（4）具体事物类

```java
//本地文件
class NativeFile extends AbstractThing{
    public NativeFile(IRead read){
        super(read);
    }
    //其他代码
}
//URL 文件
class URLFile extends AbstractThing{
    public URLFile(IRead read){
        super(read);
    }
    //其他代码
}
```

（5）一个简单的测试代码

```java
public class Test {
    public static void main(String[] args) throws Exception {
        //打开远程文件流
        AbstractStream in = new URLStream("http://localhost:8080/LnnuScience/login.jsp");
        TextRead textread = new TextRead(in);              //设置成读文本文件
        AbstractThing thing = new URLFile(textread);        //设置成读远程文件
        String s = (String)thing.read();                    //开始读远程文本文件过程
        In.close();
        System.out.println(s);
    }
}
```

总之，通过上述具体示例可知：桥接模式中功能类共性的抽取是非常关键的，而如何屏蔽具体功能的参数等差异，则是实现桥接模式的关键，如文中的 AbstractStream 类，希望读者一定要认真加以思考。

【例 21-2】B/S 下数据显示功能。

B/S 下数据显示通常有两种方式：table 表格及 JFreeChart 图表。例如显示一年中工人月工资及产品月销售金额，假设数据库中相应表已存在，如表 21-1 所示。

表 21-1 数据库表说明

员工工资表-salary					
序　号	字　段　名	类　型	关　键　字	描　述	
1	Emno	字符串	√	员工编号	
2	Emname	字符串		员工姓名	
3	one,two,……,twelve	整形		代表 12 个月字段，是简化写法	
产品月销售金额表-prouct					
1	Prno	字符串	√	员工编号	
2	Prname	字符串		员工姓名	
3	one,two,……,twelve	整形		代表 12 个月字段，是简化写法	

先看界面，直接在 IE 地址中输入地址 http://localhost:8080/Bridge?emno=1000&type=1，表示要显

示编号 1000 员工的工资信息，显示方式为表格，如图 21-3 所示。

图 21-3　员工工资表格显示图

当输入地址 http://localhost:8080/Bridge?emno=1000&type=2，显示为图 21-4 所示。

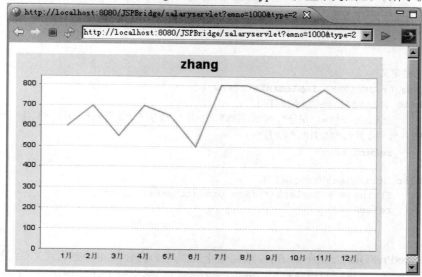

图 21-4　员工工资 JFreeChart 显示图

为了简化，假设数据库表有表格或 JFreeChart 显示功能，其字段必须与表 21-1 描述的相同，即第 1 个字段是"XX 编号"，第 2 个字段是"XX 名称"，后续的 N 个（可不确定）字段是整形数据。很明显，该类功能可由桥接模式实现，具体代码如下所示。

（1）抽象功能类

```
public abstract class AbstractShow {
    public IPara para;
    public void setPara(IPara para){
        this.para = para;
    }
    abstract public String show(String no) throws Exception;
}
```

抽象方法 show()参数 no 代表"XX 编号"，要根据此值查询数据库表，获得对应数据。

IPara 是多态参数对象接口。在表格或 JFreeChart 显示中，除了数据信息外，还有一些辅助信息，如表头信息，JFreeChart 坐标说明参数，SQL 语句等。这些辅助信息对员工或产品而言是不同的，因此必须加以屏蔽。相关具体定义如下所示。

```
//参数接口定义
public interface IPara {
    public String[] getTitle();          //表头信息不同
```

```java
        public String getPreSQL();              //SQL 语句不同
}
//员工具体参数定义
public class SalaryPara implements IPara {
    public String[] getTitle() {
        String s[]={"编号","姓名","1 月","2 月","3 月","4 月","5 月","21 月","7 月","8 月","9 月","10 月","11 月","12 月"};
        return s;
    }
    public String getPreSQL() {
        String s = "select * from salary where emno=";
        return s;
    }

}
//产品具体参数定义
public class ProductPara implements IPara {
    public String[] getTitle() {
        String s[]={"编号","产品名称","1 月","2 月","3 月","4 月","5 月","21 月","7 月","8 月","9 月","10 月","11 月","12 月"};
        return s;
    }
    public String getPreSQL() {
        String s = "select * from product where prno=";
        return s;
    }
}
```

可以看出：getPreSQL()方法中的 SQL 语句是不完整的，它必须与动态的"XX 编号"合成才能形成实际的查询语句。该功能是在 AbstractShow 类中的 show()多态方法中完成的，后续还有说明。

（2）具体功能实现类

```java
//表格功能实现类
public class TableShow extends AbstractShow {
    private String getHeader(){                                  //形成表头信息 HTML 字符串
        String title[] = para.getTitle();
        String s = "<tr>";
        for(int i=0; i<title.length; i++){
            s += "<th>" +title[i]+ "</th>";
        }
        s += "</tr>";
        return s;
    }
    private String getData(String no) throws Exception{          //形成数据显示 HTML 字符串
        String s = "";
        String strSQL = para.getPreSQL() +"'"+ no +"'"; //形成实际 SQL 语句
        DbProc dbobj = new DbProc();
        Connection conn = dbobj.connect();
        Statement stm = conn.createStatement();
        ResultSet rst = stm.executeQuery(strSQL);
        if(rst.next()){
            s += "<tr>";
            for(int i=0; i<para.getTitle().length; i++){
                s += "<td>" +rst.getString(i+1)+ "</td>";
```

```
                    }
                    s += "</tr>";
                }
                stm.close();
                conn.close();
                return s;
        }
        public String show(String no) throws Exception {
                String s = "<table border='1'>";
                s += getHeader();                    //添加表头 HTML 字符串
                s += getData(no);                    //添加数据 HTML 字符串
                s += "</table>";
                return s;                            //返回最终 HTML 字符串
        }
}

//JFreeChart 图表显示功能类
public class GraphShow extends AbstractShow {
        public String show(String no) throws Exception{
                DefaultCategoryDataset dataset = new DefaultCategoryDataset();

                String s = "";
                String title[]=para.getTitle();
                String strSQL = para.getPreSQL() +"'"+ no +"'"; //形成实际 SQL 语句
                DbProc dbobj = new DbProc();
                Connection conn = dbobj.connect();
                Statement stm = conn.createStatement();
                ResultSet rst = stm.executeQuery(strSQL);
                String name = "";
                if(rst.next()){
                        name = rst.getString(2);     //表中第 2 个字段是"员工姓名"或"产品名称"
                        for(int i=3; i<=title.length; i++){
                                dataset.addValue(rst.getInt(i), name, title[i-1]);
                        }
                }
                JFreeChart chart = ChartFactory.createLineChart(name, "","",dataset, PlotOrientation.VERTICAL,false,false,false);
                ChartUtilities.saveChartAsJPEG(new File("d:/tmp.jpg"), 100, chart, 500, 300);

                stm.close();
                conn.close();
                s = "<img src='d:/tmp.jpg' border='0'></img>";  //形成<img>标签
                return s;
        }
}
```

关键思想是利用 JFreeChart 填充数据，保存成 JPG 图像文件，并最终形成包含此图像的<img>标签字符串，返回给调用端。

JFreeChart 是开放源代码的 Java 图表生成组件，它使用 Java2D 接口进行开发，主要用来生成各种各样的图表，包括：饼图、曲线图、柱状图和干特图等图形，生成 jpg、png 等格式的图片文件。

可从网上下载 JFreeChart 的最新版本。开发 JFreeChart 图表，需要两个类包支持：JFreeChart、

JCommon。当前最新版本是 jfreechart-1.0.3.jar、jcommon-1.0.21.jar，解压 JFreeChart 后，在其 lib 文件夹中可以找到。

（3）抽象事物类
```java
public class AbstractThing {
    private AbstractShow show;
    public AbstractThing(AbstractShow show){
        this.show = show;
    }
    public String show(String no) throws Exception{
        return show.show(no);
    }
}
```

（4）具体事物类
```java
public class Employee extends AbstractThing {         //员工类
    public Employee(AbstractShow show){
        super(show);
    }
}
public class Product extends AbstractThing {          // 产品类
    public Product(AbstractShow show){
        super(show);
    }
}
```

（5）一个简单的 servlet 测试类

建立工人工资显示的 servlet 类 SalaryServlet，URL 为 salaryservlet，其可从 request 中接收两个参数的值：一个是 emno，表明可获得员工编号；另一个是 type，表明可获得显示类型，type 为 1 表明需要表格显示，type 为 2 表明需要 JFreeChart 显示。代码如下所示。

```java
public class SalaryServlet extends HttpServlet {
    private static final long serialVersionUID = 1L;
public SalaryServlet() {
    }
    protected void service(HttpServletRequest request, HttpServletResponse response)
throws ServletException, IOException {
        response.setContentType("text/html; charset=utf-8");               //支持中文返回

        String emno = request.getParameter("emno");                        //获得员工编号
        int type = Integer.parseInt(request.getParameter("type"));         //获得显示类型
        IPara para = new SalaryPara();                                     //获得参数
        AbstractShow show = null;                                          //显示功能
        switch(type){
        case 1:
            show = new TableShow();break;                                  //表格显示
        case 2:
            show = new GraphShow();break;                                  //图表显示
        }

        show.setPara(para);                                                //为显示功能设置表头等参数
        AbstractThing thing = new Employee(show);                          //创建员工事物对象
```

```
        String s = "";
        try{
                s = thing.show(emno);           //获得最终的 HTML 字符串
        }
        catch(Exception e){e.printStackTrace(); }
        response.getWriter().print(s);          //返回给客户端
    }
}
```

模式实践练习

1. 设计一个应用，它可以在不同的目的地（文件、数据库）等读写不同类型的文本（普通文本、二进制）等。使用桥接模式设计这个读写抽象体。

2. 利用桥接模式设计一个源代码格式化工具。一般来说，程序可以用不同的语言编写（C、Java等）。程序可以用不同的方式格式化（比如普通文本、HTML 格式和彩色格式等）。使用桥接模式把接口和实现分离开来。

22 装饰器模式

装饰器模式定义如下：动态地给对象添加一些额外的职责。就功能来说，装饰器模式相比生成子类更为灵活。适合装饰器模式的情景如下：程序希望动态地增强类的某个对象的功能，而又不影响该类的其他对象。

22.1 问题的提出

在消息日志功能中，接收到的消息可以直接送往屏幕显示，也可以用文件保存，其功能类 UML 类图如图 22-1 所示。

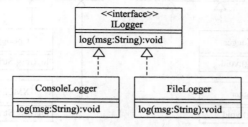

图 22-1 消息日志 UML 类图

我们不考虑消息日志功能的全部实现过程，仅考虑 ILogger 的实现类。具体代码如下所示。

```java
interface ILogger{
    void log(String msg);
}
class ConsoleLogger implements ILogger{
    public void log(String msg){
        System.out.println(msg);
    }
}
class FileLogger implements ILogger{
    public void log(String msg){
        DataOutputStream dos = null;
        try {              //为了方便，日志文件定为的d:/log.txt
            dos = new DataOutputStream(new FileOutputStream("d:/log.txt",true));
            dos.writeBytes(msg+"\r\n");
            dos.close();
        } catch (Exception e) {e.printStackTrace();}
    }
}
```

假设现在需求分析提出了新要求，接收到的信息先转化成大写字母或转化成 XML 文档，然后屏幕显示或日志保存。常规思路是：利用派生类实现，增加的类如表 22-1 所示。

表 22–1 ILogger 的派生类

子 类	父 类	功 能
UpFileLogger	FileLogger	转化成大写字母后保存到日志文件中
UpConsoleLogger	ConsoleLogger	转化成大写字母后屏幕显示
XMLFileLogger	FileLogger	转化成 XML 格式后保存到日志文件中
XMLConsoleLogger	ConsoleLogger	转化成 XML 格式后屏幕显示

我们发现：如果按照继承思路，若需求分析继续变化，则类的数目增加非常快，那么，有没有更好的解决方法呢？装饰器模式是较好的思路之一。

22.2 装饰器模式

装饰器模式利用包含代替继承，动态地给一个对象添加一些额外的功能。以消息日志功能为例，其装饰器模式 UML 类图如图 22-2 所示。

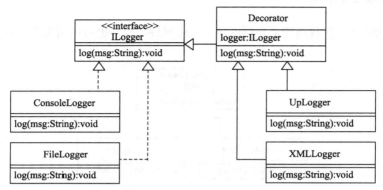

图 22-2　日志功能装饰器模式 UML 类图

可以看出：图 22-2 的左半部分与图 22-1 是相同的，而右半部分是采用装饰器模式后新增的类图，具体的代码如下所示。

1. 抽象装饰器基类 Decorator

```
abstract class Decorator implements ILogger{
    protected ILogger logger;
    public Decorator(ILogger logger){
        this.logger = logger;
    }
}
```

主要体会"implements ILogger"中的" ILogger"与定义的成员变量"ILogger logger"中的"ILogger"语义有什么不同。由于需求分析变化了，但无论怎么变，它终究还是一个日志类，因此 Decorator 类要从接口 ILogger 派生，而成员变量 logger 表明 Decorator 对象要对已有的 logger 对象进行装饰。也就是说，要对已有的 FileLogger 或 ConsoleLogger 对象进行装饰，但是由于装饰的内容不同，因此该类只能是抽象类，具体装饰内容由子类完成，如下所示。

```
//信息大写装饰类 UpLogger
class UpLogger extends Decorator{
    public UpLogger(ILogger logger){
        super(logger);
    }
    public void log(String msg) {
        msg = msg.toUpperCase();        //对字符串进行大写"装饰"
        logger.log(msg);                //然后，再执行已有的日志功能
    }
}
```

2. 具体装饰类

本类中 log() 方法先对字符串进行大写"装饰"，然后再执行已有的日志功能。若已有日志功能有 N 个，则装饰后的字符串可能有 N 个去处。也就是说，该类可以表示 N 个动态含义。若按 22.1 节的继承模式（如表 22-1）编程，则需要编制 N 个具体的类，从中可知装饰器模式是采用动态编程的，缩小了程序的规模。

```
//XML 格式化装饰类 XMLLogger
class XMLLogger extends Decorator{
    public XMLLogger(ILogger logger){
```

```java
        super(logger);
    }
    public void log(String msg) {
        String s = "<msg>\r\n" +
                   "<content>"+msg+"</content>\r\n"+
                   "<time>" + new Date().toString()+ "</time>\r\n"+
                   "</msg>\r\n";
        logger.log(s);
    }
}
```

每个信息都用<msg>标签表示；<content>标签表示字符串的具体内容；<time>标签表示当前信息的采集时间。

3. 一个简单的测试类

```java
public class Test {
    public static void main(String[] args) throws Exception {
        ILogger      existobj = new FileLogger();           //已有的日志功能
        ILogger      newobj= new XMLLogger(existobj);       //新的日志装饰类,对existobj装饰
        String s[] = {"how","are","you"};                   //仿真传送的字符串信息数组
        for(int i=0; i<s.length; i++){
            newobj.log(s[i]);
            Thread.sleep(1000);                             //每隔1 s传送一个新的字符串
        }
        System.out.println("End");
    }
}
```

综合图 22-2 及上述示例代码，可得装饰器模式主要有如下四种角色。
- 抽象构件角色（Component）：它是一个接口，封装了将要实现的方法，如 ILogger。
- 具体构件角色（ConcreteComponent）：它是多个类，该类实现了 Component 接口，如 FileLogger、ConsoleLogger。
- 装饰角色（Decorator）：它是一个抽象类，该类也实现了 Component 接口，同时还必须持有接口 Component 的对象的引用，如事例中 Decorator。
- 具体的装饰角色（Decorator 类的子类，可以有一个，也可以有多个）：这些类继承了类 Decorator，实现了 Component 接口，描述了具体的装饰过程，如 UpLogger、XMLLogger。

22.3 深入理解装饰器模式

22.3.1 具体构件角色的重要性

先考虑生活中一个实际的例子：一本菜谱书已经全国发行，特点是具有通用性，但没有考虑地域差异。假设以做白菜和大头菜为例，实际情况是以菜谱为蓝本，还必须考虑地域差异，比如甲地喜欢吃辣的，乙地喜欢吃甜的，这些用计算机该如何描述呢？代码如下所示。

1. 定义抽象构件角色 ICook

```java
interface ICook{
    void cook();    //做菜
}
```

2. 定义做白菜、大头菜具体角色
```
class Vegetable implements ICook{
    public void cook(){                   /*按菜谱做白菜*/}
}
class Cabbage implements ICook{
    public void cook(){                   /*按菜谱做大头菜*/}
}
```
3. 定义抽象装饰器 Decorator
```
abstract class Decorator implements ICook{
    ICook obj;                            //要进一步改进菜谱的菜
    public Decorator(ICook obj){this.obj = obj;}
}
```
4. 定义具体装饰器
```
class PepperDecorator extends Decorator{  //甲地对所有菜谱的菜添加辣椒
    public PepperDecorator(ICook obj){
        super(obj);
    }
    private void addPepper(){
        //添加辣椒
    }
    public void cook(){
        addPepper();
        obj.cook();
    }
}
class SugarDecorator extends Decorator{   //乙地对所有菜添的菜添加白糖
    public SugarDecorator(ICook obj){
        super(obj);
    }
    private void addSugar(){
        //添加白糖
    }
    public void cook(){
        addSugar();
        obj.cook();
    }
}
```

Vegetable 和 Cabbage 是具体角色。也就是说，菜谱中每道菜的做法都相当于具体角色，它们都是长期经验的总结。没有这些具体角色，也就谈不上与地域相关的特色装饰菜了。好的菜谱有一个重要的特点，一般来说，就是只要你能想到的菜，就都能在菜谱中找到。转化成计算机专业术语即是：具体角色相当于底层的具体实现，有哪些实现功能非常重要。如果做得好的话，在很大程度上，上层功能就相当于对这些底层功能进行进一步封装和完善，类似于装饰器的功效。我们都知道操作系统的内核是固定的，有着强大的原子功能。从广义角度来说，这些原子功能相当于具体角色，但是基于操作系统内核的应用程序是千差万别的，笔者认为装饰器模式一定起着较大的作用。

22.3.2 JDK 中的装饰器模式

JDK 中应用装饰器模式最广的是 IO 输入、输出流部分。例如部分字符流的 UML 如图 22-3 所示。

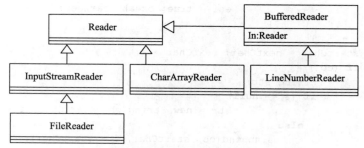

图 22-3 部分字符流 UML 类图

该类图与装饰器模式类图是相似的：抽象构件相当于 Reader；具体构件相当于 InputStreamReader、CharArrayReader 以及 FileReader。该类图中并没有体现出抽象装饰器，BufferedReader、LineNumberReader 都是具体装饰器，因为它们都有 Reader 类型的成员变量 in。

那么，除了应用这些功能强大的 IO 流之外，能否自定义 IO 流，而还不至于自己编制过多的代码呢？答案是可以的。例如，我们知道 BufferedReader 类中有 readLine()方法，本质上是按'\r\n'进行字符串拆分，不过现在想按指定的字符边读缓冲流边进行拆分，其具体代码如下所示。

```
class MyBufferedReader extends BufferedReader{
    /*所有成员变量从 BufferedReader 中完全拷贝*/
    public MyBufferedReader(Reader in, int sz) {
        super(in, sz);
        if (sz <= 0)
            throw new IllegalArgumentException("Buffer size <= 0");
        this.in = in;
        cb = newchar[sz];
        nextChar = nChars = 0;
    }
    private void fill() throws IOException {
        /*代码从 BufferedReader 中完全拷贝*/
    }
    String readToken(char delim) throws IOException {
        StringBuffer s = null;int startChar;boolean omitLF = skipLF;
        bufferLoop:
        for (;;) {
            if (nextChar >= nChars)
                fill();
            if (nextChar >= nChars) {
                if (s != null&& s.length() > 0)
                    return s.toString();
                else
                    return null;
            }
            boolean eol = false;
            char c = 0; int i;                    //下一行与源码稍有不同
            if (omitLF && (cb[nextChar] == delim||cb[nextChar]=='\n'||cb[nextChar]=='\r'))
                nextChar++;
            skipLF = false; omitLF = false;
            charLoop:
                for (i = nextChar; i < nChars; i++) {
                    c = cb[i];
                    if (c == delim || c=='\n' || c=='\r') {//该行与源码稍有不同
```

```
                                eol = true; break charLoop;
                        }
                    }
                    startChar = nextChar; nextChar = i;
                    if (eol) {
                        String str;
                        if (s == null) {
                            str = new String(cb, startChar, i - startChar);
                        } else {
                            s.append(cb, startChar, i - startChar);
                            str = s.toString();
                        }
                        nextChar++;
                        if (c == delim || c=='\n' || c=='\r')  {//该行与源码稍有不同
                            skipLF = true;
                        }
                        return str;
                    }
                    if (s == null)
                        s = new StringBuffer(defaultExpectedLineLength);
                    s.append(cb, startChar, i - startChar);
                }
            }
        }
```

本示例中构件缓冲流 **MyBufferedReader** 的步骤是：从 **BufferedReader** 类派生，拷贝 **BufferedReader** 中所有的成员变量、构造方法（仅第 1 行与源码稍有不同）及 fill() 方法；最后修改 readLine()，本示例将它变成了 readToken()，仅几处代码做了修改，见注释。到此为止，我们的工作就是拷贝、粘贴加极少量的修改，没有编制一条独立的代码，但功能却更加强大了，可按我们指定的字符进行拆分工作。

JDK 流类中代码都比较小，与其它包中的源码相比，是比较易读的，我们均可通过装饰器模式的封装，与实际应用需求相结合，争取操作一次 IO 流，就能直接得到所需的结果。

一个问题是：BufferedReader 类中将所有的成员变量及最关键的 fill() 方法都设置成私有类型，也许是更有深意，但笔者认为，将成员变量及 fill() 方法设置成保护类型更好，这样示例中只需完成 readToken() 即可，勿需拷贝 BufferedReader 中的成员变量及 fill() 方法了。

假设文本文件 data.txt 格式如表 22-2 所示。测试类功能是按 "-" 拆分，获得每个单词，代码如下所示。

表 22–2　data.txt 文件格式

```
how-are-you
fine-thanks
well
```

```
public class Test3 {
    public static void main(String[] args) throws Exception {
        FileReader in = new FileReader("d:/data.txt");
        MyBufferedReader in2 = new MyBufferedReader(in, 1024);
        String s = "";
        while((s=in2.readToken('-')) != null){
            System.out.println(n); n ++;
            System.out.println(s);
        }
```

```
            in2.close();
            in.close();
        }
    }
```

22.4 应用示例

【例 22-1】目录拷贝程序的设计与实现(主界面如图 22-4 所示)。

图 22-4 目录拷贝程序主界面

含义是将源目录(包含子目录)中的内容拷贝到目的目录下。

我们知道拷贝命令的原子功能是单文件拷贝,因此把该功能作为具体构件功能;目录拷贝是文件拷贝的集合,因此把该功能作为具体装饰构件功能。具体代码如下所示。

1. 定义抽象构件接口 ICopy

```
interface ICopy{
        void copy(String src,String dest) throws Exception;
}
```

当单文件拷贝时,src、dest 分别表示源文件、目的文件的绝对路径;当目录拷贝时,src、dest 分别表示源文件夹、目的文件夹的绝对路径。

2. 定义单文件拷贝具体构件 Copy

```
class Copy implements ICopy{
        public void copy(String srcFile, String destFile) throws Exception{
            File file = new File(srcFile);
            FileInputStream in = new FileInputStream(srcFile);
            FileOutputStream out = new FileOutputStream(destFile);
            byte buf[] = newbyte[(int)file.length()];
            in.read(buf); out.write(buf);
            in.close(); out.close();
        }
}
```

拷贝算法比较简单:先计算源文件的长度,打开与之匹配的缓冲区 buf,读源文件内容至 buf,再将 buf 写道目的文件中。

3. 定义抽象拷贝装饰构件 Decorator

```
abstract class Decorator implements ICopy{
        protected ICopy obj;
        public Decorator(ICopy obj){
            this.obj = obj;
        }
}
```

4. 定义目录拷贝装饰器 DirectCopy

```java
class DirectCopy extends Decorator{
       public DirectCopy(ICopy copy){
              super(copy);
       }
public void copy(String oldFolder,String newFolder)throws Exception{
       File file = new File(newFolder);              // 创建目标文件夹的 File 对象
if (!file.exists())                                   // 如果文件夹不存在
       file.mkdirs();                                 // 创建文件夹
       File oldFile = new File(oldFolder);           // 创建源文件夹的 File 对象
       String[] files = oldFile.list();              // 获得源文件夹的文件列表
       File tempFile = null;                         // 创建存放文件的临时变量
for (int i = 0;i<files.length;i++){
if (oldFolder.endsWith(File.separator)){              // 如果源文件夹以文件分隔符结尾
              tempFile = new File(oldFolder+files[i]);// 则直接连接文件名创建临时文件对象
       }else{
              tempFile = new File(oldFolder+File.separator+files[i]);            }
if (tempFile.isFile()){                               // 临时文件对象是文件
       obj.copy(tempFile.getAbsolutePath(), newFolder+"/"+tempFile.getName());
                                                     //调已有拷贝构件
       }
if (tempFile.isDirectory()){                          // 临时文件对象是子文件夹
              copy(oldFolder+"/"+files[i],newFolder+"/"+files[i]);   // 递归调用拷贝方法
       }
     }
   }
}
```

成员变量 obj 代表已有具体构件对象。目录拷贝采用了递归算法，对每个文件利用 obj 完成了拷贝功能。

5. 主界面类 MyFrame

```java
class MyFrame extends JFrame{
       private String directSrc;
       private String directDest;
       JTextField fromtxt = new JTextField(60);
       JTextField totxt = new JTextField(60);
       public void init(){
              setLayout(null);
              JButton frombtn = new JButton("选择源目录");
              JButton tobtn = new JButton("选择目的目录");
              JButton btn = new JButton("开始拷贝");
              fromtxt.setEnabled(false); totxt.setEnabled(false);
              frombtn.setBounds(20, 30, 100, 30);
              tobtn.setBounds(20, 70, 100, 30);
              btn.setBounds(200, 220, 100, 30);
              fromtxt.setBounds(140,30,300,30);
              totxt.setBounds(140,70,300,30);
              add(frombtn);add(fromtxt);
              add(tobtn);add(totxt);
              add(btn);
```

```java
            frombtn.addActionListener(new ActionListener(){  //选择源目录
                public void actionPerformed(ActionEvent e){
                    directSrc = getDirect();fromtxt.setText(directSrc);
                }
            });
            tobtn.addActionListener(new ActionListener(){    //选择目的目录
                public void actionPerformed(ActionEvent e){
                    directDest = getDirect();totxt.setText(directDest);
                }
            });
            btn.addActionListener(new ActionListener(){      //目录拷贝按钮响应
                public void actionPerformed(ActionEvent e){
                    ICopy obj = new Copy();              //定义单文件拷贝具体构件
                    ICopy obj2 = new DirectCopy(obj);    //定义目录拷贝具体装饰器
                    try {
                        obj2.copy(directSrc, directDest);
                    }
                    catch(Exception ee) {ee.printStackTrace();}
                }
            });
            setSize(460,180); setResizable(false);
            this.setDefaultCloseOperation(JFrame.EXIT_ON_CLOSE);
            setVisible(true);
        }
        private String getDirect(){
            JFileChooser fc = new JFileChooser();
            fc.setFileSelectionMode(JFileChooser.DIRECTORIES_ONLY);
                                                      //设置对话框仅目录显示
            int ret = fc.showDialog(this, "请选择目录");
            if(ret == JFileChooser.APPROVE_OPTION)
                return fc.getSelectedFile().getAbsolutePath();
            return null;
        }
        public static void main(String[] args) {
            new MyFrame().init();
        }
    }
```

装饰器模式调用见 init()方法中目录拷贝按钮响应对应的匿名类代码中。另外，由于是目录拷贝，在 JFileChooser 对话框中必须仅显示各个目录，因此，必须对 JFileChooser 对象利用 setFileSelectionMode()，将对话框设置成目录显示状态。

到此为止，目录拷贝程序代码讲解完毕了，但我们发现根据具体构件 Copy 类的内容，无论将来怎样加以装饰，本质上实现的都是文件的拷贝。如果 IO 输入源是文件，输出源是 Socket，或者输入源是 URL，输出源是文件，那么 Copy 类就不好用了。能否屏蔽输入、输出流的差异，实现输入、输出流的拷贝呢？其实，从这句话中已经得出了答案，如下定义 ICopy 接口。

```java
//重新定义 ICopy 接口
interface ICopy{
    void copy(InputStream in,OutputStream out)throws Exception;
}
```

我们也可以得出普遍的结论：若操作是关于输入、输出流的，那么，抽象构件定义的方法参数应是 InputStream 或 OutputStream 类型。具体构件流拷贝类也发生了变化，如下所示。

```java
//重新定义流拷贝类Copy
class Copy implements ICopy{
    public void copy(InputStream in, OutputStream out) throws Exception{
        while(in.available()>0){
            int value = in.read();
            out.write(value);
        }
    }
}
```

这时我们忽然发现，装饰类 DirectCopy 出问题了：copy()方法定义与接口 ICopy 中定义的 copy() 形式上不一致。从道理上来讲，不一致是正确的，因为目录可由字符串来标识其路径，而用 XXXStream 是无法表示目录特点的，所以，该方法定义不应该改变，但是这样的话，会出现编译错误，提示抽象方法 copy(InputStream,OutputStream)没有实现，那么该怎么办呢？在抽象装饰类实现就可以了。如下所示。

```java
//重新定义抽象装饰类Decorator
abstract class Decorator implements ICopy{
    //其他代码同原Decorator
    public void copy(InputStream in, OutputStream out) throws Exception{
        obj.copy(in, out);
    }
}
```

其实，copy()相当于为 Decorator 的子类提供了一个共享流拷贝方法，子类中可定义所需的各种 copy()方法，而勿需考虑参数的形式。

//重新定义具体装饰类 DirectCopy

仅把原代码中"if(tempFile.isFile()){…}"修改成如下所示即可。

```java
if (tempFile.isFile()){
    FileInputStream in = new FileInputStream(tempFile);
    FileOutputStream out = new FileOutputStream(newFolder+"/"+tempFile.getName());
    obj.copy(in, out);//调用已有拷贝构件
    in.close();
    out.close();
}
```

主界面 MyFrame 类代码勿需改变，执行结果和修改前的代码一致。

【例 22-2】大数据量数据库数据导入及进度显示程序（主界面如图 22-5 所示）。

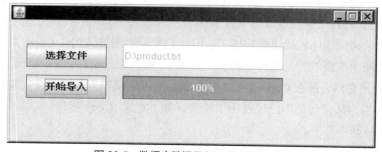

图 22-5　数据库数据导入及进度显示界面

含义是当大数据导入数据库的同时，进行进度显示。

执行该程序的前提条件是物理表（可任意）已经在数据库中建立，数据为空。大数据量文本格

式如表 22-3 所示。

表 22–3 大数据文本格式说明

product	第一行表示要导入的数据库表明
20000	第二行表示总共记录数目
1000　铅笔　1.00	第三行起一行一条记录，中间用\t 相隔
……	……

经分析可得：数据库数据导入过程相当于具体构件功能；进度条显示相当于装饰功能。具体代码如下所示。

1. 定义数据导入抽象构件 IEntry

```
interface IEntry{
    int getCursor();                                  //当前游标位置
    int getTotal();                                   //总记录数目
    void entry(String strFile)throws Exception;
}
```

entry()是数据库数据导入方法，strFile 表示文本文件名称。getCursor()返回当前正在导入的文本记录的位置，getTotal()返回文本记录的总数目。

2. 定义数据库数据导入具体构件

```
class DbEntry implements IEntry{
    private String tabName;                           //表名称
    private int total;                                //记录总数
    private int cursor;                               //当前记录位置
    public int getCursor(){
        return cursor;
    }
    public int getTotal(){
        return total;
    }
    public void entry(String strFile)throws Exception{
        FileReader in = new FileReader(strFile);
        BufferedReader in2 = new BufferedReader(in);
        tabName = in2.readLine();                     //读第 1 行数据获得表名称
        total = Integer.parseInt(in2.readLine());     //读第 2 行数据获得记录总数

        DbProc dbobj = new DbProc();
        Connection conn = dbobj.connect();
        Statement stm = conn.createStatement();
        String s, strSQL, d[];
        while((s=in2.readLine())!=null){              //第 3 行开始至文件尾是数据记录
            cursor ++;                                //当前记录位置
            d = s.split("\t");
            strSQL = "insert into " +tabName+ " values(";
            for(int i=0; i<d.length; i++){
                if(i<d.length-1) strSQL += "'" +d[i]+ "',";
                else strSQL += "'" +d[i]+ "')";
            }
            stm.executeUpdate(strSQL);
        }
        stm.close(); conn.close();
```

```
            in2.close(); in.close();
    }
}
```

由于文本数据量非常大，故采用把所有数据都读入缓冲区是不可取的。从 entry()方法可知：本示例算法是每读一条记录，就立即把它存入数据库，直至文本文件结束。当然，你也可以采取每次处理 n（n<<total）条记录或者其他有效的办法均可。

其实，当做大数据处理功能设计阶段的时候，就一定想到了要进行进度控制，但在本功能类中又很难实现，因此可定义一些功能成员变量，让其他类来访问，以便做出更加精致的进度显示界面。因此，本类中定义了总记录数目成员变量 total，当前正处理的记录位置 cursor。

3. 抽象数据库数据导入装饰器 Decorator

```java
abstract class Decorator implements IEntry{
    protected IEntry obj;
    public Decorator(IEntry obj){
        this.obj = obj;
    }
    public int getCursor() {
        return obj.getCursor();
    }
    public int getTotal() {
        return obj.getTotal();
    }
    public void entry(String strFile) throws Exception {
        obj.entry(strFile);
    }
}
```

4. 具体数据库数据导入装饰器 Progress

```java
class Progress extends Decorator implements Runnable{
    private JProgressBar bar;
    private String strFile ;
    private Timer timer;
    public Progress(IEntry obj, String strFile){
        super(obj);
        this.strFile = strFile;
        timer = new Timer(100, new ActionListener(){
            public void actionPerformed(ActionEvent e){
                if(getTotal()==0) return;
                bar.setValue(getCursor()*100/getTotal());
                if(getCursor()==getTotal()){
                    timer.stop();
                }
            }
        });
    }
    public void setBar(JProgressBar bar){
        this.bar = bar;
        bar.setStringPainted(true);
    }
    public void run(){
        timer.start();
        try{
            super.entry(strFile);
        }
```

```
            catch(Exception e){e.printStackTrace();}
        }
}
```

该类主要为数据库数据导入功能添加进度条显示装饰功能,因此要定义 JProgressBar 类型成员变量 bar。可能有许多读者看完代码后觉得这很容易,其实,并非如此。因为市面上很多设计模式书籍在装饰器模式示例讲解中具体装饰器都是非图形界面的,所以读者很难想到。其实,学知识要灵活,不要生搬硬套,从语义出发就可以了。比如:问:对数据库数据导入增加什么功能?答:增加进度条,那么当然要在装饰类中定义进度条成员变量了。

由于是操作大数据,要花费很多时间,因此 Progress 一定是线程类,一定是在 run()方法中调用 entry()数据导入方法。若 Progress 是非线程类,那么它一定和主图形用户界面处于同一线程当执行 entry()方法时,主界面的所有按钮等将都失效,直到 entry()执行结束,主界面上的按钮等才能进行事件响应。很明显,进度条数值显示也是一个线程,是由 Timer 定时器决定的,而且在 run()方法中,代码 time.start()一定要在语句 super.entry(strFile)前面,若放在后面就不对了。

一个注意点:不要在该类中创建 JProgressBar 对象,也就是不要有 new ProgressBar()语句,因为你不知道要把它放在图形界面的哪个位置,所以成员变量 bar 是由 setBar()方法确定的。

5. 主界面 MyFrame

```java
public class MyFrame extends JFrame{
    JTextField seltxt = new JTextField(60);
    JProgressBar bar = new JProgressBar();
    String strFile;
    public void init(){
        setLayout(null);
        JButton selbtn = new JButton("选择文件");
        JButton btn = new JButton("开始导入");
        seltxt.setEnabled(false); seltxt.setEnabled(false);
        selbtn.setBounds(20, 30, 100, 30);
        btn.setBounds(20, 70, 100, 30);
        seltxt.setBounds(140, 30, 200, 30);
        bar.setBounds(140, 70, 200, 30);
        add(selbtn);add(seltxt);
        add(btn);add(bar);

        selbtn.addActionListener(new ActionListener(){
            public void actionPerformed(ActionEvent e){
                JFileChooser fc = new JFileChooser();
                int ret = fc.showDialog(MyFrame.this, "请选择文件");
                if(ret == JFileChooser.APPROVE_OPTION){
                    strFile = fc.getSelectedFile().getAbsolutePath();
                    seltxt.setText(strFile);
                }
            }
        });
        btn.addActionListener(new ActionListener(){
            public void actionPerformed(ActionEvent e){
                try{
                    DbEntry obj = new DbEntry();
                    Progress pg = new Progress(obj, strFile);
                    pg.setBar(bar);
                    new Thread(pg).start();
```

```
                            }
                            catch(Exception ee){ee.printStackTrace();}
                    }
                });
                setSize(460,180); setResizable(false);
                this.setDefaultCloseOperation(JFrame.EXIT_ON_CLOSE);
                setVisible(true);
        }
        public static void main(String[] args) throws Exception {
                new MyFrame().init();
        }
}
```

装饰器模式代码体现在 init()中为局部按钮 btn 添加消息响应的匿名类里。actionPerformed()方法最后一行一定是 "new Thread(pg).start()" 启动线程, 若直接写 pg.run()就错误了。

【例22-3】Web 程序分页显示功能设计与实现。

分页显示是 Web 应用的常用功能, 本示例旨在利用装饰模式构建通用分页显示功能类, 单页显示作为具体构件, 具体装饰类增加了控制条功能, 包括: "首页、前页、后页、尾页"等控制功能, 具体代码如下所示。

1. 定义抽象显示构件 IShow

```java
public interface IShow {
    int getPage();
    int getTotal();
    String show(HttpServletRequest req) throws Exception;
}
```

getPage()返回当前显示的页数, getTotal()返回该查询语句的总页数, show()获得显示当前页的 HTML 字符串。

2. 具体单页显示构件 Show

```java
public class Show implements IShow {
    HttpServletRequest req;
    int pagesize = 10;                              //为了简化, 每页默认显示10条记录
    int page;                                       //当前要显示的页号
    int pagetotal;                                  //总页数
    String strSQL;                                  //查询SQL语句
    String title[];                                 //字段显示说明
    String width[];                                 //字段显示宽度
    public int getPage() {return page;}             //返回当前页
    public int getPagetotal(){return pagetotal;}    //返回总页数
    private void getInfo(){                         //从HttpServletRequest获得接收参数
        strSQL = req.getParameter("strsql");        //查询SQL语句
        page = Integer.parseInt(req.getParameter("page"));  //待显示的页数
        title = req.getParameterlValues("title");   //获得字段说明数组
        width = req.getParameterValues("width");    //获得字段宽度数组
    }
    public String show(HttpServletRequest req) throws Exception {
        this.req = req;
        getInfo();
```

```java
        DbProc dbobj = new DbProc();
        Connection conn = dbobj.connect();
        //求该查询语句总共记录数目
        int pos = strSQL.indexOf("from");
        String subs = strSQL.substring(pos, strSQL.length());
        String s = "select count(*) " + subs;
        Statement stm = conn.createStatement();
        ResultSet rst = stm.executeQuery(s);
            int total = 0;
        if(!rst.next())total = 0;
        else total = rst.getInt(1);
        rst.close();
        //获得待显示页数对应的查询sql语句
        int pagetotal=total/pagesize;
        if(total % pagesize !=0)pagetotal++;
        if(page>pagetotal) page=pagetotal;
        int start = (page-1)*pagesize;
        s = strSQL + " limit " +start+ "," +pagesize;
            //查询并形成html字符串
        rst = stm.executeQuery(s);
        s = "<table border='1'>";
            //形成表头字符串subhead
        String subhead = "<tr>";
        for(int i=0; i<title.length; i++){
            subhead += "<th width='" +width[i]+ "'>" +title[i]+ "</th>";
        }
        subhead += "</tr>";
        //形成表体内容字符串
        subs = "";
        while(rst.next()){
            subs += "<tr>";
            for(int i=1; i<=title.length; i++){
            subs += "<td>" +rst.getString(i)+ "</td>";
            }
            subs += "</tr>";
        }
        s += subhead;
        s += subs;
        s += "</table>";
        rst.close();stm.close();
        return s;
    }
}
```

　　一般来说，只要知道待查询的sql语句、待显示的页数、每列显示信息的文字说明及单元格宽度这四种具体信息，就能画出相应的表格。对应这四种信息定义了四个成员变量strSQL、page、title[]及width[]，它们的具体值是通过URL传过来，利用HttpServletRequest解析的，具体见getInfo()方法。

　　show()方法主要描述了形成通用表格字符串的过程。利用"select count(*)……"求出该查询的总记录数目total，根据每页记录数pagesize，可算出当前page页对应的记录开始位置start，获得当前页对应的具体查询语句"select ….. limit start,pagesize"，进而获得查询记录集rst。基础数据获得完毕后，利用title[]、width[]形成表头字符串subhead，遍历rst获得表体内容字符串subs，再将两者合并最终形成完整的表格HTML结果字符串。

3. 抽象分页显示装饰器 Decorator

```java
public abstract class Decorator implements IShow {
    protected IShow obj;
    public Decorator(IShow obj){this.obj = obj;}
    public String show(HttpServletRequest req) throws Exception {return obj.show(req);}
    public int getPage() {return obj.getPage();}
    public int getTotal() {return obj.getTotal();}
}
```

4. 具体分页装饰器 PageShow

```java
public class PageShow extends Decorator {
    public PageShow(IShow obj){super(obj);}
    public String ctrlShow(){
        String s = "<div>"+
            "<a title='first' href='javascript:void(0)' onclick='go(this)'>首页</a>"+
            "    "+
            "<a title='prev' href='javascript:void(0)' onclick='go(this)'>上一页</a>"+
            "    "+
            "<a title='next' href='javascript:void(0)' onclick='go(this)'>下一页</a>"+
            "    "+
            "<a title='tail' href='javascript:void(0)' onclick='go(this)'>尾页</a>"+
            "    "+
            "转到第";
        String subs = "<select id='selctl' onchange='gosel(this)'>";
        for(int i=1; i<=getTotal(); i++){
            if(i==getPage())
                subs += "<option selected value='"+i+"'>"+i+"</option>";
            else subs += "<option value='"+i+"'>"+i+"</option>";
        }
        subs += "</select></div>";
        return s + subs;
    }
    public String show(HttpServletRequest req)throws Exception{
        String s = super.show(req);
        s += ctrlShow();
        return s;
    }
}
```

可以看出：分页显示增加了"首页、前页、后页、尾页"超链接及一个页号选择标签。这四个超链接标签的 title 属性值不同，对应的 javascript 方法却相同，都是 go()，在 go() 中利用 title 属性值判断究竟执行的是哪一个功能。选择标签 select 的 id 值是 selctl，javascript 响应方法是 gosel()。

到此为止，分页显示的装饰器模式功能类代码已经完备了。由于 Web 程序涉及知识较多，为了使读者有一个完整的认识，以显示【例 22-2】中的产品表 product 为例，还需要后续的步骤 5 与 6。

5. 定义产品表分页显示 servlet 类 Product，URL 为 product

```java
public class Product extends HttpServlet {
    private static final long serialVersionUID = 1L;
    public Product() { }
```

```java
        protected void doPost(HttpServletRequest req, HttpServletResponse rep)
                throws ServletException, IOException {
            rep.setContentType("text/html;charset=utf-8");
            req.setCharacterEncoding("utf-8");
            try{
                IShow obj = new Show();
                IShow obj2 = new PageShow(obj);
                String s = obj2.show(req);
                rep.getWriter().print(s);
            }catch(Exception e){e.printStackTrace();}
        }
}
```

该类比较简单，在 try 块中包含了装饰模式的调用代码。

6. 一个简单的测试类 test.jsp

```html
<html>
<script type="text/javascript">
    var page = 1;                          //当前显示页
    var xmlHtpRq = new ActiveXObject("Microsoft.XMLHTTP");     //ajax 变量
    function go(e){          // "首页—尾页"控制条响应方法
        var max = document.getElementById("selctl").options.length;
        if(e.title=="first") page=1;
        if(e.title=="prev") page--;
        if(e.title=="next") page++;
        if(e.title=="tail") page = document.getElementById("selctl").options.length;
        if(page<1) page=1;
        if(page>max) page=max;
        productShow();
    }
    function go_sel(e){          //通过标签选择显示页响应方法
        page = parseInt(e.value); go();
    }
    function productShow(){
        var strSQL = "select * from product";                //查询具体 SQL 语句
        var t = new Array("NO","Name","Price");              //查询列名称数组
        var w = new Array(100,200,50);                       //列显示宽度数组
        var i=0,title="",width="";
        for(i=0; i<t.length-1; i++)
            title += "title="+t[i]+"&";
        title += "title="+t[i];
        for(i=0; i<w.length-1; i++)
            width += "width="+w[i]+"&";
        width += "width="+w[i];
        var url = "product?page="+page+"&strsql="+strSQL+"&"+title+"&"+width;
        xmlHtpRq.open("post", url, true);
        xmlHtpRq.onreadystatechange = productShow_state;
        xmlHtpRq.send(null);
    }
    function productShow_state(){
        if(xmlHtpRq.readyState == 4){
            if(xmlHtpRq.status == 200){
                var obj = document.getElementById("show");
                obj.innerHTML = xmlHtpRq.responseText;
```

```
                }
            }
        }
</script></head>
<body>
    <div><input type="button" value='显示产品表' onclick="productShow()"/></div>
    <div id="show"></div>
</body></htmll>
```

其执行页面如图 22-6 所示。

图 22-6　分页显示页面结果

当按"显示产品表"按钮时，执行 productShow()方法，在该方法中形成的 URL 包括：查询 sql 语句、当前显示页数、字段显示说明及宽度数组。通过 Ajax 技术调用 servlet 类 Product，该类把结果返回 Ajax 接收方法 productShow_state()，在该方法内把接收结果动态填充在 id 为 show 的<div>标签内。

当运行"首页、上一页、下一页、尾页"超链接时先执行 go()，再执行 productShow()；当选中选择标签某一页时，先运行 gosel()，再运行 productShow()。

限于篇幅，本示例在某些方面通用性还不强，就不多加讨论了，但可提出来与读者共忖：①go()及 gosel()方法中最终去向都是 productShow()，这决定了仅能显示 product 表，如何改造 javascript 方法，使之能适应任意 sql 语句的查询呢？②能否进一步对 Page Show 类进行装饰，使之不仅有分页显示功能，还有删改功能？

模式实践练习

1. 编写一个装饰类，将输入的一个大写字符串转换成小写字符串。
2. 现在需要一个汉堡，主体是鸡腿堡，可以选择添加生菜、酱、辣椒等配料。利用装饰器模式编写相应的功能类和测试类。

23 外观模式

外观模式是指为系统中的一组接口提供一个一致的界面,通过定义一个高层接口,使得这一子系统更加容易使用。适合外观模式的情景如下:对于一个复杂的子系统,提供一个简单的交互操作;不希望客户代码和子类中的类耦合。

23.1　问题的提出

一个大的系统一般都是由若干个子系统构成的。例如，冰箱由冷冻室和冷藏室构成。其中，冷冻室、冷藏室都有初始化、运行、关机三个主要过程。描述冷藏室、冷冻室的功能类代码如下所示。

```java
class Container{                        //冷藏室功能类
    public void init(){                 //初始化
        System.out.println("Container init");
    }
    public void run(){                  //运行
        System.out.println("Container run");
    }
    public void shutdown(){             //关机
        System.out.println("Container shutdown");
    }
}
class Freezer{                          //冷冻室功能类
    public void init(){
        System.out.println("Freezer init");
    }
    public void run(){
        System.out.println("Freezer run");
    }
    public void shutdown(){
        System.out.println("Freezer shutdown");
    }
}
```

如果要实现冰箱运行仿真全过程功能，可能有读者会写出下述代码。

```java
public class Test {
    public static void main(String[] args) {
        Container c = new Container();          //创建冷藏室对象
        Freezer f = new Freezer();              //创建冷冻室对象
        c.init(); f.init();                     //分别初始化仿真
        c.run();  f.run();                      //分别运行仿真
        c.shutdown(); f.shutdown();             //分别关闭仿真
    }
}
```

从 main() 方法中看出：所有功能类都暴露在其中，这不是设计模式的风格，那么该如何改进呢？外观模式给我们提供了一个较好的解决策略。

23.2　外观模式

外观模式隐藏了系统的复杂性，并向客户端提供了一个可以访问系统的接口。这种类型的设计模式属于结构性模式。为子系统中的一组接口提供了一个统一的访问接口，这个接口使得子系统更容易被访问或者使用。

利用外观模式改进 23.1 节中的代码，只需增加一个冰箱类即可，如下所示。

```
class Refrigerator{
    Container c = new Container();
    Freezer f = new Freezer();
    public void init(){                  //冰箱初始化
        c.init(); f.init();
    }
    public void run(){                   //冰箱运行
        c.run(); f.run();
    }
    public void shutdown(){              //冰箱关机
        c.shutdown(); f.shutdown();
    }
}
```

在该类中可看出：冰箱初始化是由冷藏室、冷冻室两部分功能类组成的。冰箱运行、关机亦是如此。该类也叫作外观类。利用外观类编制的测试类如下所示。

```
public class Test {
    public static void main(String[] args) {
        Refrigerator r = new Refrigerator();
        r.init();
        r.run();
        r.shutdown();
    }
}
```

从测试类看出：我们只知道冰箱初始化(通过代码 r.init())，但冰箱包含几部分，哪些部分初始化，我们是不知道的，因为它们都由外观类 Refrigerator 封装了。同理冰箱运行、关机亦是如此。

外观模式的更普遍的抽象类图如图 23-1 所示。

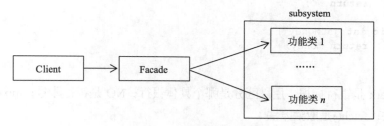

图 23-1　外观模式抽象类图

外观模式各个角色描述如下。

- Façade：门面角色，外观模式的核心。它被客户角色调用，熟悉子系统的功能。内部根据客户角色的需求预定了几种功能的组合。
- Subsystem：子系统角色，实现了子系统的功能。它对客户角色和 Facade 是未知的。它内部可以有系统内的相互交互，也可以有供外界调用的接口。
- Client：客户角色，通过调用 Facede 来完成要实现的功能。

23.3　应用示例

【例 23-1】利用外观模式封装银行业务。

为了减小问题规模，我们仅模拟一个人（比如小张）的银行业务功能。假设小张有两张银行卡，分别是中国工商银行和中国建设银行的银行卡。我们仿真实现的包括如下功能：①可以向任意银行卡存钱；②可以从任意卡取钱；③可以从一张银行卡向另一张银行卡转账。

很明显，功能类有一个银行类 Bank 即可，外观类 BankFacade 必须实现上述①~③的所有功能。所需编制的功能类如下所示。

（1）Bank.java：银行功能类。

```java
public class Bank {
    String mark;                        //银行标识
    String NO;                          //账号
    int money;                          //余额
    public Bank(String ma,String N, int m){
        mark=ma;NO=N;money=m;
    }
    public void save(int value){        //存钱
        money += value;
    }
    public boolean fetch(int value){    //取钱
        if(money>=value)
            money -= value;
        else
            return false;
        return true;
    }
    public String getMark(){
        return mark;
    }
    public String getNO(){
        return NO;
    }
    public int getMoney(){
        return money;
    }
}
```

成员变量 mark 是银行标识，用以区分是哪个具体银行；NO 是银行账号；money 是存款余额。save() 是存款方法；fetch() 是取款方法。

（2）BankFacade.java：外观类。

按照题目功能，外观类包含的方法如表 23-1 所示。

表 23-1 银行外观类方法表

序 号	功 能	应编制方法	
1	向任意卡存钱	`void saveICBC();`	//向中国工商银行存钱
		`void saveCCB();`	//向中国建设银行存钱
2	从任意卡取钱	`boolean fetchICBC();`	//从中国工商银行取钱
		`boolean fetchCCB();`	//从中国建设银行取钱
3	银行转账	`boolean fromICBCToCCB();`	//从中国工商银行向建行转账
		`boolean fromCCBToICBC ();`	//从建行向中国工商银行转账

根据表 23-1 内容，编制的外观类 BankFacade 代码如下所示。

```java
class BankFacade {
    Bank b = new Bank("ICBC","1000",0);        //小张有一张工行卡
```

```java
        Bank b2= new Bank("CCB","2000",0);              //小张有一张建行卡
        void saveICBC(int money){b.save(money);}
        void saveCCB(int money){b2.save(money);}
        boolean fetchICBC(int money){return b.fetch(money);}
        boolean fetchCCB(int money){return b2.fetch(money);}
        boolean fromICBCToCCB(int money){
                boolean bo = b.fetch(money);
                if(bo==false) return false;
                b2.save(money);
                return true;
        }
        boolean fromCCBToICBC(int money){
                boolean bo = b2.fetch(money);
                if(bo==false) return false;
                b.save(money);
                return true;
        }
        void displayICBC(){
                System.out.println(b.mark+"\t"+b.getNO()+"\t"+b.getMoney());
        }
        void displayCCB(){
                System.out.println(b2.mark+"\t"+b2.getNO()+"\t"+b2.getMoney());
        }
}
```

该外观类包含了表 23-1 的所有需求分析功能，客户直接同外观类通信即可。

（3）Test.java：测试类

```java
public class Test {
        public static void main(String[] args) {
                BankFacade fa = new BankFacade();
                fa.saveICBC(100);              //向工行存 100 元
                fa.displayICBC();              //显示工行卡信息
                fa.fetchICBC(10);              //从工行取 10 元
                fa.displayICBC();              //显示工行卡信息
                fa.fromICBCToCCB(50);          //工行向建行转账 50 元
                fa.displayICBC();              //显示工行卡信息
                fa.displayCCB();               //显示建行卡信息
        }
}
```

该测试类演示了小张向工行存 100 元、取 10 元，向建行卡转账 50 元的功能，它们都是通过外观类 BankFacade 实现的，避免了客户直接同功能类通信，方便了客户的调用。

有一个问题值得思考：若小张有 10 张银行卡，仍要实现表 23-1 所述功能，所需函数规模会迅速膨胀。以银行转账功能为例，10 张银行卡有 45 种转账方式，难道需要定义 45 个方法？很明显，这是不现实的，必须要改进 BankFacade 外观类的编程思路，先看改进后的 BankFacade 类代码，如下所示。

```java
public class BankFacade {
        Bank b = new Bank("ICBC","1000",0);
        Bank b2= new Bank("CCB","2000",0);
        Map<String,Bank> m = new HashMap();
        BankFacade(){
                m.put("ICBC", b);
                m.put("CCB", b2);
```

```java
        }
        void save(String mark, int money){
            Bank cur = (Bank)m.get(mark);
            cur.save(money);
        }
        boolean fetch(String mark, int money){
            Bank cur = (Bank)m.get(mark);
            return cur.fetch(money);
        }
        boolean fromAndTo(String mark,int money, String mark2){
            Bank from = m.get(mark);
            boolean b = from.fetch(money);
            if(b==false) return false;
            Bank to = m.get(mark2);
            to.save(money);
            return true;
        }
        void display(){
            Set<String> set = m.keySet();
            Iterator<String> it = set.iterator();
            while(it.hasNext()){
                String key = it.next();
                Bank cur = (Bank)m.get(key);
        System.out.println (cur.getMark()+"\t"+cur.getNO()+"\t"+cur.getMoney());
            }
        }
    }
```

可以看出：改进后的 BankFacade 类的总体思路是：将小张银行卡集合信息利用"键-值"映射保存在 Map<String,Bank>成员变量 m 中。当需要的时候，根据"键"就可获得 Bank 对象，进行相应的操作。以向银行卡存钱方法为例，代码摘录如下所示。

```java
        void save(String mark, int money){
            Bank cur = (Bank)m.get(mark);
            cur.save(money);
        }
```

该方法中，根据银行标识 mark，可从成员变量 m 中获得待操作的 Bank 对象 cur，利用 cur.save(money)，完成了相应银行卡的存钱操作。若有 n 张银行卡，按原方式编写需要 n 个方法，而按新方式编写仅需一个 save()方法即可。

一个测试类如下所示。

```java
public class Test {
    public static void main(String[] args) {
        BankFacade fa = new BankFacade();
        fa.save("ICBC", 100);               //向工行存100元
        fa.display();                        //显示
        fa.save("CCB", 200);                //向建行存200元
        fa.display();                        //显示
        fa.fromAndTo("ICBC", 50, "CCB");    //工行向建行转账50元
        fa.display();
    }
}
```

【例 23-2】利用外观模式封装字符串信息。

已知两个功能类 ReadFile、TextInfo：ReadFile 类用来读文本文件；TextInfo 用于对字符串操作。

这两个类是编制外观功能类的前提，其代码如下所示。

```java
//ReadFile.java：读英文文本文件类。
import java.io.*;
public class ReadFile {
    public byte[] readFile(String strPath){
        byte buf[] = null;
        File f = new File(strPath);
        long len = f.length();
        buf = new byte[(int)len];
        try{
            FileInputStream in = new FileInputStream(strPath);
            in.read(buf);
            in.close();
        }catch(Exception e){}
        return buf;
    }
    public String readFile2(String strPath){
        byte buf[] = readFile(strPath);
        String s = new String(buf);
        return s;
    }
}
```

该类有两个方法：readFile()用于将英文文本内容保存至 byte 字节缓冲区；readFile2()用于将英文文本内容保存至字符串。

```java
//TextInfo.java：对英文文本字节或字符串缓冲区操作。
import java.io.*;
import java.util.*;
public class TextInfo {
    int getWordsNum(byte buf[]){
        int sum = 0;
        ByteArrayInputStream ba = new ByteArrayInputStream(buf);
        Scanner sc = new Scanner(ba);
        while(sc.hasNext()){
            sum ++;
            sc.next();
        }
        return sum;
    }
    int getWordsNum2(String s){
        return getWordsNum(s.getBytes());
    }

    int getWordsNoRepeatNum(byte buf[]){
        ByteArrayInputStream ba = new ByteArrayInputStream(buf);
        Set<String> s = new HashSet();
        Scanner sc = new Scanner(ba);
        while(sc.hasNext()){
            s.add(sc.next());
        }
        return s.size();
    }
    int getWordsNoRepeatNum2(String s){
        return getWordsNoRepeatNum(s.getBytes());
    }
```

```java
        Map<String,Integer> getWordsAndTimes(byte buf[]){
            Map<String,Integer> m = new HashMap();
            ByteArrayInputStream ba = new ByteArrayInputStream(buf);
            Scanner sc = new Scanner(ba);
            while(sc.hasNext()){
                String word = sc.next();
                Integer iobj = m.get(word);
                if(iobj !=null){
                    iobj++;
                    m.put(word, iobj);
                }
                else{
                    m.put(word, new Integer(1));
                }
            }
            return m;
        }
        Map<String,Integer> getWordsAndTimes2(String s){
            return getWordsAndTimes(s.getBytes());
        }
}
```

从代码中可知:getWordsNum()用于计算字节缓冲区代表的字符串有多少个单词,getWordsNum2()用于计算字符串有多少个单词,getWordsNoRepeatNum()用于计算字节缓冲区代表的字符串有多少个不重复的单词,getWordsNoRepeatNum2()用于计算字符串有多少个不重复的单词,getWordsAndTimes()用于计算字节缓冲区代表的字符串有多少个不重复的单词及出现次数,getWordsAndTimes2()用于计算字符串有多少个不重复的单词及出现次数。

现在我们要求利用 ReadFile、TextInfo 两个类实现下述功能:①显示英文文本文件有多少个单词;②显示英文文本文件有多少个不重复的单词;③显示英文文本文件不重复单词内容及出现次数。

很明显,应用外观模式封装上文①~③的功能是一个较好的选择,其外观模式类 MyFacade 代码如下所示。

```java
import java.util.*;
public class MyFacade {
    ReadFile rd = new ReadFile();
    TextInfo te = new TextInfo();
    int getWordsNum(String strPath){
        byte buf[] = rd.readFile(strPath);
        int n = te.getWordsNum(buf);
        return n;
    }
    int getWordsNoRepeatNum(String strPath){
        byte buf[] = rd.readFile(strPath);
        int n = te.getWordsNoRepeatNum(buf);
        return n;
    }
    Map<String,Integer> getWordsAndTimes(String strPath){
        byte buf[] = rd.readFile(strPath);
        return te.getWordsAndTimes(buf);
    }
}
```

从代码中可看出:getWordsNum()用于计算英文文本文件有多少个单词;getWordsNum()用于计算英文文本文件有多少个不重复的单词;getWordsAndTimes()用于计算英文文本文件不重复单词内容

及出现次数。

总之，外观类功能与需求分析息息相关。其中，每个方法都是各个功能类方法的有机组合，方便了客户的调用。

一个简单的测试类如下所示。

```java
//Test.java：测试类。
import java.util.*;
public class Test {
    public static void main(String[] args) {
        System.out.println("Please input the text path of english:");
        Scanner sc = new Scanner(System.in);
        String path = sc.nextLine();                              //输入文件全路径
        MyFacade fa = new MyFacade();
        int n = fa.getWordsNum(path);                             //有多少单词
        System.out.println("words num:"+n);
        int n2= fa.getWordsNoRepeatNum(path);                     //有多少不重复单词
        System.out.println("words num no repeat:"+n2);
        Map<String,Integer> m = fa.getWordsAndTimes(path);        //单词及出现次数
        System.out.println(m);
    }
}
```

模式实践练习

1. 已知功能类 ReadFile 用于读文本文件，功能类 Encrypt 用于对字符串加密，编一个外观类 FileEncrypt，用于文件内容加密，并编制测试类测试。

2. 完善【例 23-1】外观类 BankFacade 功能，使之适用所有客户。

参 考 文 献

[1]（美）Alan Shalloway，James.R. Trott. 设计模式解析（第2版）. 北京：人民邮电出版社，2016.

[2]（美）John Vlissides. 设计模式沉思录. 北京：人民邮电出版社，2015.

[3] 白文荣. 软件工程与设计模式. 北京：清华大学出版社，2017.

[4] 于卫红. Java 设计模式. 北京：清华大学出版社，2016.

[5] 陈臣，王彬. 研磨设计模式. 北京：清华大学出版社，2011.

[6] 张逸. 软件设计精要与模式. 北京：电子工业出版社，2010.

[7]（美）Partha Kuchana. Java 软件体系结构设计模式标准指南. 王卫军，楚宁志译. 北京：电子工业出版社，2006.

[8]（美）Eric T Freeman. Head First 设计模式（中文版），Oreily Taiwan 公司译. 北京：中国电力出版社，2007.

[9]（美）Erich Gamma，设计模式可复用面向对象软件的基础. 李爱军译，北京：机械工业出版社，2005.

[10] 耿祥义. Java 设计模式. 北京：清华大学出版社，2009.

[11] 刘径舟，张玉华. 设计模式其实很简单. 北京：清华大学出版社，2013.

[12] 刘伟. 设计模式实训教程. 北京：清华大学出版社，2012.

[13]（美）James W. Cooper. C#设计模式. 叶斌译. 北京：科学出版社，2011.

[14]（美）John Vlissides. 设计模式沉思录. 葛子昂译. 北京：人民邮电出版社，2010.

[15]（美）Alan Shalloway, James R. Trott. 徐言声译. 设计模式解析（第2版·修订版）. 北京：人民邮电出版社，2013.

[16] 秦小波. 设计模式之禅. 北京：机械工业出版社，2010.

[17]（美）Kirk Knoernschild. Java 应用架构设计. 张卫滨译，北京：机械工业出版社，2013.

[18]（美）Y.Daniel Liang. Java 语言程序设计（基础篇）. 李娜译. 北京：机械工业出版社，2011.

[19] 柳永坡，刘雪梅，赵长海. JSP 应用开发技术. 北京：人民邮电出版社，2005.

[20]（美）Bruce Eckel,ChuckAllison. C++编程思想第2卷——实用编程技术. 刁成嘉等译. 北京：机械工业出版社，2006.